MITTHEILUNGEN

der

Geographischen Gesellschaft in Hamburg

1878—79.

Heft II.

Im Auftrage des Vorstandes herausgegeben
von
L. Friederichsen,
erstem Sekretair.

Mit 2 Karten, 6 Tafeln und 5 Holzschnitten.

HAMBURG.
L. Friederichsen & Co.
Land- und Seekartenhandlung.
Geographische und nautische Verlagshandlung.
1880.

Inhalt.

Tafeln.

Fortsetzung des Inhalts auf Seite 3 des Umschlags.

MITTHEILUNGEN

der

Geographischen Gesellschaft in Hamburg

1878—79.

Im Auftrage des Vorstandes herausgegeben
von

L. Friederichsen,
erstem Sekretair.

Mit 2 Karten, 6 Tafeln und 5 Holzschnitten.

HAMBURG.
L. Friederichsen & Co.
Land- und Seekartenhandlung.
Geographische und nautische Verlagshandlung.
1880.

Inhaltsverzeichniss.

Karten und Tafeln.

Holzschnitte.

Berichtigungen.

Seite 244, Zeile 16 von unten lies Pia statt Piafa.
» 311, im Plan von Wukari lies Viehplatz statt Viehmarkt.

Der Golfstrom und der Weg in das Polarmeer

von

Dr. Herm. Sieglerschmidt.

Die Annalen der Eismeerfahrten haben soeben einen der herrlichsten Erfolge verzeichnet, einen so glänzenden und epochemachenden Erfolg, dass nicht nur die Geschichte der Entdeckungen, sondern auch die Weltgeschichte ihn unter die wichtigeren der von ihr berichteten Thatsachen aufzunehmen haben werden. In einem solchen Augenblicke ist es wohl verzeihlich, wenn ich mit Gründen, die — wie dies nicht anders sein kann — zum Theil auch schon an andern Stellen geltend gemacht worden sind, eine Richtung zu befürworten unternehme, in der ein ähnlich glänzender Erfolg der Preis einer gleich kühn und geschickt geführten Entdeckungsfahrt werden dürfte. Ich meine den von Spitzbergen aus zu suchenden Weg in das nördliche Polarmeer. Den Vorschlag zu einem neuen Versuche, in die, wie man sagt, von undurchdringlichem Eise starrenden Gegenden des Nordens einzudringen, wird gewiss Mancher überflüssig oder verkehrt nennen, entweder weil jene künstliche Eisschranke, welche die Beschränktheit und die Unlust an derartigen Unternehmungen auf dem Wege zum Nordpol aufgerichtet haben, auch für ihn existirt, oder weil ihm eine Beisteuer zu Expeditionen, die nur der Wissenschaft zu dienen bestimmt sind, als eine Verschleuderung der eigenen wie der Staatsmittel vorkommt. Eine Polemik gegen diese letztere Ansicht gehört nicht hierher; ich will in Bezug auf dieselbe nur im Vorübergehen konstatiren, wie sehr es zu bedauern ist, dass nicht auch in der Polargegend die kaufmännische Gewinnsucht oder der politische Ehrgeiz als Bundesgenossen des wissenschaftlichen Strebens auftreten. Läge die Möglichkeit vor, am Nordpole neue Erwerbsquellen zu entdecken oder käme auch nur einmal wieder, wie bei der englischen Expedition von 1875, der Ehrgeiz irgend eines Staates bei einer Nordpol-Expedition von Belang in Rechnung, so würden wir nicht lange auf neue Entdeckungen innerhalb der nördlichen terra incognita zu warten haben; der Wissenschaft allein zu Liebe werden die bedeutenden Opfer, welche zu einer erfolgreichen Fahrt in das Polarmeer erforderlich sind, vielleicht noch in vielen Jahren nicht gebracht werden,*) und unsere Hoffnungen in dieser Hinsicht sind um so geringer, als auch jener oben erwähnte Glaube an die Unmöglichkeit der Ueberschreitung der von den Polarfahrten erreichten Breite die Einen zurückschreckt und von den Andern gern als Vorwand benutzt wird.

Zu der Bekämpfung dieses Glaubens in etwas beizutragen, zugleich aber auch für den schon angeführten Weg in die Polargegend einzutreten, der nach sorgfältigem Studium der Geschicke neuester Expeditionen wie in Anbetracht älterer Erfahrungen unbedingt als der beste und aussichtsreichste erscheint, ist das Ziel des vorliegenden Aufsatzes, die Behauptung, dass die Aequatorialströmung nicht schon im Westen Spitzbergens ihr Ende findet, sondern sich über diese Inselgruppe hinaus in nordöstlicher Richtung bis in das Polarbecken erstreckt, diejenige, welche meine Befürwortung des Spitzbergen-Weges unterstützen soll. Dass die Wirkungen des Golfstromes einerseits an der Westküste von Spitzbergen fortbestehen, andererseits sich bis in das sogenannte Spitzbergen-Meer ausdehnen, hat in Folge der gemachten Erfahrungen anerkannt werden müssen; man ist dann dazu übergegangen, den Grundsatz aufzustellen, dass sie die an den betreffenden Punkten willkürlich gesteckten Grenzen nicht überschreiten — eine Ansicht, für die als Beweis nur allgemeine Aeusserungen über den nothwendigen schleunigen Wärmeverlust des Aequatorial-Wassers beigebracht worden sind, während es jedoch in der That keine einzige in der in Rede stehenden Gegend unternommene Expedition giebt, aus deren Erfahrungen nicht das Gegentheil gefolgert werden müsste. Eine Zusammenstellung dieser Erfahrungen möge den Beweis für diesen Ausspruch liefern; zugleich bin ich überzeugt, dass schon allein eine derartige Zusammenstellung geeignet ist, der gedachten Hypothese einigen Anspruch auf Wahrscheinlichkeit zu sichern.

Ich beginne mit den beiden von Spitzbergen aus in der Richtung zum Pole versuchten Schlittenexpeditionen. Es ist bekannt, dass Parry, an dieser Stelle auf nördlichem Wege vordringend, seine Fahrt unter

*) Im Jahre 1879 hat bekanntlich ein kleineres Schiff, welches nach dem Nordpole vorzudringen beabsichtigt, den Weg durch die Behringsstrasse eingeschlagen; Bennet, der dasselbe ausgerüstet, bildet aber leider eine vereinzelt stehende Ausnahme und wird unter den Privatleuten Europas wol keine Nachahmer finden. Dem hochherzigen Manne, der sich bereits durch die Aussendung der Stanley'schen Expedition so bedeutende Verdienste um die Erdkunde erworben hat, ist gewiss ein möglichst umfassender Erfolg seiner Unternehmung zu wünschen.

82° 45′ N. B. aufgeben musste, weil das Eis, auf dem dieselbe sich bewegte, nicht zusammenhängend genug war, um ein hinreichend rasches Vorwärtskommen mit den — von ihm nicht aus eigener Ueberzeugung, sondern in Folge seiner Instruktion gewählten — Schlitten zu ermöglichen. Es sind genau dieselben Schwierigkeiten, welche auch die im Jahre 1873 unternommene schwedische Schlittenexpedition scheitern liessen. Erst gegen Ende April konnte diese abgehen und schon am 18. Mai musste sie in nächster Nähe von Spitzbergen (unter 80° 42′) umkehren, weil das Eis sich schon zu dieser Zeit zernagt und zusammengeschoben, also für Schlittenexpeditionen unbrauchbar erwies. Am 27. Mai war offenes Wasser, und am 7. Juni langte das erste von Hammerfest kommende Schiff an. Die milde Temperatur des ganzen an der Nordküste Spitzbergens zugebrachten Winters setzte die Schweden in Erstaunen. Nordenskjöld schreibt am 23. Februar 1873: »Der Winter ist also hier (Nordküste Spitzbergens!) bis jetzt nicht kälter gewesen, als ein gewöhnlicher Winter in der Gegend von Gefle in Süd-Schweden (gegen 20° weiter südlich!)« *) Palander berichtet, dass im Januar das Thermometer an zwei aufeinander folgenden Tagen auf + 1° C. stieg, am 22. d. M. + 3,8° C. beobachtet wurden und das bis zum 29. Januar gefundene Kältemaximum — 32,4° C. betrug. Im Februar stieg die Kälte allerdings zeitweise bis auf 38,2° C.; doch war die mittlere Lufttemperatur des Monats nur 22,7° C. Wir lesen ferner, dass im Monat Dezember der Hafen »theils offen, theils zugefroren«, im Januar »wiederholt mehr oder weniger, einmal ganz eisfrei« war; am 8., sowie am 22. Februar geht das Eis im Hafen auf, und das letztangeführte Mal beabsichtigen die Führer der Expedition, wenn der Sturm sich gelegt haben wird, mit allen drei Fahrzeugen auszulaufen! Ausserhalb des Ankerplatzes war stets offenes Wasser zu erblicken; im Februar wurde zwar das Eis im Hafen »2 Fuss« dick, doch war das Polarmeer andererseits zum grossen Theil bis auf weite Entfernung eisfrei, so dass man von einem der höchsten dem Ueberwinterungsort benachbarten Berge nur offenes Wasser bemerken konnte. Es unterliegt keinem Zweifel, dass der geringe Eisbestand des Meeres hierbei nicht als Ursache, sondern vielmehr als eine Wirkung derselben besondern Umstände aufzufassen ist, welche auch die milde Lufttemperatur hervorriefen. Ich füge noch hinzu, dass der Nordwestwind als derjenige Wind beobachtet wurde, welcher die geringste Kälte brachte. Wenn wir nun bedenken, dass

*) Die Norweger halten diese günstigen Verhältnisse jetzt nicht etwa für vorübergehend, sondern für dauernd, wie daraus hervorgeht, dass man den Fang jetzt auch im Winter fortzusetzen gedenkt. Petermann's geogr. Mittheilungen. 1879, p. 34.

die Nordküste Spitzbergens sich unter demselben Breitengrade wie die Südküste des Franz-Josef-Landes, ein gutes Stück nördlicher als die Nordspitze Nowaja Semljas befindet, und mit den Erfahrungen der Schweden im Winter 1872—73 diejenigen der Oesterreicher bei Franz-Josef-Land in den Jahren 1872—74, sowie die der Amerikaner und Engländer auf der Smith-Sund-Route vergleichen, so können wir doch nur zu dem Schlusse gelangen, dass derartig abnorme Verhältnisse wie die des nördlichen Spitzbergens auch durch aussergewöhnliche Ursachen bedingt sind, und diese letzteren können, wenn wir die Milderung des Klimas südlicherer Küsten als eine Wirkung des Golfstroms zu betrachten haben, nur in einer Fortsetzung dieser Wirkungen auf der Nordseite der oft genannten Inselgruppe zu finden sein. Lässt sich daher die Weiterexistenz des Golfstroms an dieser Stelle bloss aus den Beobachtungen der schwedischen Expedition von 1872—73 schon mit ziemlicher Sicherheit folgern, so ist eine Vergleichung derselben mit den Wahrnehmungen anderer Polarfahrer dazu angethan, jeden Zweifel in dieser Beziehung zu beseitigen.

Im Oktober 1868 konnte, wie Palander anführt, ein Schiff beinahe bis 81° 42′ N. B. vordringen, und die Robbenschläger verlassen die Nordküste von Spitzbergen häufig nicht vor Mitte Oktober.

Parry glaubte von der Stelle aus, wo er umkehrte, mit Schiffen bis zum 83° gelangen zu können.

Whitworth fand 1837 unter 82° 30′ N. B. und 12—15° O. L. im Nordosten offenes eisfreies Wasser.

Scoresby fand 1806 unter 81° 31′ N. B. und 19° O. L. offenes Wasser vor. Der Anblick der Atmosphäre liess darauf schliessen, dass auf weite Entfernung in nordöstlicher bis südöstlicher Richtung offenes Wasser und kein Land sei.

Baffin sah wahrscheinlich schon 1614 unter 81° N. B. das Franz-Josef-Land.

Smith und Ulve nahmen 1871 nördlich von Spitzbergen eine Meeres-Temperatur-Messung vor, die an der Oberfläche + 1,1°, bei 300 Faden Tiefe + 5,6° ergab.

Die Schiffer Kjelsen und Johannesen bemerkten 1876 nördlich vom Kap Smith eine stark gegen Osten ziehende Strömung.

Dass die Aequatorial-Strömung die nördliche Seite Spitzbergens erreicht, dürfte durch diese Zeugnisse mit einer an Gewissheit grenzenden Wahrscheinlichkeit dargethan sein. Die Annahme, dass sie ihr Weg von hier aus bis an die nördliche Seite des Franz-Josef-Landes führt, findet an der auch »für den Laien« so interessanten Beobachtung Payer's auf der im Frühjahr 1874 vom Ankerplatze des

»Tegethoff« aus nach Norden gemachten Fussreise eine nicht unbedeutende Stütze. Es möge mir desshalb gestattet sein, wieder einmal auf diese so oft angeführte und kommentirte Beobachtung zurückzukommen. Setze ich mich auch dadurch dem Vorwurf aus, mit sanguinischer Oberflächlichkeit oder eigensinniger Voreingenommenheit »morsche Hypothesen« zu vertheidigen, so will ich doch lieber diesen Tadel über mich ergehen lassen, als eine Thatsache nicht berücksichtigen, welche ein keineswegs unwichtiges Glied in einer Kette beweisführender Umstände ausmacht. Payer's Bericht hat in der That trotz der schroff ablehnenden Weise, in der er selbst gegenüber etwaigen Folgerungen aus seinen Wahrnehmungen aufgetreten ist, Beachtung genug gefunden; um so mehr muss es auffallen, dass bis jetzt noch Niemand versucht hat, mit Hülfe der durch die österreichischen Entdeckungen gelieferten Basis weiterzuforschen *) — ein Umstand, den man trotz alles auch von Fachmännern dem schon im April geöffneten Austria-Sunde und seinem reichen Thierleben geschenkten Interesses, als eine Folge jener abweisenden Haltung des Entdeckers anzusehen versucht ist. Je vorschneller es aber war, auf die Unfälle der »Tegethoff-Expedition« im Norden von Nowaja Semlja und ihre Erfahrungen an der Südküste des Franz-Josef-Landes ohne Weiteres ein ungünstiges Urtheil über die Nahbarkeit n ö r d l i c h e r e r Gegenden begründen zu wollen, desto weniger durften die auf der Fussreise gemachten Erfahrungen als blosse Miscelle angesehen werden. Bei unbefangener Prüfung der Thatsachen erscheinen dieselben wichtig genug, um in Verbindung mit den angeführten Beobachtungen im Norden Spitzbergens Veranlassung zu bestimmten Muthmassungen über die Ursache der Erscheinung zu geben. Wenn Payer und seine Begleiter im nördlichen Theile des Austria-Sundes bereits zu Anfang A p r i l offenes Wasser fanden, wenn sie am 12. April unter dem 82. Breitengrade eine so auffällig hoch erscheinende Lufttemperatur beobachteten, wenn sie endlich im Verlaufe dieses Monats wegen des Aufbrechens auch des südlichen Theiles der Meerenge mit ihren Schlitten über Land ziehen mussten, so ist bei der hohen Breite, um die es sich handelt, keine andere Erklärung denkbar, als dass eine von Westen oder Norden her zwischen die Inseln des Franz-Josef-Landes eindringende Strömung verhältnissmässig warmen Wassers die Ursache bildet. So ungewöhnliche Temperatur-Verhältnisse sammt den übrigen sie begleitenden Früh-

---

*) In England scheint dies auf Betreiben Markham's nunmehr wirklich beabsichtigt zu werden. Petermann's geogr. Mittheilungen. 1879, p. 75 f. und p. 236.

lingszeichen, so z. B. dem regen Vogelleben, ohne nähere Erwägung dem Zufall zuschreiben zu wollen, dürfte in Wahrheit das Prädikat eines zu raschen und oberflächlichen Verfahrens verdienen. Ziehen wir den Unterschied in Betracht, welchen die Wirkungen des Golfstroms zwischen unserm Klima und demjenigen Nordamerikas hervorbringen, so können wir es nicht wunderbar finden, dass selbst seine nördlichen an Wärme abgeschwächten Fortsetzungen, bedeutende Veränderungen in klimatischer Beziehung zu veranlassen im Stande sind; dass aber ein nordöstlich strömender Golfstrom-Arm die Küsten des Franz-Josef-Landes berührt, liegt durchaus im Bereiche der Möglichkeit, und wenn wir jene auffallenden Erscheinungen im Austria-Sunde in Betracht ziehen, brauchen wir keinen Anstand zu nehmen, das Eindringen wenigstens eines Theiles der warmen Strömung in das Innere der gedachten Inselgruppe geradezu als wahrscheinlich zu bezeichnen.

Die im 9. Hefte der Petermann'schen Mittheilungen von 1878 enthaltenen Tiefsee-Temperatur-Beobachtungen der österreichischen Expeditionen von 1871—74 erstrecken sich zwar nur auf das Gebiet des im Spitzbergen-Meer sich ausbreitenden östlichen Golfstrom-Armes; eine Besprechung dieser Messungen soll aber trotzdem hier ihre Stelle finden, da es nicht unmöglich scheint, dass auch der Einfluss dieser Golfstromhälfte sich bis in die Gegend erstreckt, deren vorzugsweise Befahrbarkeit in diesem Aufsatze behauptet wird. An einer Reihe von Punkten ausgeführte Beobachtungen lassen eine doppelte Fortsetzung der warmen Strömung, im Süden und in der Mitte des genannten Meeres, deutlich erkennen. Die im Juni, Juli und August 1871 südlich und südöstlich von Spitzbergen stattgefundenen Messungen deuten dem Anschein nach auf einen in direkt nordöstlicher Richtung vordringenden linken Arm des Stroms; aus den Nummern 20—22, 26—29 *) möchte auf eine in der Gegend zwischen dem 76. und 78. Breitengrade stattfindende Theilung oder Ausbreitung zu schliessen sein. Die Nummern 23—25 bezeichnen den in nördlicher Richtung westlich von Nowaja Semlja strömenden südöstlichen Arm, der aber — wie aus den Nummern 31—35 hervorgeht — nicht bis an die Küsten der Nordinsel gelangt. **) Betrachten wir nun die im August und September 1871 gefundene Eisgrenze, so findet sich westlich von 43° O. L. eine Einbuchtung derselben, welche der ungefähren Richtung

*) Vergl. die angeführte Stelle.

**) Die Gegend südlich von Matoschkin Schar pflegt passirbar zu sein, wenn an der nördlich von der Strasse gelegenen Küste die Schiffer des Eises wegen Schwierigkeiten finden.

eines von dem angeführten Theilungspunkte nordwestlich gehenden Theilungsarmes entsprechen würde, östlich von dieser Stelle loses Treibeis, weiter östlich unter 50° O. L. festeres Eis, dann wieder unter 55° O. L. leichtes Eis. An dieser Stelle ist vielleicht die Einwirkung der östlichen Theilungsarme anzunehmen. Vorläufig lassen sich allerdings über diese etwaigen Fortsetzungen der im Spitzbergen-Meer sich ausdehnenden Warmwasserströmung nur unsichere Vermuthungen aufstellen. Für die Annahme eines Weiterströmens in nördlicher oder nordwestlicher Richtung spricht ausser den höheren Kältegraden des nordöstlichen Theiles des Spitzbergen-Meeres auch der Umstand, dass die Strömung den grössten Widerstand stets und unter allen Umständen auf nordöstlichem Wege zu überwinden haben wird. Man hat vermuthet, dass die mächtige kalte Strömung ein Weitervordringen des warmen Wassers überhaupt verhindere; aber dann müsste doch wol eine Rückströmung eintreten, da eine gänzliche Stauung der hier vorhandenen noch verhältnissmässig starken Golfstromarme nicht für wahrscheinlich zu halten ist. Eine nach Norden oder Nordwesten gehende Strömung erreicht vielleicht die Küsten des Gillis- oder Franz-Josef-Landes, strömt an denselben weiter und trifft mit dem linken Hauptarme des Stromes wieder zusammen; nicht unmöglich ist es auch, dass sie theilweise in den Markham-Sund eindringt, und in diesem Falle wäre dann das von Payer im südlichen Theile des Austria-Sundes beobachtete »eiligst nach Norden strömende Wasser« eine Fortsetzung des Golfstroms. Einen Versuch, derartige nicht ausserhalb der Möglichkeit liegende Verhältnisse zu einem Vordringen an die Südwestseite des Franz-Josef-Landes zu benutzen, sind die in dieser Gegend zu erwartenden Entdeckungen jedenfalls werth.

Das Dasein eines bedeutenden, bis zum Pole oder an demselben vorüber sich erstreckenden Polarbeckens, ist bisher von allen Autoritäten als selbstverständlich angenommen worden. Ein Meer, aus dem eine Strömung von solcher Mächtigkeit hervorgeht, welches jene gewaltigen Eismassen zu entsenden im Stande ist, die alljährlich in den Atlantischen Ocean hinabzutreiben pflegen, kann nicht anders als eine entsprechende Ausdehnung haben. Ebenso erscheint uns aus mehr als einem Grunde die Existenz gewaltiger polarer Landmassen im Norden Asiens als gewiss. Während wir daher erwarten dürfen, dass erfolgreiche Kreuzungen des sibirischen Eismeeres zur Auffindung der Küsten dieser Länder oder Inseln führen, solche Expeditionen aber an Letzteren eine Schranke finden werden, welche ihnen das weitere Vordringen nach Norden erschwert oder unmöglich macht, während ferner die von den

Nordamerikanern und Engländern bis vor Kurzem bevorzugte Smith-Sund-Route sich als eine ungünstige herausgestellt hat und wir den Weg durch die Behringsstrasse schon allein der Entfernung halber in die zweite Linie zu stellen berechtigt sind, liegt dagegen im Norden unseres Erdtheils zwischen Grönland und dem Westende der östlichen polaren Inselgruppen ein weit geöffnetes Thor zu einem unzweifelhaft vorhandenen Polarmeere vor uns: ein Weg nach Norden, auf den der verstorbene Dr. Petermann immer und immer wieder hingewiesen hat, ohne dass ihm die Freude zu Theil wurde, eine wirklich bedeutende Expedition diesen Weg einschlagen zu sehen. Es ist behauptet worden, dass das polare Becken im Eise erstarrt, ein Vordringen zu Schiffe in demselben unmöglich sei. Aber während die Haltlosigkeit der Annahme eines in den Fesseln beständigen Eises liegenden Meeres auf der Hand liegt, darf es uns nach bei verschiedenen Gelegenheiten gemachten meteorologischen Beobachtungen als unzweifelhaft erscheinen, dass selbst zur Winterzeit bedeutende Strecken des Polarbeckens vom Eise befreit sind. Die deutsche Expedition von 1869/70 fand an der Ostküste Grönlands vorherrschende Nordwinde, welche von überreichlichem Niederschlage begleitet waren. Auf Spitzbergen stellte sich der Nordwestwind als reich an Niederschlag heraus, auf Nowaja Semlja brachte der Nordwind beträchtliche Mengen Wolken und Schnee, und im Winter 1873/74 führten die von den Oesterreichern bei Franz-Josef-Land beobachteten vielen Nordwinde tagelanges Schneetreiben mit sich. Alle diese Erscheinungen können nicht in der Verdunstung des Eises allein ihre Erklärung finden; es müssen selbst während der Winternacht weite Flächen in diesem nördlichsten Meere der Erde geöffnet sein und der Atmosphäre grosse Mengen Feuchtigkeit übergeben — eine Thatsache, die zugleich der Annahme eines Eindringens der Warmwasserströmung in das Polarbecken neue Wahrscheinlichkeit verleiht.

Es lässt sich nicht bestreiten, dass die mit dem Polarstrome treibenden Eismassen die Schifffahrt im westlichen Theile der zwischen Grönland und Gillisland sich ausbreitenden Einfahrt ausserordentlich erschweren; wenn aber dafür dem östlichen Theile erfahrungsmässig eine erhöhte Schiffbarkeit zukommt, und wenn, wie die oben ausgesprochene Hypothese behauptet, der Golfstrom seinen Weg in das Polarmeer bis über die Nordküste Spitzbergens hinaus fortsetzt, so liegt — wenn irgendwo — an d i e s e r Stelle und in der dem muthmasslichem Laufe des Golfstroms entsprechenden Richtung die Möglichkeit eines erfolgreichen Eindringens in das Polarbecken, sowie weiterer Landentdeckungen wenigstens an der Ostseite desselben vor. Jene

Behauptung aber, dass im Nordosten Spitzbergens der Schifffahrt besonders günstige Verhältnisse obwalten, sowie dass es die Golfströmung ist, welche dieselben schafft, wage ich aus den angeführten wie aus den noch anzuführenden Gründen mit voller Bestimmtheit aufrecht zu erhalten. Wäre es doch auch eine eigenthümliche Erscheinung, wenn wir in dem Polarbecken ein Meer zu erkennen hätten, aus welchem ein gewaltiger Strom hervorkäme, ohne dass zugleich eine andere Strömung den ihm durch jenen entzogenen Waaservorrath zu ersetzen bestrebt wäre. Ist die erstere Strömung aber auf der Westseite, so muss den an allen anderen Meeresbecken gemachten Erfahrungen entsprechend die ergänzende sich auf der Ostseite befinden. Eine derartige in das Polarbecken eindringende Zufuhrströmung kann keine andere sein, als eine Fortsetzung des Aequatorialstroms, deren Vorkommen an der Nordküste von Spitzbergen und deren von hier ab eingehaltene nordöstliche Richtung sich aus ihrem Zusammentreffen mit dem Polarstrome erklärt, der sie nothwendig von dem bisher eingehaltenen nördlichen Wege abdrängen muss. Ihr nordöstliches Weiterströmen aber führt sie dann an den aller Wahrscheinlichkeit nach in derselben Richtung streichenden Südostküsten des Polarmeeres entlang, und trotz aller stattgehabten Einbusse an Wärme und Mächtigkeit muss sie den ihr zugänglichen Küstengegenden ein milderes Klima, der Meergegend, welche sie durchzieht, ein vergleichsweise freies Fahrwasser verschaffen. So selbstverständlich es uns scheint, dass das Aequatorialwasser um so mehr an Wärme einbüsst, je weiter es in die nördlichen Regionen eindringt und je länger es mit dem polaren Strome in Berührung bleibt, so selbstverständlich ist es auch, dass diese Wärmeabnahme keine plötzliche sein, sowie dass eine so mächtige Strömung nicht ohne Weiteres an einer beliebigen Stelle aufhören kann. An manchen Orten finden wir übrigens eine Warmwasserströmung in Berührung mit einem kalten Strome, ohne dass sie deshalb in sofortiger oder übermässiger Weise ihre Wärme verlöre. Während daher die Existenz des westlichen Golfstromarmes an der Nordseite der Spitzbergengruppe als durch die angeführten Zeugnisse erwiesen betrachtet werden kann, ist sein Weiterströmen an der Nordseite der von der österreichischen Nordpol-Expedition entdeckten polaren Inselreihe nicht allein durch die Wahrnehmungen dieser Expedition, sondern auch durch eine Reihe überzeugender Wahrscheinlichkeitsgründe belegt. In Bezug auf den hier aufzusuchenden Weg in das Innere der Polargegend wird man mir somit zugestehen, dass er von allen andern auf weiten Umwegen zu findenden Routen, wenn nicht die Gewissheit, so doch die höchste Wahrscheinlichkeit eines glücklichen Erfolges verbürgt.

Eine Entdeckungsfahrt, welche von Spitzbergen aus in genau nördlicher Richtung vorgehen wollte, würde bald auf dieselben Schwierigkeiten stossen, welche die Eismassen der Schifffahrt weiter südlich bereiten; wenn man nur diesen Umstand allein berücksichtigt, wird die Entscheidung für den nordöstlichen Weg ausfallen müssen. Bei einiger Konsequenz und Energie muss es zu ermöglichen sein, in dieser Richtung den nördlichen Theil der Franz-Josef-Gruppe zu erreichen und die Wahrheit oder Unrichtigkeit der an dieser Stelle vertheidigten Hypothese zu konstatiren. Wo Gillisland und Franz-Josef-Land aufgefunden werden konnten, können jedenfalls mit ebenso viel oder wenig Verlust an Menschenleben auch die andern Küsten dieser Länder erreicht werden. Haben doch die Holländer im vorigen Jahre selbst die als so schrecklich geschilderte Südseite des Franz-Josef-Landes wieder erreicht! Wenn einmal eine Expedition die Route nach der Nordseite dieses Landes einzuschlagen unternimmt, so werden sich vielleicht die Mittheilungen jenes alten Seefahrers Roule, die in so merkwürdiger Weise mit Payer's Schilderung des Austria-Sundes übereinstimmen,*) als ebenso wahr herausstellen, wie dies mit den so lange bezweifelten Berichten anderer älterer Entdecker der Fall gewesen ist. Solche Kälteverhältnisse aber, wie diejenigen, mit welchen die deutsche Expedition von 1869/70 an der grönländischen Ostküste im Bereiche des Polarstroms, und die österreichische Expedition Nowaja Semlja gegenüber im Bereiche des aus dem asiatischen Eismeere kommenden kalten Stromes zu kämpfen hatten, wird eine Expedition im Nordosten von Spitzbergen nicht zu überwinden haben.

Unleugbar sind die Entdecker früherer Jahrhunderte an manchen Stellen mit ihren nicht einmal auf eine Eismeerfahrt besonders eingerichteten Schiffen weit kühner und erfolgreicher vorwärts gegangen als die meisten Expeditionen unserer Zeit. Sie hatten allerdings auch vorzugsweise andere Zwecke im Auge, als die blosse Förderung der Wissenschaft. Ohne Zweifel wird derjenige, welcher auf eine Polarfahrt die Furcht vor Misserfolgen und Unfällen mitnimmt, oder nicht gewillt ist, bei der Verfolgung des Zieles seine ganze Kraft und alle ihm zur Verfügung stehenden Mittel einzusetzen, keine grossen Erfolge verzeichnen können. Der schlimmste Feind der Forschung aber ist das eigensinnige Vorurtheil, die Freude an jenen leichtfertig absprechenden Urtheilen, denen wir in so manchen Fällen eine jahrelange Unthätig-

---

*) Er erreichte seiner Aussage nach unter dem Meridian von Nowaja Semlja den 85. Breitengrad, segelte hier zwischen Inseln und fand eine Menge Vögel an der Küste. Nach Durchfahrung der Inseln sah er offenes Wasser. Petermann's g. M. 1875. p. 28 f.

keit nach irgend einer Richtung hin zu danken haben. Von allen Hypothesen sind die verwerflichsten gewiss diejenigen, welche unsern freien Blick stets auf's Neue durch die Aufstellung imaginärer Hindernisse zu verdunkeln bestrebt sind, und doch finden sie gerade, weil sie den Neigungen und der Ignoranz der Menge schmeicheln, die meisten und willigsten Anhänger. Das ist in unsern Tagen nicht anders wie in alten Zeiten.

Nordenskjöld, der seinen Plan einer Durchschiffung des asiatischen Eismeeres in so glänzender Weise ausgeführt hat, sagt in einem Aufsatze über diese Unternehmung: »Falls es unserer Expedition glücken sollte, nach der Umsegelung Asiens den Suez-Kanal zu erreichen, so ist hier eine That geschehen, die mehr als alles Andere eine Erinnerung daran böte, dass das, was heute von Sachkundigen oder Nichtsachkundigen für unmöglich erklärt wird, häufig genug morgen durchgeführt ist.«

Möge diese Bemerkung sich auch an einer Entdeckungsfahrt in das Polarmeer bewahrheiten!

Bericht über die Verhandlungen und die Ergebnisse der internationalen Polar-Konferenz,

abgehalten in Hamburg in den Tagen vom 1. bis 5. Oktober 1879.

Der zweite internationale Meteorologen-Kongress, welcher im April dieses Jahres in Rom tagte, hatte in seiner am 21. April cr. abgehaltenen Sitzung durch einen Beschluss und in Gemässheit eines Antrages der V. Kommission, das internationale meteorologische Komité beauftragt eine besondere Konferenz auf den 1. Oktober d. J. nach Hamburg zusammen zu berufen, damit durch dieselbe die Wilczek-Weyprecht'schen Vorschläge zur systematischen wissenschaftlichen Erforschung der Polar-Gebiete berathen würden.

Diesem Auftrage entsprechend erliess das Bureau des Komités unter dem 9. August d. J. eine Einladung, welche in Anlage Nr. 1 enthalten ist und an sämmtliche ehemaligen Mitglieder des Kongresses und an eine Anzahl wissenschaftlicher Institute und Private gerichtet war.

Die Einladung forderte zur Beschickung dieser Konferenz auf, indem gleichzeitig alle Jene, die derselben beizuwohnen beabsichtigten, an Herrn Scott, Sekretär des internationalen meteorologischen Komités, oder an Dr. Neumayer, Direktor der Deutschen Seewarte, gewiesen wurden, um sich bei einem dieser Herren zu melden; letzterer hatte die geschäftlichen Anordnungen für die Konferenz übernommen.

Wie schon in dem betreffenden Beschlusse des Meteorologen-Kongresses als wünschenswerth betont worden war, so ist auch in der Einladung ein Nachdruck darauf gelegt worden, dass die Theilnehmer der Konferenz sich mit Instruktionen von ihren respektiven Regierungen, Gesellschaften etc. versehen lassen möchten, welcher Anforderung an die Deligirten das Motiv zu Grunde lag, die Verhandlungen zu beschleunigen und zunächst alle jene ferne zu halten, welche nicht in einer oder der anderen Form von Seite ihrer resp. Mandataren Zusagen für eine Betheiligung an den durch die Konferenz zu fördernden Unternehmungen zu geben vermöchten.

In Folge dieser Einladung, aber auch in Folge der Beschränkung, welche in der angeführten Bedingung lag, liefen gegen Ende des vorigen Monats eine Reihe von Antwortschreiben ein, von welchen nur etwa 8 oder 10 eine Betheiligung in Aussicht stellten.

Am 1. Oktober d. J., Vormittags 11 Uhr, traten in Gemässheit mit der erlassenen Einladung die nachfolgend in alphabetischer Ordnung aufgeführten Herren in den Räumen der Deutschen Seewarte dahier zu einer Konferenz zusammen:

1. Professor Buys-Ballot, delegirt von dem »Waterstaat-, Handel- en Nijverheid-Ministerium« für Holland aus Utrecht.

2. Kapitain Hoffmeyer, delegirt vom Königlich Dänischen Marine-Ministerium für Dänemark, aus Kopenhagen.

3. Professor Lenz, delegirt von der Kaiserlich Russischen Geographischen Gesellschaft zu St. Petersburg.

4. Professor Mascart, delegirt vom Ministerium des öffentlichen Unterrichts in Frankreich, aus Paris.

5. Professor Mohn, delegirt vom Königlich Norwegischen Unterrichtsministerium für Norwegen, aus Kristiania.

6. Professor Neumayer aus Hamburg und

7. Kapitän zur See von Schleinitz, Berlin, delegirt von der Kaiserlich Deutschen Admiralität für Deutschland.

8. Linienschiffs-Lieutenant Dr. Weyprecht, mit Vollmacht vom Kaiserlichen Unterrichts-Ministerium den Sitzungen beizuwohnen für Oesterreich und delegirt von Sr. Exzellenz dem Grafen H. Wilczek, aus Triest.

9. Dr. Wijkander, delegirt von der Königlichen Akademie der Wissenschaften zu Stockholm für Schweden, aus Lund.

Herr Neumayer begrüsste die Versammlung in einer kurzen Ansprache, worin er die Bedeutung der Konferenz für die Förderung der physikalischen Wissenschaften hervorbob und die Hoffnung aussprach, dass die bevorstehenden Verhandlungen zu einem befriedigenden, die Ausführung des in Frage stehenden Unternehmens sichernden Resultate führen würden, indem er gleichfalls die Geschichte des Entstehens dieser Konferenz rekapitulirte. Darauf verlas Dr. Neumayer die an ihn gelangten Schreiben, welche auf die Betheiligung oder Nichtbetheiligung an den Konferenzen einen Bezug hatten; von diesen Schreiben sind die Folgenden im Anhange unter No. 2, 3, 4 dieses Berichtes um deswillen beigefügt, weil sie eine eventuelle Betheiligung an dem einzuleitenden Unternehmen in Aussicht stellen:

Schreiben des General Myer an Herrn Weyprecht.
Schreiben des Herrn Kingston von Kanada an Herrn Scott.
Schreiben des Kommander Cheyne an Herrn Scott.

Herr Neumayer schlug nach diesen einleitenden, rein geschäftlichen Darlegungen den Anwesenden vor, das Bureau der Konferenz durch Wahl eines Vorsitzenden und eines Schriftführers zu konstituiren, welcher Antrag dadurch eine Erledigung fand, dass der Antragsteller mit der Leitung der Verhandlungen betraut und Herr Hoffmeyer zum Schriftführer gewählt wurde.

Die Konferenz trat unmittelbar nach ihrer Konstituirung zu einer Sitzung zusammen, in welcher in erster Linie die die eigentliche Verhandlung einleitenden Maassregeln, namentlich die Wahl einer Kommission, welche mit der Ausarbeitung eines Programm-Entwurfes betraut wurde, ihre Erledigung fanden. Die Herrn Mohn, Weyprecht und Wijkander bildeten diese Kommission. In der ersten Sitzung wurde dem Bedürfnisse, zunächst einen Ueberblick über die den einzelnen Mitgliedern der Konferenz innewohnenden Befugnisse zu gewinnen, dadurch Rechnung getragen, dass darauf zielende Aeusserungen derselben veranlasst wurden. Es ergab sich aus diesen, in den Protokollen dem Wortlaute nach enthaltenen Aeusserungen, dass zwar von den durch die resp. Regierungen, Gesellschaften etc. delegirten Mitgliedern im gegenwärtigen Stadium eine bindende Zusage nicht abgegeben werden konnte, wohl aber konstatirt werden könne, dass in den maassgebenden Kreisen überall der Wille obwalte, sich bei genügender Betheiligung an der Durchführung der von der Konferenz gefassten, auf die wissenschaftliche Erforschung der Polargebiete Bezug habenden Beschlüsse in einer oder der andern Form zu betheiligen.

Die übrigen fünf Sitzungen der Konferenz fanden statt: am 2., 3., 4. und 5. Oktober; um die Verhandlungen möglichst bald zu einem Ende zu führen, mussten am letztgenannten Tage zwei Sitzungen abgehalten werden.

Die Protokolle der Verhandlungen wurden in autographirter Ausgabe thunlichst rasch in die Hände der einzelnen Konferenz-Mitglieder gelegt und befinden sich als Nr. 5, 6, 7, 8, 9 und 10 der Anlagen zu diesem Berichte beigefügt. Da die Konferenz in ihrer 4. Sitzung vom 4. Oktober den Beschluss gefasst hatte, dass die in deutscher Sprache verfassten Protokolle als die Original-Ausgabe derselben angesehen werden sollten, so wurde, unbeschadet der Zulässigkeit einer Uebertragung derselben in irgend eine andere Sprache, zunächst von einer solchen in die französische Sprache Abstand genommen.

Was nun die von der Konferenz gefassten Beschlüsse anlangt, so lassen sich dieselben füglich in zwei Hauptgruppen scheiden, nämlich in eine erste, in welche die Beschlüsse von allgemeiner Natur gehören, und in eine zweite, welche im Besonderen das Arbeitsprogramm für das Gebiet der Polarforschung und die Modalitäten der Durchführung desselben umfassen. Zu dem allgemeinen Theile sind auch jene Beschlüsse u rechnen, welche sich auf die zur Ausbreitung der Betheiligung und zur Agitation für eine solche erforderlichen Schritte beziehen. In dem

Nachfolgenden werden die verschiedenen Beschlüsse der Konferenz ohne Rücksicht auf die Zeitfolge, in welcher sie angeregt und erledigt wurden, gemäss der bezeichneten Klassifizirung zusammengefasst und aufgeführt.

I. Allgemeiner Theil.

1. Zweck des Unternehmens, welches die Konferenz beschäftigt, ist die Untersuchung (Erforschung) in erster Linie der meteorologischen und erdmagnetischen, dann aber auch überhaupt der physikalischen Verhältnisse der Polar-Gebiete und der unmittelbar an dieselben angrenzenden Zonen der Erde nach einem gemeinsamen, durch internationale Uebereinkunft festzusetzenden Plane.

2. Diese Untersuchungen sind vorzugsweise an bestimmten Stationen und in fixen, an denselben zu errichtenden und zur selben Zeit in Thätigkeit befindlichen Observatorien auszuführen.

3. Die Kosten für die Einrichtung und den Betrieb einer solchen Station oder solcher Stationen sind von demjenigen Staate (oder derjenigen Parthie) zu tragen, welcher sie zu errichten unternimmt.

4. Zur Motivirung der Wichtigkeit des Unternehmens muss geltend gemacht werden:

a) Vom Standpunkte der Meteorologie, dass ohne gründlichere Kenntniss der Vorgänge und Prozesse innerhalb der Polargebiete an die Möglichkeit der Aufstellung allgemein gültiger Grundsätze und Theorien über Luftdruck-, Temperatur-Vertheilung und Schwankung, über Luftströmungen, Entwickelung und Verlauf der Witterung, über allgemeine klimatologische Normen nicht gedacht werden kann.

Für die nördliche Hemisphäre, in's Besondere für die meteorologischen Erscheinungen in Nord-Amerika und Nord-Europa-Asien leuchtet dieser Satz *a priori* ein und kann durch ein Studium der synoptischen Karten und der Ergebnisse simultaner Aufzeichnungen unmittelbar erwiesen werden. Bei dem engen, durch kontinentale Einflüsse nicht gestörten Zusammenhang der antarktischen Regionen mit den angrenzenden Gebieten höherer Breiten, innerhalb welcher sich der Weltverkehr zur See bewegt, kann einerseits, durch die Homogenität der Erdoberfläche bedingt, die Feststellung der allgemeinen Gesetze wesentlich gefördert werden, während andererseits die Ausdehnung der meteorologischen Forschung nach dem Süden hin bei der Weiterentwicklung der Wissenschaft nicht entbehrt werden kann.

Ganz besonders wichtig ist die Ausbreitung des Gebietes der synoptischen, beziehungsweise simultanen meteorologischen Arbeit nach den arktischen Regionen zu für die Entwickelung der Wetter- und Sturm-Prognose für ganz Europa und Nord-Amerika;

b) Vom Standpunkte der Wissenschaft des Erdmagnetismus, dass die gleichzeitige Beobachtung an Stationen, welche nach gewissen, zu bestimmenden Gesichtspunkten gewählt werden, in beiden Polargebieten für die Entwickelung der Lehre von den Störungen in den magnetischen Elementen, deren Beziehungen zu den Polarlichtern und Sonnenflecken, eine Bedingung ist, ohne deren Erfüllung ein entscheidender Fortschritt in unserer Erkenntniss nicht gedacht werden kann.

c) Dass für die Kenntniss der Vertheilung der erdmagnetischen Kraft und deren Säkular- und anderen Schwankungen über die Erde selbstverständlich eine gründliche Untersuchung in einer bestimmten Epoche der Gegenwart unerlässlich ist.

d) Dass die Hydrographie der Ozeane, die Lehre der Wärmevertheilung und der Strömungen, so lange nicht eingehende, mit durchaus zuverlässigen Instrumenten ausgeführte Untersuchungen aus den Polar-Gebieten vorliegen, jener Grundfaktoren, mit Hülfe welcher allein eine wissenschaftliche, allen Anforderungen genügende Begründung angestrebt werden kann, entbehrt.

e) Dass die Kenntniss der Figur der Erde so lange eine unvollkommene, vielfach auf Hypothesen beruhende bleibt, als nicht innerhalb der Polargebiete und besonders auf der Nordhemisphäre nach den neuesten Methoden ausgeführte, zuverlässige Messungen vorliegen.

5. Aus diesen gedrängt gegebenen Motiven für die Bedeutung des Unternehmens systematisch-wissenschaftlicher Forschung innerhalb der Polargebiete leuchtet zur Genüge hervor, dass auf nahezu allen Gebieten — und es könnten zu den genannten auch noch andere aus dem Komplexe der Naturwissenschaften hinzugefügt werden — der Fortschritt menschlicher Erkenntnisse stets eingeengt und verkümmert sein wird ohne Erweiterung der Summe wissenschaftlicher Thatsachen durch Beobachtungen in jenen Theilen der Erde.

6. Allein, ebenso wie mit Bezug auf die Naturwissenschaften überhaupt, sich diese Konferenz, welche in erster Linie die Interessen der Meteorologie und der Wissenschaft des Erdmagnetismus zu vertreten berufen ist, eine Beschränkung aufzuerlegen hat, so ist es auch ihre Pflicht, selbst mit Bezug auf die genannten Disziplinen, eine weitere Einschränkung eintreten zu lassen.

7. Um die Erreichung eines gemeinsamen Zieles zu sichern, erachtet es die Konferenz für geboten mit Beziehung auf die

physikalischen Fächer im engeren Sinne obligatorische und fakultative Beobachtungen zu unterscheiden.

8. Obligatorische Beobachtungen sind diejenigen, welche unbedingt angestellt werden müssen, wenn das System der Forschung nicht inkomplet bleiben, nicht Lücken entstehen sollen, welche das Ableiten allgemein gültiger Ergebnisse in empfindlicher Weise schädigen, ja voraussichtlich unmöglich machen; dahin gehören alle meteorologischen, magnetischen, Polarlicht-Beobachtungen, hydrographischen Erhebungen, bei welchen Gleichzeitigkeit als die erste Bedingung gelten muss.

9. Das Gebiet der fakultativen Beobachtungen kann hier nicht näher definirt werden, weil es gleichbedeutend sein würde mit einem Index der einschlägigen Wissenschaften; es genüge daher an dieser Stelle nur einzelne Beobachtungen namhaft zu machen: Pendelbeobachtungen zur Bestimmung der Figur der Erde, hydrographische Forschungen auf, mit den Stationen (Observatorien) im Zusammenhang stehenden Expeditionen, astronomische Bestimmungen, welche Bezug haben zur Refraktion, zu den Radianten der Meteore u. s. w.

10. Bezüglich der Wahl der Beobachtungsorte (Stationen) gelangte die Konferenz zu folgenden einstimmig gefassten Beschlüssen:

In Anbetracht der Wichtigkeit der Gebiete im Westen und Norden von Europa für die meteorologischen Verhältnisse der Nordhemisphäre, und bei der Bedeutung, welche die Erforschung des Einflusses des Gürtels grösster Intensität und Frequenz der Nordlichter auf den Charakter der Bewegungen in den magnetischen Elementen der Umgebung haben muss, schlägt die Konferenz die Errichtung fester Stationen in der nördlichen Hemisphäre vor an folgenden Orten:

1) Spitzbergen.
2) Finmarken (Nord-Kap).
3) Nowaja-Zemlja.
4) Lena-Mündung.
5) Point Barrow.
6) Ein Punkt im amerikanischen arktischen Insel-Archipel.
7) Upernivik (West-Grönland).
8) Jan Mayen oder Ostküste Grönlands.

11. Die Konferenz erklärt es ferner als ihre wohlerwogene Ansicht, dass die Besetzung mindestens der genannten Stationen zur vollen Lösung der Aufgaben aus dem Gebiete der Meteorologie und des Magnetismus der Erde eine unbedingte Nothwendigkeit ist.

12. In Anbetracht der Wichtigkeit gleichzeitiger magnetischer Beobachtungen in den arktischen und antarktischen Gegenden für die Erweiterung der Kenntnisse des Charakters der magnetischen Störungen, und systematischen meteorologischen Beobachtungen in höheren südlichen Breiten, ist die Konferenz der Ansicht, dass an den nachfolgend benannten Orten, wenn ausführbar, Beobachtungsstationen einzurichten und für eine bestimmte Epoche zu unterhalten sind:

1) Süd-Georgien-Insel.
2) Kerguelen-Inseln.
3) Auckland- oder Campbell-Inseln.
4) Balleny-Inseln, wenn die Landung an denselben sich als möglich erweisen sollte.

13. Die Konferenz ist der Ansicht, dass die Verhandlungen mit den Regierungen, mit dem internationalen meteorologischen Komité und die Vorbereitungen für die Durchführung des Projekts der Polarforschung derart zu beschleunigen sei, dass die Beobachtungen im Jahre 1881—1882 ausgeführt werden können, und dass demgemäss danach getrachtet werden müsse, dass dieselben im Sommer der nördlichen Hemisphäre 1881 ihren Anfang nehmen können und dass die Beobachtungen mindestens für die Dauer eines Jahres fortgeführt werden müssen.

14. Bezüglich der Publikation der während der genannten Epoche gemachten Beobachtungen fasst die Konferenz ihre Ansicht in folgenden Punkten zusammen:

a) Es sind sämmtliche Beobachtungen so bald als möglich in extenso zu publiziren.

b) Da es von Wichtigkeit sein wird, dass für synoptische Untersuchungen der meteorologischen Verhältnisse in der Beobachtungsepoche so bald als möglich ein Auszug der meteorologischen Beobachtungen vorliegt, ist nach Vereinbarung mit dem internationalen meteorologischen Komité darauf zu dringen, dass spätestens ein Jahr nach Beendigung der Beobachtungen, wo immer sich dies als möglich erweist, die Veröffentlichung eines solchen Auszuges nach einem gemeinsamen, von dem genannten Komité festzusetzenden Plane erfolge.

c) Es ist durchaus zu wünschen, dass sämmtliche Beobachtungen in Fällen, wo das Maass in Frage kommt, in metrischem Maasse und die Temperatur in Centigraden veröffentlicht werden.

15. Die Konferenz ist der Meinung, dass die internationale Betheiligung über die auf derselben vertretenen Staaten, Gesellschaften u. s. w. hinaus zum Gelingen des ganzen Unternehmens unentbehrlich ist und hofft, dass es gelingen werde nach dieser, die Sache einleitenden

Konferenz bald eine zweite, zahlreicher besuchte zu berufen und fasst von diesem Gesichtspunkte ausgehend die nachfolgenden Resolutionen:

a) Die Betreibung der Angelegenheit bei den betreffenden Regierungen, Gesellschaften u. s. w. muss mit allem Nachdruck und ohne Verzug aufgenommen werden.

b) Die Konferenz hat sich als internationale Polar-Kommission bis zur endgültigen Lösung der Aufgabe, um welcher willen sie zusammen getreten, für permanent zu erklären und als solche sich sofort durch die Wahl eines Präsidenten zu konstituiren, um für die Geschäftsführung und Agitation einen Mittelpunkt zu haben.

c) Es wünscht die Konferenz, dass die internationale Polar-Kommission noch durch den Beitritt Delegirter von anderen Staaten, die auf dieser Konferenz nicht vertreten waren, erweitert werde.

d) Der Bericht und die Protokolle über die Verhandlungen dieser Konferenz sind ohne Verzug dem internationalen meteorologischen Komité zur Kenntnissnahme und mit der Bitte um kräftige Unterstützung in der Durchführung der gefassten Beschlüsse zu übersenden.

16. Damit man durch die Ausführung des vereinbarten und in II. dargelegten Planes möglichst vollständige Beiträge zur Lösung der meteorologischen und magnetischen Fragen auf der ganzen Erde erhalten kann, wird das internationale meteorologische Komité gebeten:

a) Dass die durch den Kongress zu Rom angeordnete Vergleichung der Instrumente, namentlich der Barometer, sobald als möglich ausgeführt werde.

b) Rechtzeitig dafür zu sorgen, dass nicht allein die Thätigkeit der schon bestehenden meteorologischen und magnetischen Stationen während der betreffenden Beobachtungsepoche möglichst umfangreich und in einzelnen Beziehungen erweitert wird, sondern auch, dass provisorische Stationen da eingerichtet werden, wo eine gute Verbindung zwischen den projektirten arktischen und anarktischen Beobachtungsstationen und den wirklich bestehenden Beobachtungsstationen in den gemässigten Zonen nicht vorhanden ist.

c) Seinen Einfluss dahin geltend zu machen, dass die magnetischen Observatorien auf den Kontinenten an den durch das Arbeitspogramm festgestellten Termintagen, und wenigstens an gewissen festgestellten (siehe Protokoll) Stunden auch häufigere meteorologische Beobachtungen ausführen lassen.

d) Dahin zu wirken, dass überall auf der Erde, namentlich in höheren Breiten, möglichst viele selbst registrirende Instrumente während dieser Epoche in Thätigkeit sich befinden und dass eine bestimmte

Auswahl von Stationen II. Ordnung mehrere Mal des Tages zu aequidistanten und synchronischen Momenten Beobachtungen machen.

e) Dahin zu wirken, dass die Kriegs- und Handelsmarinen der verschiedenen seefahrenden Nationen sich während derselben Epoche an den unter d) genannten Beobachtungen betheiligen.

II. Besonderer Theil,

enthaltend Einzelheiten über Beobachtungen, Instrumente und Termine.

Die obligatorischen Beobachtungen auf dem Gebiete der Meteorologie.

17. Temperatur der Luft: Quecksilber-Thermometer auf 0.2 Centigrade getheilt und Weingeist-Thermometer auf ganze Grade getheilt und durch eine meteorologische Zentralstelle untersucht auf 0.1° C. sind zur Anwendung zu bringen.

18. Die Aufstellung ist nach Wild's Anweisung 1.5 bis 2.0 Meter vom Boden entfernt und zwar in einem doppelten Gehäuse, mit Jalousien versehen, zu bewerkstelligen. Das äussere Gehäuse ist von Holz, das innere von Metall anzufertigen. Die Beobachtung von Minimum-Thermometern ist auf verschiedene Weise zu ermöglichen.

19. Das Alkohol-Thermometer muss mit dem Normal-Queksilber-Thermometer am Beobachtungsorte bei möglichst niedriger Temperatur verglichen werden.

20. Temperatur des Meerwassers an der Oberfläche und von 10 zu 10 Meter tief ist dort zu beobachten, wo es möglich ist. Beispielsweise werden als hierfür brauchbare Instrumente genannt: träge Thermometer, jenes von Ekmann, Negretti & Zambra, Miller-Casella, Mons. Jansen etc.

21. Der Nullpunkt sämmtlicher zur Verwendung gebrachter Thermometer ist von Zeit zu Zeit zu bestimmen.

22. Luftdruck. An jeder Station müssen mindestens zwei gut verglichene Quecksilber-Barometer, Reserve-Barometer und Aneroide vorhanden sein.

23. Das Haupt-Barometer ist täglich einmal zu kontroliren.

24. Feuchtigkeit. Psychrometer und Haarhygrometer mit dem Regnault'schen Apparate als Kontrole sind nach Wild's Anweisung zu verwenden.

25. Wind. Windfahne und Robinson'sches Anemometer im Hause abzulesen (siehe Konstruktion der schwedischen Apparate auf Spitzbergen). Gleichzeitig Schätzung nach Beaufort auf 16 Striche, Richtung nach wahrem Azimute.

26. Zur Entscheidung der Frage, ob Schalenkreuze mit grossem oder kleinerem Durchmesser für die Wucht der Stürme der Polarzonen zu empfehlen sind, werden der Verwendung solcher Instrumente vorhergehende Experimente als wichtig empfohlen.

27. Wolken-Formen und Menge; Zugrichtung der Schichten in verschiedenen Höhen nach 16 Strichen sind zu beobachten.

28. Niederschlag. Auftreten und Dauer von Regen, Schnee und Graupeln und womöglich Niederschlagshöhe, deren Bestimmung übrigens nur im Sommer obligatorisch ist, sind zu notiren.

29. Wetter. Es sind Gewitter, Hagel, Nebel, Reif und optische Erscheinungen der Atmosphäre zu verzeichnen.

Obligatorische Beobachtungen auf dem Gebiete des Erdmagnetismus.

30. Absolute Bestimmungen. Bei der Deklination und Inklination ist eine Genauigkeit von 1.0 Minute, bei der Horizontal-Intensität von 0.001 derselben anzustreben; als hierzu geeignete Instrumente werden beispielsweise der Reisetheodolit von Lamont und gewöhnliche Inklinatorien namhaft gemacht.

31. Die absoluten Beobachtungen müssen in engem Zusammenhange und synchronisch mit den Lesungen an den Variations-Instrumenten ausgeführt werden, um die Angaben der letzteren auf einen absoluten Normalwerth reduziren, die Nullpunkte der betreffenden Skalen bestimmen zu können. Die Bestimmungen müssen derart häufig ausgeführt werden, dass die Aenderungen im absoluten Werthe des Nullpunktes der Skalen der Variations-Apparate mit Genauigkeit dadurch kontrolirt werden.

32. Variationsbeobachtungen. Es haben sich dieselben über alle drei Elemente zu erstrecken und zwar sind sie mittelst Instrumenten mit kleinen Nadeln (im Gegensatze zu den Gauss'schen Apparaten) auszuführen. Zu Zwecken einer ununterbrochenen wechselseitigen Kontrole sind zwei vollständige Systeme von Variations-Instrumenten wünschenswerth, was sich auch schon um deswillen empfiehlt, dass einer Unterbrechung der Beobachtungen durch Zerbrechen, Inunordnungkommen etc. vorgebeugt werde.

33. Die Horizontal-Intensität soll bei dem einen Systeme wenigstens am Unifilar-Apparate beobachtet werden. Der grossen zu beobachtenden Störungen halber müssen die Skalen der Variations-Instrumente mindestens einen Umfang von 10 Graden haben und ist die Anordnung dabei so zu treffen, dass die Gleichzeitigkeit der Ablesung möglichst erreicht wird.

34. Während der ganzen Zeit werden die Variations-Instrumente von Stunde zu Stunde abgelesen. Es ist wünschenswerth, dass zwei Ablesungen mit einem Zwischenraume von einigen Zeitminuten, zum Beispiel vor und gleich nach der vollen Stunde, gemacht werden.

35. Herr Weyprecht reichte zu diesem Beschlusse folgendes Separat-Votum ein:

Separat-Votum. »In Anbetracht dessen, dass mir stündlich »einmalige Lesungen in nicht geuau präzisirten Momenten als un»genügend erscheinen, um in jenen Gegenden der fast ununterbrochenen »Störungen zu solchen Perioden und Mittelwerthen zu gelangen, welche »den Störungscharakter des Ortes und der Epoche genügend genau »für den Vergleich ausdrücken, — in Anbetracht der geringen Mehr»arbeit, welche durch wiederholte, in präzisirten Momenten ausgeführte »Lesungen verursacht wird, kann ich mich der Ansicht der Majorität »der Konferenz nicht anschliessen.

»Ich erkläre, dass die allenfalls von mir zu führende Expedition »stündlich um

»—^{h} 58^m 0^s.. —^{h} 59^m 0^s.. —^{h} 60^m 0^s.. —^{h} 61^m 0^s —^{h} 62^m 0^s

»und zwar nach Göttinger Zeit alle drei Variations-Instrumente ab»lesen wird. (gez.) Weyprecht.«

36. Als Termintage werden der erste und der fünfzehnte Tag eines jeden Monats festgesetzt und zwar von Mitternacht zu Mitternacht Göttinger Zeit (mittlere Zeit). Die Lesungen geschehen von fünf zu fünf Minuten, jedesmal zur vollen Minute, und zwar sind die drei Elemente, möglichst rasch nach einander abzulesen in der Reihenfolge: Horizontal-Intensität, Deklination, Vertikal-Intensität.

37. An solchen Termintagen sind Beobachtungen, welche darauf abzielen, magnetische Aufzeichnungen, und wäre es auch nur eines der magnetischen Elemente, kontinuirlich z. B. jede 20 Sekunden, eine ganze Stunde hindurch auszuführen, in den Arbeitsplan einzuschliessen. Am zweckmässigsten beginnt nach Ansicht der Konferenz die Beobachtung so, dass eine der Beobachtungsstunden mit der ersten Stunde des ersten Januar zusammen fällt und wird während der Beobachtungsepoche so durchgeführt, dass an jedem folgenden halbmonatlichen Termintage eine andere Stunde zu diesem Zwecke ausgewählt wird.

38. Die Genauigkeit der magnetischen Beobachtungen ist bei der Deklination in Minuten und bei der Horizontal- und Vertikal-Intensität in Einheiten der vierten Dezimalstelle anzugeben.

39. An den Termintagen sind ferner fortlaufende Polarlichterbeobachtungen auszuführen. Ausserdem werden die Polarlichter

gleichfalls von Stunde zu Stunde beobachtet und zwar nach Form und beiläufiger Position in Höhe und wahrem Azimute. Die Lichtintensität ist nach vier Stufen abzuschätzen.

40. Auch müssen einzelne Polarlicht-Phänomene zum Gegenstand eingehender Beobachtung gemacht werden, wobei die verschiedenen Phasen genau zusammen mit gleichzeitigen Lesungen der magnetischen Variations-Instrumente zu verzeichnen sind.

41. Da prinzipiell der möglichste Synchronismus bei den Ablesungen angestrebt werden soll, so sind Orts- und Zeitbestimmungen mit Instrumenten auf fester Aufstellung (Universal-Instrument, Durchgangs-Instrument) auszuführen, was aber den Gebrauch guter Reflexions-Instrumente nicht ausschliessen soll. Es muss mit allen Mitteln darnach gestrebt werden, möglichst rasch eine für die Zwecke geeignete Orts- (namentlich Längen-) Bestimmung zu erhalten.

Die fakultativen Beobachtungen.

42. Die Konferenz empfiehlt die nachfolgend aufgeführten Beobachtungen uud Untersuchungen der Beachtung aller Jener, welche mit dem Entwurfe der Instruktion für eine Expedition betraut oder selbst in einer solchen zu wirken berufen sind, auf das Nachdrücklichste.

43. Meteorologische. Es ist die Abnahme der Temperatur mit der Höhe, die Temperatur des Bodens, des Schnees und des Eises in verschiedenen Tiefen zu ermitteln.

44. Insolationsbeobachtungen sind anzustellen, sowie Beobachtungen über die spontane Verdunstung, während des Winters durch Wägen von Eiswürfeln während des Sommers mit Verdunstungsmessern.

45. Magnetische: Zeitweise, absolut gleichzeitige Lesung aller drei Elemente des Erdmagnetismus behufs genauer Bestimmung des Verhältnisses zwischen den gleichzeitigen Aenderungen der Horizontal- und der Vertikal-Intensität.

46. Galvanische Erdströme. Beobachtungen von Erdströmen in engem Zusammenhange mit den magnetischen Beobachtungen und den Polarlicht-Erscheinungen.

47. Hydrographische Untersuchungen. Beobachtungen über Meeresströmungen und Eisbewegung nach Richtung und Stärke.

48. Tieflothungen und Beobachtungen über die physikalischen Eigenschaften des Meerwassers, z. B. Bestimmung der Temperatur, des spezifischen Gewichts, des Gasgehaltes u. s. w. und sind hierbei besonders die für die Expeditionen verwendeten Schiffe in's Auge zu

fassen. Beobachtungen über Ebbe und Fluth, wo möglich mit selbstregistrirenden Apparaten auszuführen.

49. Polarlicht-Parallaxe. Höhenbestimmungen der Polarlichter durch Messungen (beispielsweise mit den Meteorographen) welche von detachirten Beobachtungsparthien ausgeführt werden, wenn möglich unter Anstellung gleichzeitiger Beobachtungen über Deklinations-Variationen.

50. Beobachtungen
über Luftelektrizität,
über astronomische und terrestrische Refraktion,
über die Länge des einfachen Sekunden-Pendels,
über Anwachsen und Bau des schwimmenden Eises und der Gletscher.
Sammlungen von Luftproben für Analysen.
Beobachtungen und Sammlungen aus dem Gebiete der Zoologie, Botanik, Geologie u. s. w.

Nachdem die Konferenz in ihrer 5. Sitzung noch weitere Einzelheiten über die Ausführung der Beobachtungen während der in's Werk zu setzenden Polar-Unternehmungen besprochen hatte, von einer Mittheilung oder einer Formulirung derselben in bestimmten Beschlüssen im gegenwärtigen Stadium aber Abstand genommen wurde, schritt man in derselben Sitzung zur Konstituirung der internationalen Polar-Kommission durch die Wahl eines Präsidenten.

Herr Neumayer wurde einstimmig zum Präsidenten der Kommission erwählt, in der Voraussicht, dass damit die Möglichkeit gegeben sei, unmittelbar an die Ausführung der einzelnen Beschlüsse zu schreiten, so weit die Initiative hierzu bei der Kommission liegt uud naturgemäss liegen kann.

In der 6. Sitzung der Konferenz wurden die Protokolle sämmtlicher Sitzungen, inklusive der letzten, genehmigt und erklärt der Vorsitzende sodann die Konferenz für aufgehoben.

Hamburg, den 6. Oktober 1879.

Die Mitglieder der internationalen Polar-Konferenz:

Buys-Ballot, *Neumayer*,
Hoffmeyer, *von Schleinitz*,
Lenz, *Weyprecht*,
Mascart, *Wijkander*.
Mohn,

Eine Exkursion nach Island *)
im Sommer 1879.

Vortrag, gehalten in der Geographischen Gesellschaft zu Hamburg am 6. November 1879,

von

William Robertson.

Am 27. Mai 1879 verliess ich an Bord des Dänischen Postdampfschiffes »Phönix« (447 Register-Tons), in Begleitung meines Freundes L., Kopenhagen. Nach sechszigstündiger angenehmer Reise kamen wir in Leith an und nach eintägigem Aufenthalt in Edinburgh, dampften wir am 31. Mai bei schönem Wetter weiter gen Norden, an der schottischen Küste entlang. Der nächste Tag brachte uns, zwischen den Orkney- und Shetland-Inseln passirend, in den Atlantischen Ocean, welcher uns mit stürmischem NO-Wind empfing und uns hohe Wellenberge entgegenrollte, so dass der Pfingstsonntag für die Mehrzahl unserer Reisegefährten schwerlich eine angenehme Erinnerung zurückgelassen haben wird. Am 2. Juni Mittags ankerten wir in Thorshavn auf Strömö, einer der Fär-Öer, einem freundlichen Städtchen von ca. 1000 Einwohnern, an einer durch die vorliegende Naals (Nols)-Insel (Naalsö) geschützten kleinen Bucht, recht malerisch am schroffen Ufer aufgebaut. Eine vorspringende felsige Landzunge trägt an ihrer Spitze die Faktorei eines Hamburger Hauses. Eine ansehnliche Kirche und auch eine Batterie sind vorhanden. Die Strassen sind eng und schlecht gepflastert und des gebirgigen Terrains halber oft steil und treppenartig angelegt. Die sehr niedrigen, von Steinen mit Holzdächern erbauten Häuser, machen einen freundlichen Eindruck, weil Alles sehr sauber gehalten ist; sie sind im Innern recht wohnlich, wenngleich sich der Grossstädter der einfachen und altmodischen Hausgeräthe wegen ein paar Jahrhunderte in der Kultur zurückversetzt fühlt. Die Gastfreundschaft in Thorshavn ist, wenn ich nach unserer kurzen Erfahrung urtheilen darf, sehr ausgebildet; wir wurden mehrfach in die Häuser einzutreten ersucht und mit Wein,

*) Zur allgemeinen Orientirung empfehlen wir: Karte von Dänemark und die Dänischen Kolonie'n, entworfen von A. Petermann, gezeichnet von L. Friederichsen (Stieler's Hand-Atlas No. 44); zum specielleren Studium: Olsen's Uppdrattr Islands, 1 : 480.000 in 4 Bl. und 1 : 960.000 in 1 Blatt.

Kuchen und Cigarren freundlichst bewirthet. Abends durften wir an einem Ball der Honoratioren in der ehemaligen katholischen Kirche, dem jetzigen Landhause des Sysselmands, Herrn Müller, theilnehmen, wo uns von sämmtlichen Festtheilnehmern in der liebenswürdigsten Weise begegnet wurde. Beim Klange einer Violine mit Guitarre-Begleitung, theils sogar nach Strauss'schen Weisen, wurde bis 5 Uhr Morgens getanzt. Unter den während des Balles verabreichten Erfrischungen imponirten uns besonders Butterbrödchen mit Wallfischfleisch (Grindwal, Globiocephalus globiceps Cuv.) belegt. Auch den Nationaltanz der Eingeborenen hatten wir Gelegenheit zu sehen. In einem niedrigen kleinen Zimmer, ohne Sitzplätze, bildeten die zahlreichen Tänzer beiderlei Geschlechts Chaine und gingen oder stampften im Kreise herum, wobei eine eintönige Melodie von endlosen Versen von irgend Jemand gesungen und der Refrain von Allen im Chorus aufgenommen wurde; weitere Musik gab es nicht. Das Eintrittsgeld zu diesem Balle kostete auch nur 10 Öre = 11 Pfennigen, wofür Wasser ad libitum zu haben war. Alle schienen sich prächtig zu amüsiren.

Die Fär-Öer-Gruppe zählt einige 20 Inseln, welche sich mit manchen schneebedeckten Spitzen bis zu 851 m über dem Meeresspiegel erheben und vielfache Spuren früherer vulkanischer Thätigkeit aufweisen. Sie gehören zu Dänemark und zählen auf 1332,5 qkm (24,2 d. g. □Ml.) ca. 11,000 Einwohner, welche ihre eigene, selbst keinem Dänen verständliche Sprache haben. Ihre Religion ist durchweg lutherisch. Es ist ein schöner, grosser, durchgängig blonder Menschenschlag; die Männer mit ihren Zipfelmützen machen vornehmlich einen prächtigen Eindruck; sie gelten für ausserordentlich kühne Seeleute und Fischer und sind offen und angenehm im Umgang. — Auf den Inseln wird Schafzucht und etwas Ackerbau getrieben, doch gedeihen nur Kartoffeln und Gerste; letztere nicht einmal immer. Die Fischerei auf Dorsche, Havkalvs (Haifische) und gelegentlich Walfische ist verhältnissmässig bedeutend; der gewonnene Thran wird meistens nach Kopenhagen und Hamburg gesandt, Klippfische dagegen in der Regel nach Nord-Spanien und England direkt ausgeführt. Einen nicht unbedeutenden Export-Artikel bilden wollene Jacken (50--70,000 Stück jährlich) und Handschuhe. Auf der Insel Suderö sind unlängst gute Steinkohlen gefunden, jedoch bislang noch nicht ausgebeutet worden, auch fand man auf Naalsö Kupfer.

Am 3. Juni ging unsere Reise weiter und zwar für mehrere Stunden mitten durch die interessante Inselgruppe, welche die verschiedenartigsten Felsformationen zeigt und von 300 m hohen senkrechten Wänden manchen Wasserfall direkt in's Meer stürzen lässt. Die grossartige Scenerie wird von unzähligen verschiedenartigen Wasservögeln belebt. Bei fast spiegelglattem Meere erblickten wir bereits am Nachmittage des 4. Juni Island; es waren die riesigen Vulkane Vatna- und Oraefa Jökull, denen sich nach und nach Myrdal-, Eyjafjalla-Jökull und Hekla anreiheten. Bedeckt mit den blendendsten kolossalen Schnee- und Eismassen, Gletscher zuweilen bis in's Meer entsendend, bietet die Südküste Islands einen unvergleichlich schönen, grossartigen Anblick. Die Berge, welche in Wirklichkeit nur 17—1900 m hoch sind, erscheinen bedeutend höher, weil sie sich direkt vom Meeresspiegel aus aufbauen. Das Meer ist belebt von vielen Walfischen und Vögeln und nicht selten sieht man durch den Golfstrom herbeigeführte Stämme und Hölzer tropischer Pflanzen auf demselben treiben. Am 5. Juni Morgens 1 Uhr bei Tageshelle landeten wir einige Passagiere auf den Vestmanna-Inseln. Nur eine derselben, die grösste, ist bewohnt von circa 650 Menschen, welche Schafzucht treiben und den Millionen von Vögeln nachstellen, welche auf den steilen Felsen und Klippen der ca. 600 m hohen Insel nisten. Zwischen dem Leuchtthurm des Kap Reykjanes — welcher zur Zeit der hellen Sommernächte nicht erleuchtet wird und dessen Wärter sich während dieser Zeit auf unserm Dampfer als Heizer zu verheuern pflegt — und dem Meelsäk, einem von Vogel-Exkrementen weiss gewordenen Felsen, hindurchfahrend, erreichten wir nach abermaliger zwölfstündiger Fahrt am neunten Tage unserer Reise den Hafen von Reykjavik, der Hauptstadt Island's.

Reykjavik, mit ca. 1500 Einwohnern, ist hübsch gelegen. Die gegenüberliegenden Berge sind schneebedeckt, und über der Faxe-Bucht hinweg gen Nordwesten erblickt man sehr deutlich, obgleich 115 km entfernt den prachtvollen 1433 m hohen Sneefell-Jökull. Der Hafen, durch vorliegende niedrige Inseln geschützt und nur nach schmaler gewundener Einfahrt zu erreichen, beherbergte ca. 20 Schiffe, darunter einige Dampfschiffe. — Am Strande liegen 5 oder 6 grosse Faktoreien. Die Strassen sind gut und breit. Eine schöne Kirche und ein freier Platz mit Anlagen und einem Monument Thorvaldsen's geschmückt, bilden die Hauptzierden der Stadt. Die Häuser haben durchgängig nur ein Stockwerk, sind meistens aus Lava-Steinen erbaut, oft mit Holz verkleidet und haben meistens Holz- oder Grasdächer, nur in selten Fällen Dachpfannen; sie machen einen freundlichen, reinlichen Eindruck. Der Gouverneur (Landshövding), sowie der Amtmann, wohnen sehr hübsch in grösseren steinernen Gebäuden. Am felsigen Gestade werden überall Dorsche gereinigt, gesalzen und getrocknet.

Im Sommer ist es recht lebhaft in den Strassen; die Bauern kommen und gehen mit grossen Zügen von Pferden, bepackt mit Fischen, Wolle und den eingetauschten Bedürfnissen; oft sieht man an 100 Pferde vor einer Faktorei halten. Alles wird auf Pferderücken transportirt, denn Wagen giebt es nicht, weil keine Wege vorhanden sind. Zu Fuss geht auf Island Niemand, Alles reitet, Frauen und Kinder einbegriffen, welche Sättel mit einer Rückenlehne benutzen; selbst die Beerdigungen werden zu Pferde beschafft. Diese dem Isländer unentbehrlichen Thiere sind zwar nur klein, aber ungemein ausdauernd und theilweise recht flink. Sie werden niemals gefüttert, sondern müssen sich selbst das Futter suchen. Im Sommer finden sie nun allerdings genügend kurzes Gras, im Winter ist es fast unbegreiflich wie dieselben unter dem Schnee genügend Nahrung finden können, um das Leben zu fristen; die Pferde sind denn auch im Frühjahre vollständig abgemagert und sehr schwach. Nur ein oder zwei Reitpferde, welche der Bauer nothwendig zu seinen Reisen braucht, werden im Winter von ihm im Stalle gehalten und gefüttert. Reykjavik besitzt auch ein Hôtel, welches von einem unternehmenden Fischer Nicolaus Japhetson gehalten wird. Er hat ein Gastzimmer für Isländer und Matrosen, ein anderes für Kapitäne und Offiziere der Kriegsschiffe; kommen dann einmal Touristen, so räumt er seine Wohnstuben diesen ein und schläft mit Familie auf dem Spitzboden seines Hauses. Es findet sogar eine Table d'hôte statt an einem runden Tische für vier Personen; gewöhnlich giebt es Suppe, Fisch und eine Mehlspeise. Als Fremder kann man nur froh sein überhaupt ein solches Unterkommen zu finden; ist das Hôtel besetzt, so muss man an Bord seines Schiffes bleiben oder in einem Zelte kampiren. Der Kaffee spielt überall auf Island eine grosse Rolle und wird zu jeder Tageszeit genossen, am Morgen gewöhnlich zusammen mit Pfannkuchen; ich fand denselben überall ohne Ausnahme von vorzüglichem Geschmacke.

Sehr interessant war ein Besuch auf Videy, einer eine halbe Stunde von Reykjavik entfernten Insel, wo Tausende von Eidergänsen im Grase und kleinen Erdlöchern nisten; dieselben sind zum Theil so zahm, dass ich mehrere der brütenden Vögel mit der Hand streicheln konnte. Die Insel ist verpachtet und sind besondere Gesetze zum Schutze dieser Vögel erlassen, welch' letztere nicht beunruhigt noch geschossen werden dürfen. Nur das Weibchen, einer grossen wilden Ente ähnlich, liefert Eiderdaunen und werden deren Nester zweimal geplündert; nimmt man die Daunen zum dritten Male fort, so kehrt der Vogel nicht zum Neste zurück. Ich bemerkte bis zu sechs Eiern in den Nestern, häufig jedoch weniger. Nach einigen Tagen Aufenthaltes in Reykjavik und Umgegend, sowie nach einem Besuche von Havnefjord (Hafnarfjördr), begann ich mich für meinen Ausflug in's Innere der Insel zu rüsten. Eigentlich war es unsere Absicht gewesen Geysir und Hekla zu besuchen und dann quer durch's Land nach Akreyri zu reiten; da letztere Tour mir jedoch von allen Seiten als wenig lohnend und für die Jahreszeit als unmöglich dargestellt wurde, weil die Pferde noch zu flau seien und auf den Hochebenen nur Schnee und kein Gras zu finden sei, so beschlossen wir vom Geysir wieder nach Reykjavik zurückzukehren und dann den Seeweg nach Akreyri zu benutzen. Leider mussten wir die Besteigung des Hekla aufgeben, denn die uns bis zum Abgang des Dampfschiffes gelassene Zeit reichte dafür nicht aus. Da der berüchtigte Vulkan übrigens ganz ruhig war und sich in Eis und Schnee gehüllt hatte, so glaube ich nicht Viel versäumt zu haben.

Da es im Innern Islands fast Nichts zu essen giebt, so muss der Fremde sämmtlichen Mundvorrath mit sich führen und zwar, weil Alles zu Pferde mit genommen werden muss, in möglichst beschränktem Maasstabe, will man nicht für Extra-Packpferde viel Geld ausgeben und sein Weiterkommen obendrein durch dieselben behindert sehen. Wir hatten uns von Schottland bereits Konserven, Biscuits, Chocolade, sowie einige Flaschen Sherry und Cognac mitgebracht; von einem Bekannten wurden uns gute Butter, Käse und ein grosses Schwarzbrod besorgt, zinnerne Teller und Becher wurden gekauft, ein Zelt und Oelzeug ebenfalls aufgetrieben, und so gelang es sämmtliche Habseligkeiten, bescheiden genug auf 6 Tage für 3 Touristen und einen Führer (es hatte sich uns nämlich noch ein sehr liebenswürdiger Kopenhagener Kaufmann angeschlossen) auf zwei Packpferden unterzubringen.

Am Nachmittage des 8. Juni war Alles für die Tour zum Geysir bereit und mit elf Pferden verliessen wir beim prachtvollsten Wetter Reykjavik, nachdem wir uns zuvor Kuriositäts halber mit denselben hatten photographiren lassen. Die Reise ging verhältnissmässig nur langsam von Statten, denn erstens war der Weg sehr schlecht und vor Allem machten uns Anfangs die Pack- nnd Reservepferde viel zu schaffen. Diese liefen bald ausser der Reihe und zeigten Neigung zur Umkehr, bald liefen sie lose oder an einander gebunden von uns Berittenen gejagt vor uns her, bald musste jeder Reiter ein oder mehrere Pferde an der Leine mit sich nehmen; jeden Augenblick war bei den Packpferden irgend etwas in Unordnung. Unsere Geduld wurde auf eine schwere Probe gestellt, doch behielten wir guten Humor und Jeder that das Mögliche um Fortgang zu erzielen. Der Weg führte über Berg und Thal, Haide, Lavafelder, durch Flüsse und Bäche, über Sand- und Steinflächen, stets langsam ansteigend, bis wir nach 5stündigem Ritte um 10^h P.M., im Selgedal (Seljadalr) einem grünen, von einem Flüsschen durchströmten Thalkessel Halt machten. Hier wurden die Pferde gewechselt und um $11^h\,30'$ P.M. ging es weiter. Der Weg führte bergauf an einer tiefen, grausigen Schlucht vorbei; nach ca. einer Stunde kamen wir in die Schnee-Region, wohl 600 m hoch. Während der nächsten drei Stunden kreuzten wir im Schritt eine der trostlosesten Hochebenen; Anfangs tiefer Schlamm — der schmelzende Schnee hatte das Erdreich aufgeweicht — dann endlos scheinende Steinflächen und endlich maulwurfshügelartige Gras- und Haidestrecken, erschwerten das Fortkommen. Die Richtung des Weges — einen Weg selbst gab es eigentlich nicht — wurde durch Steinpyramiden, ähnlich den »Steinmannerln« auf Hochgipfeln Tyrols, bezeichnet; Jeder musste sich bemühen bestens die Richtung einzuhalten. Am 9. Juni gegen 6^h A.M. kamen wir bei der Kirche von Thingvellir am Nordende des Thingvalla-Sees mit sehr ermüdeten Pferden an, nachdem wir noch kurz zuvor die Schlucht Almannagjá passirt und den Öxará durchfurthet hatten. Nach einigen Stunden Schlafes im Zelt, begaben wir uns zuerst auf den Lövberg (Lögberg). Das ihn umgebende Terrain ist in Folge grossartiger vulkanischer Erschütterungen in viele Spalten zerrissen und zum Theil gesunken; nur ein Hügel, der Lövberg, — so genannt, weil in früheren Zeiten alljährlich auf demselben Gericht gehalten und die Verurtheilten durch Hinabstossen von demselben hingerichtet wurden — ist stehen geblieben. Mit Ausnahme einer einzigen schmalen Stelle ist dieser Hügel unzugänglich und ringsum von einer 8 bis 24 m breiten und durchschnittlich 24 bis 30 m tiefen Schlucht umgeben, angefüllt mit klarstem Wasser, dessen Tiefe unbekannt, jedoch anscheinend sehr beträchtlich ist. Die Aussicht vom Lövberg ist prachtvoll; den grossen Thingvalla-See, umstanden von hohen Schneebergen in wunderbar wechselnder Beleuchtung, den schönsten Schweizer und italienischen Seen ebenbürtig, erblickt man in seiner ganzen Ausdehnung. Weite Lavafelder bedecken die Ebene; in nächster Nähe hat man den vollen Anblick der Almannagjá, einer 45 m hohen, steil aufragenden und ca. 11 km langen Riesenmauer, von welcher sich der Öxará in zwei prächtigen Wasserfällen, dem Store und Lille Foss, herabstürzt und dann im Thingvalla-See verliert. Den Horizont begrenzen die grossen mit ewigem Eis und Schnee bedeckten Vulkane Skolafell und Skjaldbreid.

Eine Kahnfahrt auf dem ausserordentlich fischreichen Thingvalla-See war gleichfalls recht lohnend; wir nahmen einige Tags vorher ausgelegte Netze auf und machten eine Beute von über 80 der schönsten Lachsforellen.

Um 6^{h} 30′ P. M. setzten wir uns wieder zu Pferde; nach 1½stündigem Ritt durch Lavafelder und ein niedriges birkenartiges Gestrüpp erreichten wir die Hravnagja, eine noch schauerlichere Schlucht als Almannagjá mit prachtvollem Ueberblick über den Thingvalla-See und über die durch das Birkengestrüpp grüne Ebene. Von da fortwährend langsam ansteigend, durchritten wir eine geneigte, vegetationslose, mit vulkanischem Gestein bedeckte Hochebene, berührten unzählige alte erloschene Krater und theils mit Schnee gefüllte Höhlen, und kamen auf denkbar schlechtestem Wege nach einigen Stunden bergab, und nachdem ein Flussbett passirt, über schliesslich hügeliges Terrain um Mitternacht beim Laugarvatn an. Viele heisse Quellen am Ufer und inmitten dieses Sees zeigten bei der Nachtfrische starke Dampfentwickelung. Der Hekla war über dem See vollständig sichtbar und der gerade aufgehende Mond schien auf dem Gipfel des Berges zu stehen; vereint mit einer wunderbaren Morgenröthe und dem Eigenartigen unseres Bivouaks mit den weidenden Pferden, bot die Landschaft uns einen unvergesslichen zauberhaften Anblick dar.

Nach zweistündiger Rast ritten wir bereits weiter. Die Isländer sind der Ansicht, dass ihre Pferde, wenn sie 4 bis 5 Stunden lang Reiter oder Lasten getragen haben und dann eine ähnliche Zeit ohne Gepäck nebenher gelaufen sind, wieder vollständig ausgeruhet und frisch sein müssen. Bei zweien unserer Packpferde bewährte sich diese Theorie indessen nicht, wir mussten dieselben gänzlich ermüdet in einem Bauernhofe zurücklassen. Kurz nach Sonnenaufgang wurde es neblig und trotz guten Weges in bewaldeter fruchtbarer Gebirgsgegend, waren die Pferde nur in langsamem Schritt fortzubringen.

Am 10. Juni 5^{h} 30′ A. M. wurde der Bruará passirt, ein höchst interessanter jedoch gefährlicher Flussübergang. Der breite Fluss hat in der Mitte eine überbrückte Kluft, in welche er sich in tosenden Wasserfällen ergiesst. Von hier ab wurde der Weg gut; er führte über Wiesen und Haide, so dass wir schneller vorwärts kommen konnten; um 8^{h} 30′ A. M. langten wir beim Geysir an, dessen Dampf schon seit einer Stunde sichtbar gewesen war. Unser Zelt wurde in unmittelbarer Nähe desselben aufgeschlagen und da wir nunmehr 26 Stunden im Sattel zugebracht, bis 2^{h} P. M. geschlafen. Nach einer erfrischenden Abspülung im nahen Flusse besichtigten wir alsdann die wunderbaren heissen Quellen, deren es 80 bis 100 grössere und kleinere, auch Schwefel- und Schlammquellen giebt. Die bekanntesten sind der Grosse und Kleine Geysir, der Strokr und Blesir. Der Grosse Geysir hat eine Temperatur von ca. 87° C. an der Oberfläche; er bildet ein fast kreisrundes Becken von 17,4 m im Durchmesser und ca. 1,2 m Tiefe, einer riesigen flachen Untertasse vergleichbar. In der Mitte dieser Schale befindet sich — an der dunkleren, je nach der Bewölkung bald tiefblau bald grünlich erscheinenden Färbung des Wassers leicht erkennbar — die Röhre von ca. 6 m Durchmesser, welche 23 m senkrecht hinuntergehen soll und aus welcher leicht brodelnd fortwährend kleine Blasen aufsteigen. Der Geysir hat sich selbst aus tropfsteinartigem blättrigen Gestein eine Erhöhung gebildet, und das überfliessende Wasser sammelt sich in kleinen mit natürlichen Badewannen zu vergleichenden Vertiefungen derselben; man kann in Folge dessen Wasser der verschiedensten Temperatur haben. — Die Eruptionen des grossen Geysir sind sehr unregelmässig; zuweilen kommen deren mehrere an einem Tage vor, oft pausirt die Quelle wieder vielleicht monatelang. Während der drei Tage unserer Anwesenheit waren wir nicht so glücklich einen der richtigen Ausbrüche, welche bis 60 m hoch gehen sollen, zu erleben. Verschiedene Male machte er allerdings Miene dazu, indem unterirdische Donner, wie Kanonenschüsse in der Ferne, hörbar wurden, die Wasser bald darauf zu brodeln anfingen, die Schale bei starker Dampfentwickelung überfloss und in der Mitte eine 2—3 m hohe Wassersäule aufstieg, indessen blieb es leider hierbei und beruhigte sich die Quelle nach einigen Minuten wieder. Der Kleine Geysir, einige Hundert Schritte südlich vom Grossen und etwas tiefer gelegen, ist weit thätiger. Fast jede 10—15 Minuten springt derselbe, zuweilen 3 m, gelegentlich aber auch bis 8 und 9 m hoch den heissen Strahl emporwerfend, welcher jedoch nur wenige cm Durchmesser an der Basis hält. Die dritte und eigentlich interessanteste der thätigen heissen Quellen, ist der Strokr, zwischen dem Grossen und Kleinen Geysir belegen und nur ca. 90 m von Ersterem entfernt. In einem 2,5 m Durchmesser haltenden Loche brodelt und dampft das heisse Wasser ca. 2 m unter dem Rande. Die Röhre, deren Tiefe auf 11 m angegeben wird, verjüngt sich trichterförmig und soll bei 9,2 m Tiefe weniger als 0,3 m Durchmesser haben. Durch Hineinschütten einiger Schaufeln Grassoden wird die Röhre verstopft, die Quelle hört dann auf zu dampfen und nach einiger Zeit, wechselnd zwischen wenigen Minuten und einer Stunde, erfolgt unfehlbar eine Eruption. Der Strokr wirft mit starkem Getöse die hineingeworfenen Grasstücke wieder aus, anfangs eine schwarze

Fontaine bildend, bis schliesslich nur weissglänzende Wasser- und Schaummassen hoch emporgeschleudert werden. Ich sah mehrere dieser Eruptionen, von denen die erste mit Unterbrechungen fast 2 Stunden dauerte, und der Wasserstrahl die Höhe von reichlich 45 m erreichte. Mehr als 3 Mal in 24 Stunden soll man den Strokr jedoch nicht reizen wenn man ihn ordentlich springen sehen will, da sich sonst das Wasser nicht rasch genug wieder ergänzt. Etwas höher als Geysir und nur ca. 80 Schritte von demselben entfernt, liegt der Blesir, eine heisse Quelle von ca. 93° C., welche nicht mehr sprudelt. 15,3 m lang und 6,1 m breit, hat das Becken in der Mitte eine natürliche Brücke, eben den Wasserspiegel überragend, welcher im Niveau des umgebenden Erdreiches liegt. Die Tiefe ist unabsehbar und verliert sich in bläulicher Dämmerung, wie überhaupt der Blesir als eine blaue Höhle aus Tropfsteingebilden mit heissem Wasser gefüllt, erscheint. Die Phantasie kann keine schöneren Farben-Nuancen hervorzaubern, als der Blesir sie hier in Wirklichkeit bietet; es ist ein wunderbarer Anblick. — Das Wasser ist fast geschmacklos und für Kochzwecke sehr geeignet. Wir kochten Forellen, Kartoffeln, Erbsen, Fleisch etc. darin, indem die Gegenstände in ein Tuch gebunden und mit einem Steine beschwert an einem Stricke hineingesenkt wurden; auch schmeckten Thee, Chokolade und Toddy mit diesem Wasser bereitet, sehr gut. Sämmtliche Quellen liegen am östlichen Fusse des Laugarfell, einem kleinen langgestreckten vulkanischen Hügel von ca. 120 m Höhe, welcher eine gute Rundsicht über die mehrere deutsche Meilen breite, vom Hvitá durchströmte Hochebene gewährt. Wir waren in diesem Jahre die ersten Besucher hier; am Abend jedoch erhielten wir Gesellschaft durch den Duke of Hamilton mit einigen Freunden und 45 Ponies, welche ebenfalls von Reykjavik kamen und 2 Tage bleiben wollten.

Da unser Hauptzweck war einen ordentlichen Ausbruch des Geysir zu sehen, entfernten wir uns anfangs nur wenig von unserem Zelte; es war auch in den Mittasgsstunden zu heiss um irgend Etwas unternehmen zu können, denn bei wolkenlosem Himmel und schwachem Luftzuge zeigte unser Thermometer um 1^h P.M. 46° Celsius; dabei gab es keine Spur von Schatten, ausser in unserm Zelte, in welchem es aber noch schwieriger auszuhalten war als im Freien. Der Bjarnarfell, ein schneebedeckter Berg, vom Laugarfell durch einen kleinen Fluss getrennt, hatte jedoch die Lust in mir erweckt eine Besteigung desselben zu versuchen, und eines Nachmittags um 6 Uhr wurde dieselbe ausgeführt. Ein Führer war nicht aufzutreiben und unser Führer Zoega von Reykjavik, welcher seit ca. 20 Jahren Touristen nach dem Geysir begleitete, wollte nicht mit, weil, wie er sagte, der

Bjarnarfell noch niemals bestiegen worden sei. Wir mussten somit sehen allein bestmöglichst hinaufzugelangen. Zuerst wurde der erwähnte Fluss durchwatet, wobei uns das Wasser bis an die Hüften ging, dann ging es durch sumpfige Wiesen hindurch bis nach ½ Stunde der Fuss des Berges erreicht war. Weitere 2 Stunden angestrengten und oftmals gefährlichen Kletterns brachten uns auf den 600 m über dem Geysir sich erhebenden Gipfel, nachdem Schneefelder, Morast, Geröll und verschiedene senkrechte Wände glücklich überwunden waren. Der Gipfel ist ein weit ausgedehntes Felsplateau, von tiefen Schneefeldern bedeckt, aus denen burgähnliche Felsblöcke und Spitzen hervorragen, nach Süden und Osten steil abfallend, hingegen nach Norden und Westen mit anderen Bergen zu einer Kette verbunden. 50 m unterhalb des Gipfels liegt ein kleiner See, der von den schmelzenden Schneemassen gebildet und gespeist wird. Mit Hülfe von Kompass und der Olsen'schen Karte von Island fanden wir uns bald zurecht und können wohl behaupten einen Aussichtspunkt ersten Ranges entdeckt zu haben. Zu unseren Füssen sahen wir winzig klein unsere Zelte und den Dampf der heissen Quellen. Bei dem wolkenlosen Himmel und der ungemein klaren Luft waren von hervorragenden Bergspitzen sichtbar: Im Norden Lángjökull, ein 22 □Meilen bedeckender, meilenlanger Gletscherberg, mit geradlinigem Gipfel vom reinsten Schnee; im Nordosten Bláfell und im Südosten Hekla, Myrdal und Eyjafjallajökull. Im Süden waren die Vestmanna-Inseln deutlich im Meere erkennbar.

Der Abstieg direkt hinunter zu unserem Zelte war furchtbar steil und gefahrvoll durch Kamine, Schluchten und überhängende Felsblöcke; er nahm 1½ Stunden in Anspruch. Die Engländer hatten uns mit Ferngläsern beobachtet und empfingen uns mit »Cheers«. Ein heisses Geysir-Bad erfrischte uns vollständig und schon nach 1 Stunde, etwas nach Mitternacht (12. Juni), sassen wir wieder zu Pferde, um den Gullfoss zu besuchen. Ein scharfer Ritt von 1½ Stunden über die grassbewachsene Ebene zwischen dem Tungufljot und dem Hvitá, brachte uns zu diesem grossartigen und gewaltigen Wasserfall. Die Wasser des Hvitá stürzen sich hier zwischen ca. 90 m hohen senkrechten Felswänden in einer Breite von ca. 150 m in zwei Absätzen mit donnerndem Getöse, erst ca. 15 m, dann ca. 45 m tief hinab, den Wasserstaub, welcher als dichter Regen niederfällt, mehr denn 100 m emporwerfend. Die aufgehende Sonne begünstigte unseren Besuch, indem sie den Wasserstaub in den schönsten Regenbogenfarben spielen liess. Der Gullfoss verdient sicher unter die grossartigsten Wasserfälle gerechnet zu werden.

Unsere Rückkehr nach Reykjavik geschah auf demselben bereits beschriebenen Wege, wieder mit längerer Rast in Thingvellir, wo wir dieses Mal in der Kirche schliefen. Letztere, aus Holz gebaut, 7,7 m lang, 5,2 m breit, dient gleichzeitig zur Aufbewahrung von Hausrath, Schnapsflaschen, Proviant, Frauenkleider u. d. m. Der sehr zuvorkommende Pastor Pálsson that sein Möglichstes für unseren Comfort; wir wurden von ihm auch in seine mehr einer Höhle ähnlichen Wohnung geführt, auf derem Grasdache Schafe und Ziegen weideten. Die Grabkreuze des Kirchhofes wurden zum Trocknen der Wäsche benutzt.

Alsbald nach unserer Rückkehr in Reykjavik begaben wir uns an Bord des Kgl. Dänischen Kanonenbootes »Diana« (220 Register-Tons), welches am 15. Juni 0^h 5′ A.M. den Hafen verliess, um nach Akreyri zu fahren. Wir liefen nach einander die Häfen Stykkisholm, Vatneyri, Biludal, Tingeyri, Flateyri, Isafjord an und hatten einige Male Gelegenheit an's Land zu gehen. Die Fahrt war bei stets wechselnder Scenerie der verschiedenen Fjorde äusserst interessant, wenn gleich bei starkem Gegenwinde aus NO recht kalt. Durchschnittlich befanden sich 100 Isländische Passagiere an Bord; es waren dies meist Mitglieder des sich am 1. Juli in Reykjavik versammelnden Althings und ausserdem eine grosse Zahl von jungen Männern, welche die dreimonatlichen Schulferien zu Hause verleben wollten. Ich hatte somit die beste Gelegenheit die Eingeborenen kennen zu lernen und fand sie im Allgemeinen wohlunterrichtet, häufig mehrerer Sprachen mächtig, besonders gut in Geographie und Geschichte bewandert.

Die erwähnten und von uns berührten Orte sind alle nur unbedeutend, bis auf Isafjord, welches ca. 300 Einwohner zählt und nächst Reykjavik der bedeutendste Fischplatz ist. Er wird von 750 m hohen Bergen eingeschlossen, ist ein sicherer und schöner Hafen, in dem zur Zeit 12 Schiffe lagen. Im Winter kommt die Sonne hier drei Monate lang nicht über den Bergen zum Vorschein. Während unserer Anwesenheit (18. Juni) herrschte ein Schneesturm bei + 1,5° C. Nach zweitägigem Aufenthalte in Isafjord ging es am 19. Juni 0^h 5′ A.M. weiter und wir passirten um 6 Uhr Morgens das Nord-Kap Islands in 66° 30′ nördl. Breite. Eine steife Ostbriese mit Regen und hohen Wellen bei starkem Rollen und Stampfen unseres kleinen Dampfschiffes machten die frühe Morgenstunde bei nur 2° C. recht ungemüthlich. Dennoch bot das Kap mit seinen hohen, steil abfallenden, in Wolken gehüllten und von unzähligen Vögeln umschwärmten Basaltfelsen, einen interessanten wilden Eindruck. Nachdem wir noch bei Skagestrand und Saudakrog angelaufen, trafen wir nach stürmischer Fahrt am 20. Juni 11 Uhr Abends in Akreyri ein.

Akreyri, die nördliche Hauptstadt Islands, liegt am inneren Ende des ausserordentlich malerischen ca. 57 km langen Eyja-Fjord (Öfjord), welcher eine grössere Insel einschliesst und daher seinen Namen erhalten hat. 600 bis 900 m hohe, vom Gipfel bis zum Fusse mit Schnee bedeckte Berge, heben sich zu beiden Seiten in den verschiedenartigsten kühnsten Formen empor und zahlreiche Wasserfälle ergiessen sich von denselben in's Meer.

Akreyri zählt ca. 400 Einwohner, bietet ausser einer neuen sehenswerthen Kirche aber nichts Besonderes; als einzige Merkwürdigkeit verdienen zwei Bäume, eine Art Hollunder von 6 m Höhe, bezeichnet zu werden, weil sie die einzigen so mächtigen Baumstämme auf Island sind, welche innerhalb einer Strasse stehen. Auch ein recht gutes Hôtel, von einem Deutschen gehalten, welcher aber seine Muttersprache verlernt hat, findet sich hier, das vor demjenigen in Reykjavik den Vorzug verdient.

Da bis zum Abgange des Dampfschiffes »Camoens« nach Leith noch eine Woche Zeit blieb, benutzte ich dieselbe um einen Ausflug nach dem Myvatn zu machen. Am Sonntag, den 22. Juni 1^h P.M. waren die nöthigen Vorbereitungen hierzu vollendet. In Begleitung eines isländischen Kaufmanns, Herrn J., starteten wir vom Hôtel mit einem Boote, den Eyjafjord kreuzend, und trafen bei 2 hübschen Wasserfällen mit unserem Führer Piéter und den voraufgesandten 6 Pferden zusammen. Wir hatten grosse Schwierigkeiten gehabt Pferde und Führer zu bekommen, obendrein konnte letzterer nur isländisch sprechen und war, wie sich bald herausstellte, des Weges gänzlich unkundig. Um 1^h 30' P.M., bei prachtvollem Wetter und Sonnenschein, stiegen wir zu Pferde; sofort begann die Erklimmung des Berges, dessen Höhe (700 m), Jernryg genannt, um 3^h 25' P.M. erreicht war. Alsdann ging es auf der Höhe (Vatlaheidi) weiter, an einem kleinen See vorbei und hinab zum Flussbette des Fnjoská und an demselben entlang bis zur Fähre (5^h P.M.). Hier brachten wir unsere Bagage in ein Boot und setzten mittelst desselben über; unsere Pferde passirten schwimmend, nur mit den Köpfen aus dem Wasser ragend, den ziemlich tiefen, reissenden Strom in einer halben Stunde. Nach weiteren 10 Minuten, nahe beim Orte Háls, machten wir in strömendem Regen Rast und besuchten dann Háls-Prästegaard, wo es Kaffee und sehr gute Pfannkuchen gab. — Um 7^h 15' P.M. ritten wir bei feinem Staubregen weiter und zwar durch ein hübsches grünes Thal und kamen 9^h P.M. in Ljosavatn an, woselbst wir bei einem Bauern ein nur mässiges Unterkommen für die Nacht fanden. Am 23. Juni früh Morgens ritten wir mit einem Bauern als Führer nach dem nahe gelegenen Wasserfall Godafoss, welcher 6 m hoch, in 6 verschiedenen Fällen vom wasserreichen Skjalfandafljot gebildet wird. Verglichen mit dem herrlichen Gullfoss des Hvitá, ist der Godafoss zwar nicht sehr grossartig, jedoch recht interessant wegen der ausgewaschenen Höhlen und Felsenthore in seiner unmittelbaren Nähe, welche auf hohes Alter schliessen lassen. Der Weg dahin, durch 3 tiefe Flussarme führend, war übrigens recht beschwerlich; das Wasser kam zuweilen bis über unsere Knie und in die Reitstiefel.

Um 9^h A.M. fanden wir uns mit unserm Führer Piéter an der Fähre von Fljotsbakki wieder zusammen und wurden glücklich mittelst eines sehr lecken Bootes (die Pferde mussten wieder schwimmen) auf das rechte Ufer des breiten und reissenden Skjalfandafljot befördert und setzten nun unsern Weg in Gesellschaft einiger Isländer fort. Ueber Lava, Haide, über mehrere 500 m hohe schneebedeckte Hügel, oft durch kleine Elfe und Moore, passirten wir den Kirchort Breidamiri und kamen 0^h 30′ P.M. in Thverá an. Unterwegs begegneten wir vielen sehr zahmen Schneehühnern (Ryper) und Regenpfeifern, welche ihre klagenden Töne erschallen liessen. In Thverá fanden wir sehr gute Unterkunft, da dieser Ort häufiger von fischenden Engländern besucht wird. Die beste Stube war wirklich luxuriös ausgestattet mit Stahlstichen, Fussdecke, Gardinen und einer Petroleum-Lampe; es hing sogar eine Violine an der Wand. Nach einem vorzüglichen Mittagessen, bestehend aus gebratenem Lachs, Forellen, Enten-Eiern, Pfannkuchen und Kaffee, verliessen wir gegen 3^h P.M. das gastliche Bei. Das Wetter war wärmer geworden und Schwärme von Mücken plagten Menschen und Thiere. Nachdem die ziemlich breite Laxá durchfurthet war, ging es wieder steil 500 m in die Höhe und stundenlang über eine Hochebene, dem Myvatn Sandr, welche nur Sand, Staub, Asche und vulkanische Steine bedeckten und wo weder ein Grashalm noch ein lebendes Wesen zu sehen war. Abgesehen von der trostlosen Wüste, war der Rundblick auf die schneebedeckten Berge am Horizonte doch sehr interessant; so sahen wir im SO den hohen Berg Herdubreid, die Kette des Djungafjöll (Dyngjufjöll) mit dem Askia, welcher 1875 eine so starke Thätigkeit entwickelte und speziell am 3. Januar und 29. März so enorme Bimstein-Massen und Aschenregen auswarf, dass letztere in 30 Stunden bis nach Stockholm getragen worden sein sollen. Bimsteinstückchen dieses Ausbruches fand ich selbst noch im Meere bei Akreyri.

Gegen 6^h P.M. erreichten wir Grimstadir, ein hübsches Bauerngut, am Myvatn belegen, und dem Ufer des Sees folgend, stets durch

Lavamassen reitend, kamen wir um $7^h 30'$ P.M. in **Reykjalid** an, einem Bauernhof mit einer Kirche, ebenfalls am nördlichen Gestade des Myvatn, wo wir beim Piéter Gunnarsson sehr freundliche Aufnahme und gute Zimmer mit Betten fanden. Am nächsten Morgen (24. Juni) zum nahen See hinabsteigend, fand ich den Erdboden bis 50 cm hoch von dichten Mückenschwärmen bedeckt, welche hier besonders an schwülen und windstillen Tagen eine förmliche Landplage bilden. Nur mit eiserner Maske vorm Gesicht können die Isländer zur Zeit der Mückenschwärme ihrer Feldarbeit nachgehen, während Pferde und Schafe den Stichen dieser Insekten erliegen. Wenige Tage vor unserer Ankunft waren vier Schafe, wie man uns erzählte, den Mücken zum Opfer gefallen. Während unseres Aufenthaltes in dieser Gegend jedoch liess ein frischer Wind die Mücken nicht höher als erwähnt über den Erdboden aufkommen, und schützten unsere Schleier uns genügend.

Der **Myvatn** ist ein herrlicher See vom reinsten Blau, in welchem theils grüne Inseln schwimmen auf denen, mehr geschützt vor den Mücken als auf dem Festlande, die jungen Lämmer ausgesetzt und fett gemacht werden, theils nackte vulkanische Felskegel von allen nur denkbaren Formen aus der Wasserfläche hervorragen und heisse Quellen dampfen. Der See ist nur ca. 10 m tief und birgt einen grossen Reichthum an Forellen. Die Laxá entspringt aus demselben. Nördlich und östlich vom Myvatn ist das Terrain überall mit Lava von schwärzlicher Färbung bedeckt, die an ihrer wellenartigen Oberfläche gedrehten Tauen nicht unähnlich erscheint. Bei einem Ausbruch des 2 Meilen entfernten **Krafla** im Jahre 1725, theilte sich ein Lavastrom bei Reykjalid dergestalt, dass die etwas erhöht gebaute noch heute auf demselben Fleck stehende Kirche unversehrt blieb, die nahe liegende Pastoratswohnung aber in Flammen aufging. Der Ueberlieferung nach soll dieser Lavastrom fünf Jahre zu seiner Abkühlung gebraucht haben. Drei hohe Vulkane stehen, gleichsam als Wächter des Myvatn an dessen Ostseite, unter denen **Burfell** und **Bláfell** besonders imponiren.

Um $1^h 30'$ P.M. brachen wir zu einer Exkursion nach einigen neuen erst 1875 entstandenen Kratern auf, welche mir vom Kommandanten der »Diana«, Herrn Kapitän Caroc, besonders empfohlen worden war. Letzt genannter Herr hatte 1876 zusammen mit Professor Johnstrup im Auftrage der Königl. Dänischen Regierung eine Expedition dahin, wie auch zum Askia gemacht, und eine Specialkarte dieser Gegend entworfen, wovon er mir eine Kopie verehrte. Jacob Halfdansson, der Besitzer von Grimstadir, hatte uns Pferde besorgt und ritt selbst als Führer mit uns. Während der ersten Stunde ging es, fast nur im Schritt, über Lavaströme und durch Aschenregen verwüstete Wiesenabhänge, an unzähligen rauchenden Solfataren und dampfenden heissen Quellen vorbei über die trostlose Oede des Minafjell. Von der Höhe desselben eröffnete sich uns plötzlich ein weiter Blick über ein grünes Thalbecken, umstanden von alten hohen Kratern, deren höchster, der Burfell, Lavaströme in's Thal entsendet, welche der Landschaft eine eigenthümliche tiefblaue dintenartige Färbung aufprägen. Eine Menge Schwefelminen finden sich auf dem Minafjell, welche an eine Englische Gesellschaft verpachtet, gegenwärtig jedoch nicht mehr bearbeitet werden. Eine weitere Stunde Weges ging es durch tiefen Sand und Geröll, dann an sanftgeneigten, mit Gras und Gestrüpp bewachsenen Abhängen in schnellerem Tempo weiter, an den alten Kratern vorbei, bis uns um 5^{h} 45′ P.M. der Weg, in wahrem Sinne des Wortes, durch eine 6 m hohe Lavamauer versperrt wurde. Die Pferde wurden verlassen und es begann eine schlimme, gefährliche Kletterei über die junge schwarze und dunkelbraune Lava, welche, scharf wie Nadeln, theilweise in losen Schollen über einander gethürmt, unsere Handschuhe und Stiefel arg mitnahm. Es war ein recht gefährlicher Weg und sehr anstrengend in der Sonnenhitze; bald stürzten die Lavablöcke unter unseren Tritten zusammen, bald waren gewagte Sprünge über Erdspalten zu machen. Endlich erreichten wir jedoch einen grossartigen Krater von 45 m Tiefe und mindestens 245 m Durchmesser, auf dessem Rande wir einen prächtigen Ueberblick über die Landschaft bekamen. In der Richtung von Nord nach Süd circa 20 km lang und bis 2000 m breit, lagen die Lavamassen auf der grünen Ebene »Myvatn Oräfi« (Einöde) ausgebreitet vor uns. Mehrere Krater von 45 bis 60 m Höhe ragen aus dem schwarzen Felde hervor; neben diesen finden sich noch Kamine oder Schornsteine von grosser Tiefe (wir fanden einen derselben voll Schnee am Boden), welche keine Lava, sondern nur Dämpfe ausgestossen zu haben scheinen. Keine vorherigen Anzeichen haben ahnen lassen, dass diese gewaltigen Lavamassen (es sollen mindestens 300 Millionen Kubikmeter davon ausgeworfen sein d. h. 15 Mal mehr als beim Ausbruche des Vesuv 1855), an dieser Stelle hervorbrechen würden. Auf dieser vordem mit Gras bewachsenen Ebene, über welche der jetzt nördlich um die Lava herum angelegte Weg von Reykjalid nach Grimstadir am Jökullsa-Fluss führte, zeigte sich im Jahre 1874 zuerst eine unbedeutende Erdspalte, welcher Schwefeldämpfe entstiegen, bis unerwartet am 18. Februar 1875 ein grosser Lavastrom sich daraus ergoss, welcher sich am 20. und 24. April desselben Jahres noch stärker wiederholte.

Ohne Zweifel stand diese Erscheinung mit den ungefähr gleichzeitigen Ausbrüchen des Askia in Verbindung, nur war es eigenthümlich, dass beim Myvatn nur Lava und keine Asche, beim Askia dagegen nur Bimsteine und Asche in riesigen Mengen, hingegen keine Lava, ausgeworfen wurde.

Nach zweistündigem Herumklettern anf dieser Lava, welche nach Aussage unseres Führers zuvor noch von keinem menschlichen Fusse betreten worden (Caroc und Johnstrup waren 1876 südlicher), erreichten wir unsere Pferde wieder und kehrten gegen Mitternacht nach Reykjalid zurück, die Berge noch immer von der Sonne beschienen. Unseren Rückweg nach Ljosavatn und Akreyri nahmen wir östlich und südlich um den Myvatn herum, über Skutustadir, Gautlönd, durch die Myvatnsheidi nach Arndisarstadir, wobei wir uns gründlich verirrten und nur durch einen zufällig angetroffenen Bauern glücklich aus gefährlichen Sümpfen auf den richtigen Weg geleitet wurden. Ich ritt bei dieser Gelegenheit 10 Stunden ohne Unterbrechung dasselbe Pferd, stundenlang bis über die Knie durch Sümpfe und Schneefelder, was genügend für die Leistungsfähigkeit dieser kleinen Thiere spricht. In der Nähe von Háls machte ich noch einen kleinen Abstecher nach dem einzigen Walde Islands am Fnjoská und fand, dass er aus birkenartigen zum Theil bis 3 m hohen Büschen bestand; Tannen sah ich nirgends.

Unsere Heimreise machten wir von Akreyri aus mit dem schönen Englischen Dampfer »Camoens«, (1054 Register-Tons), Kapitain Robertson. Nachdem wir noch die Fahrt um die Nordostküste über Husavik und Vopna-Fjord, woselbst circa 280 Auswanderer für Kanada an Bord genommen wurden, vollendet, kehrten wir in dem Bewusstsein alles Sehenswerthe auf Island in Augenschein genommen zu haben, am 5. Juli nach Leith zurück.

Gestatten Sie mir, dass ich obiger Reiseschilderung noch einige Bemerkungen über den Handel Islands hinzufüge.

Der Handel auf Island wird auf sehr primitive Art getrieben und ist eigentlich lediglich Tauschgeschäft; Baarverkäufe kommen fast gar nicht vor. Es giebt bestimmte Handelsplätze, welche meistens in Kopenhagen wohnenden Kaufleuten gehören, die in den Sommermonaten regelmässig nach Island kommen, im Allgemeinen jedoch die Leitung des Geschäftes ihrem Faktor, gewöhnlich einem Isländer, übertragen, welcher selten den Platz verlassen kann. Ein solcher Faktor hat viel zu thun; er muss sowohl Einkauf als auch Verkauf der sämmtlichen Artikel genau verstehen und sich nebenbei von jedem

Kunden küssen lassen, der landesüblichen Begrüssungsweise. Weil ferner fast jeder Kunde in der Faktorei sein Konto hat und auf Kredit kauft, giebt es ausserordentlich viel zu schreiben; ja, es ist nichts Ungewöhnliches, dass ein Bauer, nachdem er seine Einkäufe auf Kredit gemacht hat, vom Faktor ausserdem noch einen Vorschuss in baarem Gelde verlangt und auch erhält. Eine Faktorei muss Alles führen, selbst Apothekerwaaren, denn nur in drei oder vier Plätzen giebt es Apotheken. Hauptimport-Artikel sind Roggenmehl, Korn, Tabak, Kaffee, Salz, Spirituosen. — Nach beendigter Fischerei und geschehener Reinigung der Wolle, kommen die Isländer wieder zu den Handelsplätzen zurück um ihre Produkte in Gegenrechnung zu verwerthen. Die Preise werden dann vorläufig zu einem garantirten Minimalsatze ausgerechnet; die endgültige Regulirung findet jedoch erst Ende des Jahres, nach Eintreffen der letzen Post statt, und je nachdem die Exporteure einen mehr oder weniger günstigen Markt angetroffen haben, wird dann den Kunden eine Extra-Vergütung gutgeschrieben. Die Höhe derselben ist ganz willkürlich und hängt oft von der Laune eines einzelnen Kaufmannes ab; hat derselbe besonders gute Preise erzielt, oder erachtet er es sonst in seinem Interesse, so beauftragt er seinen Faktor so und so viel Öre mehr auf Fische oder Wolle zu zahlen; alle übrigen Händler müssen dann folgen, wenn sie ihre Kundschaft behalten wollen. Die importirten Waaren haben feste Preise, bei allen Faktoreien annähernd gleich hoch, und werden selten verändert; die Qualität fast sämmtlicher Artikel schien mir die möglichst geringste zu sein. Da während mehrerer Monate im Winter die isländischen Häfen durch Eis geschlossen sind, muss stets ein ziemlich grosses Lager gehalten werden, und liegt es auf der Hand, dass verhältnissmässig viel Kapital zu einem Faktorei-Betriebe erforderlich ist; da dasselbe ferner durchschnittlich nur ein Mal im Jahre umgesetzt wird, müssen die Verkaufspreise recht hohe sein. Das Hauptaugenmerk der Kaufleute ist natürlich darauf gerichtet, die Saldi ihrer Kunden, die sogenannten Restanten, möglichst klein zu halten, was bei schlechtem Fischfange aber schwierig ist und oft schwere Verlüste zur Folge haben soll, wenngleich im Allgemeinen die Isländer, wenn irgend möglich, ihre Schulden abtragen. Da der Handel für Jedermann frei ist und nur auf Spirituosen Zoll erhoben wird, werden auch manche Spekulations-Expeditionen von nicht ansässigen Kaufleuten nach Island unternommen. Von Norwegen kommen auf diese Weise ganze Ladungen mit Brettern oder Kartoffeln, auch treffen assortirte Ladungen, von Roggenmehl bis zu Stecknadeln aufgemacht, ein. Die Kapitain oder Superkargo einer solchen Ladung versucht dieselben gegen baar oder im Tauschhandel loszuwerden und legt sich zuweilen auch wohl ein paar Monate auf Fischfang, welcher häufig lohnend sein soll.

Die Schiffsabgaben sind verhältnissmässig hoch, zwei Kronen per Ton für jedes vom Auslande kommende Schiff und für jede Reise. Der Postdampfer »Phönix« muss diese Abgaben sieben Mal im Jahre bezahlen. Wird von einem Schiffe nichts entlöscht oder an Bord genommen, so ist es der Tonnenabgabe nicht unterworfen, ebensowenig wie Schiffe in Ballast. Alle Fahrzeuge müssen Leuchtgeld zahlen, gleichviel ob sie den einzigen Leuchtthurm auf Kap Reykjanes passiren oder nicht und ob dessen Feuer brennt oder nicht.

Der Import umfasst alle nur erdenkbaren Artikel, speziell werden in grösseren Quantitäten eingeführt: Roggenmehl ca. 30—40,000 Tonnen, Kaffee 200,000 kg jährlich, Steinkohlen, Bretter, Salz, Tabak und Spirituosen der billigsten Sorten.

Der jährliche Export besteht hauptsächlich aus folgenden Artikeln, auf der Statistik von 1878 und durchschnittlichen Mittelerndten basirt:

Klippfische, gesalzene,	direkt nach	Spanien . . .	3,575,000 kg,	zusammen ca. 6 Millionen kg.
	» »	Kopenhagen	1,625,000 »	
	» »	England . .	750,000 »	

Wolle ca. 850,000 kg, davon	nach Kopenhagen . .	600,000 kg,
	» England direkt	230,000 »

Thran, Dorsch- und Havkalv = 10—12,000 Tonnen.

Hammeltalg.	ca.	225,000 kg,	Alles nach Kopenhagen.
gesalzenes Schaffleisch	»	8,000 Tonnen,	
getrocknete Schaffelle.	»	38,000 Stück,	
Eiderdaunen	»	3,500 kg,	

Ausserdem nicht unbedeutende Quantitäten von wollenen Strümpfen, Handschuhen, Federn, Lachs, etwas Pelzwerk, Schwefel, Feldspath, sowie lebenden Schafen und Pferden nach England, letztere für Bergwerkszwecke bestimmt. Der Fischreichthum ist ausserordentlich, doch haben die Isländer keine zum Fischfange geeigneten Fahrzeuge, meistens nur offene Boote. Die Isländer sind theils zu arm, theils zu konservativ um bessere Boote anzuschaffen; die dänische Regierung soll vergebens zu diesem Ende zinsfreie Darlehen angeboten haben. Dagegen kommen alljährlich ca. 400 fremde grosse Fischerfahrzeuge, Engländer und Franzosen, an die isländischen Küsten und fangen durchschnittlich ca. 12 Millionen Dorsche. Zum gegenseitigen Schutze der Fischerei sind stets 2 dänische und 2 französische Kriegsschiffe auf der isländischen Station. Dorsche werden fast ausschliesslich mit Angeln gefangen, ebenso die Havkalvs; letztere sind 12—15 Fuss lange Haifische und werden in 80 bis 100 Faden Tiefe mit Grundangeln gefangen. Der Fisch hat eine besonders grosse Leber und nur diese hat Werth; sie wird herausgeschnitten und der Fisch dann wieder in's Meer geworfen; nur selten werden Schwanz und Flossen getrocknet. Lachse giebt es fast in jedem Flusse zahlreich und von schöner Qualität. Der Hauptexport geschieht von Reykjavik, speziell jedoch von Husavik im Norden.

Die Gewinnung der sehr schönen Wolle ist originell; die Schafe werden nämlich nicht geschoren, sondern man wartet bis dieselben die Wolle von selbst verlieren; oft schleppt das Schaf dieselbe wohl 3—4 m lang hinter sich her, dann hilft man nach und reisst sie mit den Händen ab. Die neue Wolle sitzt dann schon 5—7 cm lang darunter. Würde man die Thiere scheeren, so könnten sie leicht erfrieren, da die Witterung so unbeständig und oft noch mitten im Sommer recht rauh ist. (Noch am 18. Juni erlebte ich in Isafjord starken Schneefall bei nur 1,5° Wärme.) Die Wolle wird dann vom Boden aufgelesen und sortirt, darauf sehr gewissenhaft gewaschen, gereinigt und in Ballen verschnürt.

Schwefel findet sich im Süden bei Krusavik, Verschiffungshafen Havnafjord, und auch im Norden beim Myvatn, Verladungsplatz Husavik; da aber Alles sehr grosse Strecken zu Pferde transportirt werden muss, rentirt es schlecht und im Norden wird in Folge dessen in Schwefelminen augenblicklich nicht mehr gearbeitet. Vermittelt wird der Handel durch ca. 160 jährlich vom Auslande eintreffende Segelschiffe, meistens kleinere Fahrzeuge, von denen ca. der dritte Theil auf Reykjavik kommt. Ausserdem unterhalten zwei dänische Dampfschiffe neun Mal im Jahre die Postverbindung mit Kopenhagen sowie zwischen den Küstenplätzen, und im Sommer fährt ferner ein englischer Dampfer ziemlich regelmässig zwischen Leith und verschiedenen isländischen Häfen um speciell Auswanderer, Pferde und Schafe zu befördern. Die Auswanderungslust ist nämlich auch nach Island gedrungen und zu verargen ist es den armen Leuten wirklich nicht, wenn sie versuchen anderswo ein besseres Loos zu finden. Der lange strenge Winter und die häufigen Verwüstungen der Wiesen durch vulkanische Ausbrüche hindern Manche, selbst bei grösstem Fleisse, sich emporzuarbeiten. Die Auswanderung geht nach Manitoba in Kanada mittelst Dampfschiffen der Allan-Linie ab Glasgow und kostet ca. 8 £ per Kopf Passagegeld. Für jeden Einwanderer wird von der Kanadischen Regierung 1 £ vergütet. 1878 gingen ca. 1000, 1879 nur ca. 300 Isländer hinüber, verhältnissmässig noch immer genug für die im Ganzen nur 71,300 Bewohner zählende,

1860 deutsche geogr. □ Meilen (102,417 qkm) umfassende Insel. Ausser den bereits erwähnten grösseren Plätzen, Reykjavik, Akreyri und Jsafjord, bestehen die meisten anderen Orte auf Island fast nur aus einzelnen Gehöften oder Handelsplätzen. Island hat auffallend viele Kirchen und ca. 216 Prediger, alle evangelischer Konfession, deren jeder einen grossen Distrikt unter sich hat und bald hier bald dort predigt; in Akreyri ist z. B. nur jeden dritten Sonntag Gottesdienst. Aehnlich schweren Dienst haben die Aerzte, welche oft mehre Tage lang reiten müssen um zu einem Patienten zu gelangen und daher häufig zu spät für denselben eintreffen. Die Sterblichkeit unter den kleinen Kindern ist denn auch verhältnissmässig gross, was auch wohl mit eine Folge der schlechten Wohnungen sein mag. Im Allgemeinen ist der Gesundheitszustand ein recht guter, ungeachtet des wechselnden und rauhen Klimas. Die isländische Sprache ist seit 1000 Jahren fast unverändert und noch heute dieselbe wie der Text der berühmten Edda-Sagen, alt Norwegisch. Jeder Isländer kann mindestens lesen und schreiben; Manche können dänisch, vielleicht auch etwas englisch und deutsch sprechen. Dies ist um so auffallender als die Eltern ihre Kinder selbst unterrichten müssen und es nur in Reykjavik eine Schule speziell für angehende Lehrer und ein Predigerseminar giebt; Hauslehrer können natürlich nur wenige Begüterte halten. Der Isländer ist im Allgemeinen recht fleissig und dabei äusserst genügsam. Im Süden der Insel bilden getrocknete Fische, im Norden dagegen Hammelfleisch die Hauptnahrung. Man sieht einige recht kräftige Gestalten. Auffallend sind die weichen weissen Hände der Männer, eine Folge der wollenen Handschuhe, welche stets und bei jeder Arbeit getragen werden. Im Uebrigen sind sie der Reinlichkeit so wenig hold, dass es am Besten ist darüber zu schweigen. Die Moralität ist durchweg zu rühmen, bis auf leider ziemlich stark verbreitete Trunksucht. Verbrechen wie Mord und Diebstahl, sind fast unbekannt. Sehr stark ausgeprägt ist die Gastlichkeit; der Fremde wird fast ohne Ausnahme überall freundlich empfangen, und selbst der ärmste Bauer giebt ganz gewiss das Beste her, was er auftreiben kann, ohne Hintergedanken auf besondere Bezahlung dafür.

Die politischen Verhältnisse, ebenso die Regierungsform wie auch die Topographie Islands, darf ich als allgemein bekannt voraussetzen und nicht weiter berühren. Auch die Fauna und Flora sind in Werken bekannter Fachmänner ausführlich beschrieben worden. Ich beschränke mich deshalb darauf in Vorstehendem das

Hauptsächlichste meiner eigenen Erlebnisse und Anschauungen erwähnt zu haben.

Es sollte mich freuen, wenn meine Schilderung vielleicht die Veranlassung bieten möchte, in grösseren Kreisen die Reiselust nach dieser wunderbaren Insel zu wecken, welche bislang noch verhältnissmässig selten das Ziel deutscher Touristen war. Die hohen Breiten bieten für den Naturfreund in der That so Viel des eigenartig Interessanten und so manche ungeahnte Schönheiten, dass sie eines Besuches wohl werth sind.

Der geographische Standpunkt Afrikas Ende 1879.

Vortrag, gehalten in der Geographischen Gesellschaft zu Hamburg, am 4. Dezember 1879.

Von
L. Friederichsen.

Die seit Jahren andauernde wirthschaftliche Kalamität in fast allen Ländern der civilisirten Welt ist offenbar eine der hauptsächlichsten Veranlassungen dazu geworden, dass man in den europäischen Grossstaaten zur Zeit mehr denn je seine Aufmerksamkeit dem dunklen Erdtheil zugewendet hat, um dort eine Ausdehnung des nationalen Wirthschaftsgebietes zu erstreben. Die immensen Fortschritte, welche wir auf dem Gebiete der geographischen Forschung innerhalb Afrikas im letzten Decennium, ja selbst erst in diesem Lustrum zu verzeichnen haben, sind gewiss nicht zum geringsten Theil das Resultat dieser wirthschaftlichen Kalamität. Alle civilisirten Nationen, darf man wohl sagen, wetteifern Theil zu haben an den kommerziellen Vortheilen, welche eine systematische Erschliessung des centralafrikanischen Gebietes mit sich zu führen verspricht. Während daheim seitens der industriellen Kreise grossartige Handels- und Eisenbahn-Projekte geplant werden, sind an allen Enden des afrikanischen Kontinentes wissenschaftliche Kräfte thätig um im Anschluss an die durch den Handel bereits gebahnten Wege und zum Theil auch auf Basis des Handels den geheimnissvollen Schleier zu lüften, welcher, obgleich dem Centrum der Civilisation so nahe liegend, in Folge der ganz eigenartigen Gestaltung des Kontinents so lange bestehen bleiben konnte. Diese wissenschaftlichen Kräfte aufzusuchen, ihren Wirkungskreis zu skizziren, im Uebrigen die wissenschaftlichen Ergebnisse der allerneuesten Zeit im Grossen und Ganzen zu bezeichnen und gleichzeitig die ein Tages-Interesse beanspruchenden industriellen und technisch-kommerziellen Projekte zu berühren, soll die Aufgabe meines heutigen Vortrages sein. Ich bitte Sie mir zu dem Zwecke auf einem Gange um und durch Afrika zu folgen, und hoffe Ihnen quasi ein Momentbild der afrikanischen Forschungen und Bestrebungen in groben Zügen vorführen zu können.

Im Norden bei Marokko beginnend, habe ich anzuführen, dass der österreichische Geologe Dr. Oskar Lenz, bekannt durch seinen dreijährigen Aufenthalt am Ogohoue im Dienste der Deutschen Afrikanischen Gesellschaft, sich vor wenigen Wochen nach Marokko begeben hat, um wiederum im Dienste der Afrikanischen Gesellschaft von Mogador aus den südlichen wenig gekannten Theil des Atlas in geologischer Hinsicht zu exploriren.*) Auf dasselbe Gebiet hatte von Neuem der schon durch seine süd-marokkanischen Reisen (1864) bekannte spanische Gelehrte Joachim Gatell seine Aufmerksamkeit gerichtet, als ihn vor wenigen Wochen, auf der Reise nach Marokko begriffen, in Cadiz plötzlich der Tod ereilte. Lenz findet im südlichen Atlas ein reiches zum grössten Theil jungfräuliches Explorationsfeld vor, das seiner direkten Handelsverbindungen mit dem Süden wegen neuerdings vielfach der Gegenstand kommerzieller Betrachtungen geworden ist. Englische Handelsleute sind es vornehmlich, die auf das südliche Marokko ihr Augenmerk gerichtet haben und von dort vermittelst einer Eisenbahn am leichtesten einen direkten Handelsverkehr mit Timbuktu ermöglichen und anbahnen zu können glauben. Damit im Zusammenhange steht auch das von Neuem besprochene Projekt der Herren Mackenzie und Skertchley durch Inundirung der grössten Einsenkung des westlichen Theils der Sahara, des sogenannten »Leib der Wüste, (El Dschuf)« vermittelst eines Kanals vom Kap Dschuby durch das Thal Sakiet el Hamra, eine natürliche Wasserstrasse vom Atlantischen Ocean bis nach Timbuktu herstellen zu können.

Mac Donald Mackenzie soll erst vor Kurzem vom Kap Dschuby nach England zurückgekehrt sein und reiche, bisher der Oeffentlichkeit vorenthaltene Erfahrungen hinsichtlich seines Vorhabens, zurückgebracht haben. Er hat 18 Leute am Kap Dschuby gelassen und ihrer Station den Namen »Port Victoria« gegeben. Ein Brief des Gouverneurs jener Gegend, Sheik Mohammed Bairut, an Lord Salisbury, offerirt England freundschaftliche und Handels-Verbindungen. Das Fantastische der Mackenzie'schen Idee, welche eigentlich ja nur ein erneuter Ausfall auf die längst verurtheilte Unterwassersetzung der ganzen als Wüste gedachten Sahara ist, wird wohl nicht besser gekennzeichnet, als mit dem einfachen Hinweis auf die Thatsache, dass das fragliche Gebiet in seiner ganzen Ausdehnung bisher noch nicht ein einziges Mal von einem europäischen Reisenden betreten worden ist, dass unsere Kenntniss von dem östlichen Theil des Dschuf auf René Calliiés Reisen im Jahre 1828, von dem süd-westlichen Theil Marokkos zumeist auf John Davidson's Reise 1836 und Panet's Reisen 1850 basiren, und dass alle anderen Nachrichten nur auf Erkundigungen und Berichten der Karavanenführer (Mardochaï) beruhen. Das Projekt scheint mir in der That auf Sand zu bauen, der über dem Niveau des Möglichen liegt.

*) Der Lenz'sche Reiseplan ist neuerdings geändert worden. Lenz wird über Fes nach der Oase Tafilelt zu gelangen suchen.

Ein ähnliches, wenngleich weit besser fundirtes Projekt, ist dasjenige des französischen Kapitäns Roudaire. Dasselbe geht darauf hinaus, vermittelst eines Durchstichs der $22^1/_2$ km breiten und 46 m über dem Meeresspiegel sich erhebenden Landenge bei Gabes, das am Fusse des tunesischen und algerischen Atlas belegene Depressionsgebiet der Schotts Melrhir, Charsa und Dscherif in ein saharisches Binnenmeer zu verwandeln und auf diese Weise den Handel Algeriens zu heben, Klima und Vegetations-Verhältnisse zu verbessern. Ueber die Details dieses Projektes ist Ihnen von dieser Stelle bereits früher Mittheilung gemacht worden, meine Aufgabe ist es heute demnach nur über die Fortschritte zu berichten, welche dieses grossartig geplante und mit vielem Pomp in Scene gesetzte französische Beginnen bis heute gemacht hat. Dieselben lassen sich kurz dahin zusammenfassen, dass wenig Aussicht auf Verwirklichung vorhanden, dass selbst französische Techniker und Gelehrte die Ausführbarkeit in Zweifel ziehen und den zu erzielenden klimatischen und Vegetations-Verbesserungen Süd-Algeriens nicht nur kein Gewicht beilegen, sondern sogar eine Verschlechterung derselben durch zeitweise, von Winden und Verdunstung herrührende Entblössung des schlammigen Bodens, vorhersagen. (Vergl. E. Cosson: Le règne végétal en Algérie, Paris 1879). Ja, man geht so weit, die Richtigkeit der mit grossem Kostenaufwande und Mühen ausgeführten Nivellements-Arbeiten und damit die Existenz eines Depressionsgebietes zu bezweifeln. Es war natürlich, dass ein derartiges Projekt viel Aufsehen machen musste und dass dasselbe mehrfach der Kritik unterzogen wurde. An dieser haben sich besonders die Herren Dr. Fuchs (Frankreich), Dr. Stache (Wien) und der bekannte Marquis Antinori (Rom) betheiligt. Alle drei waren an Ort und Stelle und berichten einstimmig in negativem Sinne. Eine geologische Untersuchung der Landenge von Gabes hat der Annahme Rondaire's entgegen konstatirt, dass die Landenge nicht aus weichem, sondern aus vorwiegend hartem Gestein besteht, welches, wenn auch keine unüberwindlichen, so doch weit grössere Schwierigkeiten der Durchstechung entgegenstellt, als von Roudaire angenommen worden ist. Weit gewichtiger aber werden die Bedenken gegen die Ausführbarkeit, wenn man die Berechnungen Dr. Fuchs' in Betracht zieht, denen zufolge 10—12 Jahre erforderlich sind um die für die in Scene zu setzende Inundation erforderlichen 270 Milliarden cbm Wasser durch den Durchstich einzuführen, und dass von den jährlich einzuführenden 20—25 Milliarden cbm Wasser 15—18 Milliarden verdunsten würden.

Das allgemeine Interesse an dem Roudaire'schen Projekt hat in

Frankreich neuerdings weichen müssen gegenüber den Bemühungen eine transsaharische Eisenbahn zur Verbindung Algeriens mit dem Sudan in Bälde ausgeführt zu sehen. Frankreich, das Land der grossartigen Projekte, verlangt von seinen wissenschaftlichen Kapacitäten und hervorragenden weltbekannten technischen Grössen stets rege erhalten zu werden in grossartigen Ideen. Kaum war die Weltausstellung von 1878, deren Rathsamkeit von vornherein bezweifelt, erfolgreich beendet, so wurde die Durchstechung des Isthmus von von Panama zur Losung gemacht; kaum ist diese von der Tagesordnung verschwunden, so beschäftigen sich die maassgebenden Kreise Frankreichs vorwiegend mit dem nicht minder grossartigen Unternehmen der Schaffung einer transsaharischen Eisenbahn. Le Transsaharien ist seit 6 Monaten das Losungswort aller geographischen und kommerziellen Zeitschriften Frankreichs; être ou de n'être plus, das ist das Stichwort, mit dem man in Frankreich zur Zeit ein allgemeines Interesse für einen Schienenweg von Algerien bis Timbuktu zur Erschliessung des Sudans wach zu erhalten sich bemüht. Auch der vorwiegend von Franzosen im Oktober d. J. besuchte Brüsseler internationale handelsgeographische Kongress hat sich gemüssigt gesehen, als ersten Beschluss resp. Wunsch auszusprechen, dass Eisenbahnen zur Verbindung der Küstengebiete mit dem centralen Gebiet Afrikas in erster Linie zu erstreben seien. — Als ich vor 4 Jahren die Ehre hatte Ihnen einen Bericht zu geben über den ersten Pariser internationalen geographischen Kongress, da konnte ich nicht unterlassen in ironischer Weise der afrikanischen Eisenbahnprojekte zu gedenken, welche dort zur Aufstellung gelangt waren. Zur Zeit liegt die Sache anders; mit Riesenschritten schreitet die Erforschung afrikanischer Gebiete vor und damit auch die Vervollkommnung der dortigen Verkehrsmittel. Binnen Kurzem werden wir eine Drahtverbindung zwischen dem Kap und Europa haben, und sicher werden uns die nächsten Decennien Schienenwege nach denjenigen innerafrikanischen Gebieten schaffen, welche zur Zeit noch kaum von dem Fuss eines Europäers betreten wurden. Fraglich erscheint dem unbefangenen Forscher immerhin, ob es gerathen ist eine gute aber unreife Aufgabe auf künstlichem Wege einer unnatürlichen frühzeitigen Lösung entgegenzuführen. Denn als künstlichen Weg muss ich es bezeichnen, wenn man durch das »Être ou de n'être plus« die Existenz Frankreichs als eng mit der transsaharischen Eisenbahn verknüpft in Wort und Schrift von einflussreichen Persönlichkeiten bezeichnet findet, und wenn man in blinder Eifersucht auf die Bestrebungen benachbarter Nationen mit unwahren Nachrichten Propaganda zu machen sucht.

Ich meine damit unter Anderem die sich fast in allen französischen Fachzeitschriften wiederfindende Aeusserung Gazeau de Vautibaults', des Direktors der »Compagnie transsaharien« und Präsidenten der handelsgeographischen Gesellschaft in Paris, welche lautet:

»In Deutschland erstreben die berühmtesten Entdeckungsreisenden im Verein mit den deutschen geographischen Gesellschaften die Verwirklichung einer Eisenbahn von Tripolis nach dem Tschad-See, als Konkurrenz-Unternehmen gegen das französische transsaharische Eisenbahnprojekt. Rohlfs ist im vorigen Jahr zu dem Zweck nach dem Sudan abgereist, mit reichen Mitteln von der deutschen Regierung ausgerüstet, und Italien und England nehmen Theil an diesem Unternehmen, indem sie in Tunis und Marokko gegen die Ausdehnung des französischen Einflusses zu wirken suchen. Ja man liest sogar in dem Gibraltar Chronicle, dass der deutsche Reisende Lentz sich nach Marokko begiebt, um dort junge Deutsche vorzubereiten, welche ihn nach der Oase Tafilelt und Tuat begleiten sollen. — Die geographische Gesellschaft in Turin, die Italiener und die Engländer, eifersüchtig auf den überwiegenden Einfluss Frankreichs auf das nordwestliche Afrika, sind es, welche sich zu Gunsten des preussischen Unternehmens engagirt haben. Auch Amerika, das Vaterland des heroischen Stanley, geht mit dem Gedanken um, eine Eisenbahn zu bauen von seiner Kolonie Liberia *) nach dem Sudan.«

Ich brauche wohl kaum hervorzuheben, dass die fantastischen Gebilde eines Vautibault jeder Begründung entbehren und dass in Deutschland wohl kaum Jemand daran denkt deutscherseits eine Eisenbahn von Tripolis nach dem Sudan auszuführen, und damit deutschen Kolonisations-Bestrebungen in diesem Theile Afrikas Vorschub zu leisten. Ausser Gerhard Rohlfs hat in Deutschland überhaupt kaum eine hervorragende Stimme jemals öffentlich der transsaharischen Eisenbahn das Wort geredet; Rohlfs aber, als gründlichster Kenner der nordwestafrikanischen Gebiete, sah sich gezwungen 1877 auf die Vorzüge einer eventuellen Eisenbahn von Tripolis nach dem Tschad-See, gegenüber einer solchen von Süd-Algerien aus über Tuat nach Timbuktu hinzuweisen. Schon damals rief Rohlfs eine heftige Polemik in französischen Blättern hervor, die jetzt von Neuem zu Gunsten eines raschen und energischen Vorgehens seitens Frankreichs benutzt wird. — Die unbestrittene Bedeutung der transsaharischen Strömung in Paris lässt es mir nothwendig erscheinen, hier kurz die Sachlage zu resumiren. Im Jahre 1876 erhielt Duponchel, Ingenieur en chef des ports et chaussées in Montpellier, von der französischen

*) Liberia ist eine Negerrepublik, keine amerikanische Kolonie.

Regierung den Auftrag in Algier Vorstudien für eine transsaharische Eisenbahn anzustellen. 1877 vollendete Duponchel seinen Auftrag ohne über den französischen Atlas hinaus selbst in die Wüste einzudringen, und legte bald darauf die Resultate seiner Untersuchungen in einem 400 Seiten starken und mit vielen Karten begleiteten Bande nieder. Als Quintescenz seiner Untersuchungen will ich hier nur den Vorschlag eines Schienenweges von 2700 km Länge von Oran über Tlemsen nach der Oase Tuat und von dort über die wasserlose steinige Hochebene Tanesruft direkt auf Timbuktu zu, bezeichnen, von wo mit der französischen Kolonie am Senegal, sei es auf der natürlichen Wasserstrasse des Niger und Senegal, sei es ebenfalls durch Fortführung eines Schienenstranges bis St. Louis, eine Verbindung nach dem Atlantischen Ocean zu erstreben sein würde. Duveyrier, Largeau und Soleillet sind es hauptsächlich, welche nächst Duponchel die Frage der transsaharischen Eisenbahn mit ihren eigenen Erfahrungen und Kenntnissen saharischer Verhältnisse zu fördern gesucht haben.

Getrieben durch die öffentliche Meinung, die auch in der französischen National-Versammlung zum Ausdruck kam, berief der französische Minister der öffentlichen Bauten, de Freycinet, im Juni d. J. eine Vorkommission, bestehend aus den höchsten Beamten der technischen Behörden und des Kriegsministeriums, mit dem Auftrage, die Duponchel'schen Pläne auf ihren Werth hin zu prüfen. Das Resultat fiel günstig aus, indem der Bau einer Eisenbahn von den algerischen Besitzungen bis zum Niger und von da bis zum Senegal als nothwendig bezeichnet und ein Kredit von 200,000 Frcs. zur Decheng weiter erforderlichen Voruntersuchungen erbeten wurde. Auf Basis dieses Gutachtens richtete der Minister de Freycinet unterm 13. Juli d. J. an den Präsidenten Grévy das Gesuch, eine grosse Kommission zu bilden aus Fachmännern und Parlamentsmitgliedern, die ein endgültiges Urtheil über die praktische Möglichkeit einer Schienenverbindung von Algerien und dem Senegal nach dem Sudan zu fällen haben würde.

Noch an demselben Tage ist der Präsident Grévy den Wünschen des Ministers de Freycinet nachgekommen und ist unter dem Vorsitz de Freycinet's eine solche grosse Kommission aus 46 hervorragenden Männern, unter ihnen natürlich auch Lesseps, gebildet worden.

Die neusten französischen Blätter berichten, dass diese grosse Kommission 600,000 Frcs. zu weiteren Vorarbeiten vom Ministerium bewilligt bekommen, dass Ingenieur Rolland mit 7 Personen in wenigen Tagen im Auftrage der Kommission nach Algier aufbrechen und man von dort mit zahlreichen Arbeitskräften auf 3 verschiedenen

Wegen in die für die transsaharische Eisenbahn in Aussicht genommenen Gegenden einzudringen versuchen werde.

Meine heutige umfangreiche Aufgabe gestattet mir nicht, die transsaharische Eisenbahnlinie Duponchel's einer Kritik zu unterziehen, sondern nur unter Anderem auf eine ausgezeichnete abweisende Beurtheilung des Capitain d'État-Major Baudot im Bulletin de la Société de Géographie de Lyon, II., pg. 622, 1879, zu verweisen; die Sache selbst aber glaube ich als eine aussichtsvolle Frage der nächsten Jahrzehnte bezeichnen zu sollen. Frankreich mit seinen reichen Mitteln und seinen bedeutenden Ingenieuren wird, trotz der erforderlichen 600—750,000,000 Frcs. Baukapital und der erforderlichen Bauzeit von ca. 10 Jahren, ebenso wenig vor einer transsaharischen Eisenbahn zurückschrecken, als ein Lesseps ruhen wird, bis der interoceanische Kanal in Central-Amerika durch Frankreichs Initiative ein fait accompli geworden ist.

Auf unserer Wanderung gen Osten nach Tripolitanien vorschreitend, betreten wir zunächst den Schauplatz der Rohlfs'schen Expedition nach Wadai. Das tragische Geschick, welches dieselbe ereilt, lebt frisch in Aller Gedächtniss; Rohlfs und sein Begleiter Dr. Stecker in der Oase Kufra von ihren eigenen Trägern und arabischen Führern beraubt, sind über Malta nach Europa zurückgekehrt.*) Unter kundigerer Führung, als unter derjenigen Rohlfs hätte wohl kaum eine afrikanische Expedition ausgerüstet werden können; das gänzliche Misslingen ist ein erneuter sehr harter Schlag für die deutschen wissenschaftlichen Bestrebungen auf afrikanischem Gebiete; es kennzeichnet auf's Eklatanteste einerseits den fanatischen Einfluss des Islams, in jenen Gegenden hauptsächlich repräsentirt durch den Orden der Snussi, andererseits die Ohnmacht und die zerrüttete Wirthschaft der türkischen Macht innerhalb ihrer Tributärstaaten. — Rohlfs war am 18. Dezember v. J. von Tripolis aufgebrochen und am 24. Januar d. J. in Sokna angelangt. Dort hatte er 4 Monate auf die für den Sultan von Wadai bestimmten Geschenke des Deutschen Kaiser warten müssen; über Sella und zwischen der Hornemann'schen Route von 1798 und derjenigen Beurmann's von 1862 den Weg gen Osten zur Oase Dschalo fortsetzend, stiess er unterwegs auf die bisher unbekannte Oase Abu Naïm, deren Umgebung durch die kolossalen Muschellager und Versteinerungsschichten, an Mächtigkeit denjenigen der libyschen Wüste weit voranstehend, ein besonderes Interesse beanspruchte. Am 2. April langte er in Audschila, und am 4. April in Dschalo (Lebba) an.

*) Dr. Stecker ist neuerdings beauftragt worden über Fessan nach Bornu und Baghirmi zu gehen.

Ein wenig erfreulicher Empfang daselbst — die Reisenden wurden von der Jugend mit Steinwürfen begrüsst —, der Verlust von 6 Kamelen, welche gestohlen wurden, zwang Rohlfs seinen Begleiter Dr. Stecker nach Benghasi zu senden um Beschwerde beim Gouverneur zu führen und Satisfaktion zu verlangen. Da diese verweigert wurde, so begab sich Rohlfs selbst nach Benghasi und hatte die Genugthuung seine kritische Situation binnen Kurzem durch den inzwischen von Konstantinopel eingetroffenen neuen Gouverneur geklärt zu sehen. Am 4. Juli konnte Rohlfs endlich mit 25 Kamelen definitiv von Benghasi nach der Oase Kufra aufbrechen und zwar in Begleitung einer Karavane der Medjabra, der Bewohner von Dschalo, welche drei ihrer vornehmsten Häupter als Geisseln in Benghasi zurücklassen mussten, um dadurch der Rohlfs'schen Expedition eine weitere Sicherheit zu gewähren. In den ersten Tagen des September langte Rohlfs in Taiserbo, der nördlichsten Oase der Kufra-Gruppe an und schon am 13. September sah er sich vollständig seiner Habe, Instrumente etc. beraubt und sein Leben so ernsthaft bedroht, dass er nur mit vieler Mühe den Händen der Araber entkommen und am 26. Oktober mittellos nach Benghasi zurückkehren konnte. Ob wirklich der Pascha von Benghasi durch die zurückbehaltenen Geisseln den Zorn der Rohlfs begleitenden Araber erregte, oder ob der fanatische Orden der Snussi, welcher von seinem Centrum, der Oase Siwah aus die Bewohner der westlichen Oasen in ihrem Hasse gegen die Christen zu schüren sich zur Aufgabe stellt, die Kalamität der Rohlfs'schen Expedition herbeigeführt, oder aber, was mir zur Zeit wahrscheinlich erscheinen will, ob die seit Monaten vorbereitete Ankunft einer mit reichen Mitteln und reichen Geschenken ausgerüsteten Karavane, die Habgier und Raubsucht der Eingeborenen rege gemacht, das bleibt vorläufig dahingesstellt.

Die wissenschaftlichen Ergebnisse der ein so bedauerlich rasches Ende gefundenen Rohlfs'schen Expedition, werden durch den theilweisen Verlust der Tagebücher voraussichtlich wesentlich beeinträchtigt werden. — Rohlfs war der erste Europäer, der die Oase Kufra betreten, die er schon 1874 von Osten her, von der Oase Dachel, vergebens zu erreichen sich bemüht hatte. Was wir bisher von derselben wussten, beruhte nur auf Erkundigungen; die Nachricht, dass die deutsche Expedition trotz aller Widerwärtigkeiten Gelegenheit fand die Oase Kufra nach allen Richtungen hin zu erforschen, hat sich glücklicher Weise bestätigt.

Ausserordentlich interessant ist die Beobachtung Dr. Stecker's dass die Oasen Dschalo und Audschila sich nicht wie nach Rohlfs' früheren Messungen angenommen worden, in einem Depressionsgebiet befinden, sondern erstere 18 m, letztere 30 m über dem Meeresniveau belegen ist. Es ist dies um so interessanter, als wie ich ihnen bereits Anfangs mittheilen konnte, auch gerechte Zweifel an der Existenz eines Depressionsgebietes innerhalb der südtunesischen und südalgerischen Chotts erhoben worden sind.*) — In geographischer Hinsicht wichtig ist ferner eine Korrektion der geographischen Position von Dschalo durch Stecker, welche anstatt 19° 35′ O. L. v. Gr. nach Beurmann, zu 21° 25′, also 1° 50′ östlicher festgestellt wurde; auch Sokna's Position, welche bisher nach Eduard Vogels astronomischer Bestimmung niedergelegt worden ist, hat durch Dr. Stecker sowohl in der Breite als in der Länge eine Aenderung erfahren, indem dieselbe um 8′ 19″ zu südlich und 31′ 20″ zu westlich befunden wurde. Diese bedeutende Differenz hat Henry Duveyrier veranlasst im Bulletin de la Société de Géographie de Paris einen Zweifel an der Richtigkeit auszusprechen und auf die sich sonst so exakt erwiesenen astronomischen Beoachtungen Vogels besonderen Nachdruck zu legen; und in der That ist kaum zu glauben, dass Vogel sich zumal in seinen Breitenbestimmungen so sollte geirrt haben. Auch die von Dr. Stecker bei Sokna am 24. und 25. Febr. beobachteten auffallenden elektrischen Erscheinungen während und nach einem starken Samum-Winde, haben Bedenken erregt, indessen scheint doch, wie sich der berühmte Direktor des Observatoriums zu Montsouris, Mr. Marié-Davy im Bulletin der Pariser geographischen Gesellschaft äussert, nichts gemeldet worden zu sein, was an Uebertreibung grenzt. Ich muss dies hier besonders betonen, weil die darauf bezüglichen Nachrichten selbst in fachmännischen Kreisen in Deutschland mit Kopfschütteln aufgenommen worden sind. **)

Mit Unterstützung der Deutschen Afrikanischen Gesellschaft hat sich seit längerer Zeit Herr Adolf Krause für eine Reise in das Gebirgsland der Tuarik Ahaggar und von da über Sokoto in die Haussa-Staaten, in Tripolis vorbereitet. Auf welchem Wege seine Abreise erfolgt ist, ob über Ghadames direkt, oder ob über Mursuk und Ghat, ist mir nicht bekannt geworden, jedenfalls aber dürfte Krause nunmehr in das Gebiet der Tuariks eingedrungen sein.

Wenn gleich die Nachtigal'schen Reisen in der Sahara und im

*) Spätere Beobachtungen, welche Rohlfs bei hohem Barometerstand mit dem Hypsometer vornahm, ergeben wieder andere Resultate. Diese Beobachtungen, die noch der genauen Berechnung bedürfen, scheinen Audjila und Djalo ungefähr auf Meeres-Niveau zu verlegen.

**) Es heisst daselbst nämlich, dass die 1 Dezimeter langen Haare Stecker's wie Borsten aufgerichtet, senkrecht um den Kopf gestanden, dass zwei nass gemachte Finger einander nahegebracht, elektrische Funken erzeugt, dass man mit einem nass gemachten Finger in der Luft Zeichnungen, feurige Linien und feurige Schriftzüge gemacht habe etc.

Sudan bereits vor 4 Jahren ihren Abschluss gefunden haben, so kann ich mich nicht von Nord-Afrika und der Sahara gen Osten wenden, ohne an dieser Stelle des vor wenigen Monaten erfolgten Erscheinens des ersten Bandes des lang ersehnten Nachtigal'schen Reisewerks Erwähnung gethan und es als eines der klassischsten Bücher der gesammten geographischen Literatur bezeichnet zu haben.

In Aegypten fahren die zur Unterdrückung des Sklavenhandels und zur Befestigung der ägyptischen Herrschaft in die ägyptische Aequatorial-Provinz entsandten militärischen Expeditionen fort, unsere geographische Kenntniss jener Gegenden wesentlich zu bereichern. Die Namen Gessi und Dr. Emin Bey verdienen hier besonders hervorgehoben zu werden, denn neben ihrer amtlichen Thätigkeit als Gouverneure im ägyptischen Sudan, haben sie ihr wissenschaftliches Interesse nicht aus dem Auge verloren. Die in Petermann's Mittheilungen 1879 veröffentlichten Berichte Dr. Emin's über Land und Leute von Unjoro und Uganda füllen eine wesentliche Lücke in unserem von Baker Pascha stammenden Wissen über jene Gegenden aus. Neben ihnen und vor ihnen verdient aber der deutsche Gelehrte Dr. W. Junker besonders hervorgehoben zu werden. Derselbe erforschte bereits Mitte 1876 den Sobat, kehrte von dort nach Chartum zurück um später seine Forschungen innerhalb der Mudirien Ladó und Makaraka fortzusetzen. Das Resultat der letzteren gelangt gerade jetzt nach Rückkehr Junker's in den Petermann'schen Mittheilungen zur Publikation; es liefert uns zum ersten Male ein detaillirtes Bild der Wasserscheide des Nils und Kongo zwischen 2 und 4° nördlicher Breite.

Durch Gessi's Verdienst hat sich im März d. J. an den Ufern des Bahr el Gazal ein Krieg gegen Suleiman Siber abgespielt, von dem wenig Kunde nach Europa gedrungen ist, und der doch um deswillen ein allgemeines Interesse beansprucht, weil mit seiner Beendigung dem Sklavenhandel im Sudan ein Garaus gemacht und die Herrschaft des Khedive im Sudan befestigt worden zu sein scheint. Die Sache verhält sich kurz folgendermaassen: Nach der Eroberung Dar Fors durch Siber Pascha 1874, einem im Süden von Dar For stationirten ägyptischen Bey, erhielt dieser die Erlaubniss zu einem Besuche in Kairo um dem Khedive persönlich zu huldigen. Siber wusste sich in sehr geschickter Weise in das Vertrauen des Khedive einzuschmuggeln und benutzte dieses um von Kairo aus einen Aufstand zu organisiren, welcher nichts Geringeres als die Losreissung des ägyptischen Sudan von Aegypten und die Etablirung eines unabhängigen Reiches bezweckte. Seit 4 Jahren war es Siber Pascha gelungen, unbemerkt von Kairo aus nach Kordofan und Dar For Waffen und Munition zu liefern und auf ein von Kairo aus gegebenes Signal brach die Empörung in Dar For unter dem Sohne Siber's, **Suleiman Pascha**, los. Gordon Pascha gelang es ohne Schwertstreich El-Fascher, die Haupstadt Dar Fors, zu entsetzen, wohin sich 6000 Rebellen unter Suleiman begeben hatten. Man glaubte die Sache auf gütlichem Wege beilegen zu sollen und liess Suleiman frei. Dieser aber wandte sich gen Süden und erschien mit einer bewaffneten Macht von 11,000 Eingeborenen am Bahr el Gazal bei Dem Gellaba. Mit leichter Mühe war es ihm gelungen die in Folge der Unterdrückung des Sklavenhandels so wie so gegen das ägyptische Regiment aufgebrachte Bevölkerung zu einer so ansehnlichen Macht zusammen zu schaaren, indessen nahmen die kriegerischen Aktionen eine Suleiman ungünstige Wendung. Von der weit unbedeutenderen ägyptischen Macht unter Gessi Pascha im April d. J. in wiederholten blutigen Kämpfen total auf's Haupt geschlagen, sah sich Suleiman gezwungen zu fliehen und sein Heer den Feinden zu überliefern. Ein erneuter Versuch sich mit dem gefürchteten Häuptling Heron (Harun) in West-Dar For zu verbinden, scheiterte an der Gefangennahme dieses durch den zum Pascha avancirten einstmaligen Korporal der österreichischen Marine **Emiliani**. Mit einem letzten Häuflein abermals gen Südwesten gegen Gessi vordringend, fand Suleiman Siber den Tod auf dem Schlachtfelde. Aus Briefen Gessi's an den österreichischen Konsul Hansal in Chartum entnehme ich, dass Gessi mit Beendigung dieses Feldzuges den Sklavenhandel innerhalb des ägyptischen Sudan ein für alle Mal unterdrückt zu haben glaubt. Sein Verdienst ist mit der Ernennung zum General-Gouverneur der ägyptischen Aequatorial-Provinz und einer Dotation von £ 2000 belohnt worden.

Das Auftreten abenteuerlicher europäischer Gestalten, die uns im aegyptischen Sudan vielfach begegnen, giebt mir Veranlassung, hier auch eines Europäers Namens **Bohndorff** zu gedenken, welcher, seines Zeichens Goldarbeiter und vor vier Jahren Kammerdiener bei Gordon Pascha, vor Kurzem behufs naturhistorischer Sammlungen eine Reise nach Innen-Afrika beendet hat, welche sich weit über bisher bekannte Distrikte hinaus erstreckt. Bohndorff ging über Dongola, Kordofan, Dar For, Schekka nach Dar Banda, überschritt den grossen Fluss des Abu Dinga und gelangte darüber hinaus noch sechs Tagereisen weiter gen Westen, so dass er nur 14 Tage vom Atlantischen Ocean entfernt gewesen zu sein glaubt. Das Land nördlich von Abu Dinga nennt er Insákara, südlich Dar Dikma, durch welches der grosse Fluss Umbomo gen Westen fliesst. Durch den Kanibalismus der Bewohner zur Umkehr gezwungen, gelangte er auf seinem Rückmarsche in das Kriegstheater Suleimans. Der Spionage verdächtig, wurde er sämmtlicher Habe, Sammlungen und Anfzeichnungen beraubt und kehrte in kläglichem Zustande Mitte Mai nach Chartum zurück. Seine Berichte und Erfahrungen haben Dr. Junker bestimmt, ihn in seine Dienste zu nehmen und mit ihm eine neue Reise in das Mombuttu-Land und von da nach dem Schari und eventuell Kongo zu planen.

Wenn wir uns nun vom aegyptischen Sudan gen Osten nach Abessinien zu wenden, jedoch die politischen Differenzen Aegyptens und Abessiniens, welche auf die Abtretung eines aegyptischen Hafens (Massawa oder Hanfila) an Abessinien abzielen, unberührt lassen, so finden wir vor Allem die italienischen Expeditionen unter Antinori, Mateucci, Chiarini, Cecchi, Martini etc. nach wie vor bemüht, in Süd-Abessinien, Schoa und Kaffa festen Fuss zu fassen und sich einen Weg durch die Galla-Länder nach dem Nil-Seeen-Gebiet zu bahnen. Die durch die Italiener bisher erreichten positiven Resultate sind leider nur spärlich zur weiteren Kenntniss gelangt; auch den Italienern haben sich gleich Anfangs durch Beraubung und Ueberfälle seitens der Galla ungeahnte Schwierigkeiten entgegengestellt, auch scheint Menelik, der König von Schoa, ihnen nicht die gewünschte und erhoffte Sympathie entgegenzubringen, welche dem Gelingen der italienischen Pläne wesentlich Vorschub zu leisten im Stande sein würde. Es geht dies zum Theil daraus hervor, dass Menelik in einem Schreiben an die Pariser geographische Gesellschaft den Wunsch ausgedrückt hat eine französische wissenschaftliche Expedition nach seinem Lande dirigirt zu sehen. Ein französischer Kaufmann Namens Goldammer geniesst im Uebrigen seit Jahren ein grosses Ansehen und Vertrauen in Schoa und soll durch ausgedehnte Geschäftsverbindungen zwischen Zeila und Ankober, der Hauptstadt von Schoa, die italienischen Handelsprojekte durchkreuzen. — Auch auf die im Norden Abessiniens belegenen Distrikte des ägyptischen Sudan hat sich neuerdings die Aufmerksamkeit der französischen Handelswelt gerichtet, indem von den Herren Demont & André in Paris eine Handels-Kompagnie zur Ausbeutung der Territorien zwischen Chartum und Massawa mit einem Kapital von 1,000,000 Francs gebildet worden ist. — Zeitungs-Nachrichten zu Folge haben sich auch kürzlich zwei österreichische Marine-Officiere, Pletsch und Pizzighelli, von Triest nach Abessinien und Schoa begeben, um im Interesse des österreichischen Handels Studien über die Ausfuhrerzeugnisse und geeignete Einfuhrartikel zu machen. — Genuesische Blätter melden ferner, dass die schon vor längerer Zeit angekündigte Besitznahme der Bucht von Assab am Rothen Meere (an der Strasse von Bab el Mandeb) seitens Italiens durch die Genuesische Schifffahrts-Gesellschaft Rubattino & Co. Ende 1879 erfolgt ist.

Ueber die äusserste Spitze der Somali-Küste sind wir neuerdings von einem französischen Offizier, Georges Révoil, unterrichtet worden, welcher im Dezember 1877 von Bender Mirajeh aus in's Innere vorzudringen suchte und nach dem bisher unbekannten Karkar gelangte.

An der Ostküste der Somali-Länder unsere Wanderung fortsetzend, stossen wir unter 2° S. B. auf das Witu- und Wapokomo-Gebiet, das uns durch die deutschen Reisenden Denhardt und Fischer näher bekannt geworden ist. Ich kann wohl kurz darüber hinweggehen, da ja die Reiseberichte genannter Herren in unseren Mittheilungen publicirt worden sind und ihnen in der vorigen Sitzung gemeldet werden konnte, dass Herr Denhardt nach Europa zurückgekehrt sei.

Wir kommen jetzt zu einem Gebiet, das als Hauptausgangspunkt aller neueren geographischen Entdeckungs-Reisenden betrachtet werden muss, zu der Zanzibar-Küste und dem zwischen ihr und den grossen afrikanischen Seen belegenen Gebiete. Hier koncentriren sich hauptsächlich die englischen und französischen Missions-Bestrebungen, von hier suchen die Expeditionen der durch den König der Belgier in's Leben gerufenen internationalen afrikanischen sowohl wie die der französischen afrikanischen Gesellschaft und die des British Exploration Fund Committee in's Innere vorzudringen und feste Stationen zu errichten. Leider werden alle diese Bestrebungen theuer erkauft, denn Schlag auf Schlag treffen Nachrichten von dem Tode kühner und braver Expeditionsmitglieder ein. Die belgische Expedition allein hat das Ableben dreier Mitglieder, Crespel, Maes und Wautier, zu beklagen, die englische Expedition ist ihres Führers, des bekannten Geographen Keith Johnston jr., beraubt worden und die Londoner Missionsgesellschaft trauert um drei ihrer Hauptstützen in Ujiji, um den Reverend Thompson, Dr. Mullens und Dodgshun, die sich sämmtlich auch in geographischer Hinsicht verdient gemacht haben. — Der jetzige Führer der belgischen Expedition ist Cambier; sein Begleiter heisst Dutrieux.*) Beide Reisende sind über Mpwapwa, Kiura und Kasagera nach Masikambas am westlichen Ufer des Tanganika aufgebrochen; ihr ausgesprochenes Ziel ist zunächst in Karema, einem kleinen Orte von 250 Einwohnern an dem östlichen Ufer des Tanganika, 3 km vom See entfernt, und dann in Nyangwe am Kongo

*) Aus Gesundheitsrücksichten mittlerweile nach Europa zurückgekehrt.

eine feste Station zu begründen. Am 12. August 1879 hat Cambier Karema erreicht. Zu seiner Unterstützung ging Mitte dieses Jahres eine zweite belgische Expedition nach Zanzibar ab, bestehend aus den Herren Popelin, Dutalis und van den Heuvel. Von ihnen hat Dutalis bereits Krankheits halber nach Europa zurückkehren müssen, während Popelin und van den Heuvel am 3. Septbr. ihre Reise von Mwapwa nach Ugogo fortsetzen konnten. Als Träger bedienen sich diese Herren 3 indischer Elephanten unter Führung des Herrn Carter, welche der König der Belgier auf seine Kosten von Indien nach Zanzibar hat bringen lassen.— Sie wissen, meine Herren, dass bisher die Trägerfrage ein Haupthinderniss für das Eindringen in Innerafrika war und dass man seit Jahren bemüht ist, diese Hauptschwierigkeit aus dem Wege zu räumen. Die scheinbar erfolgreiche Verwendung indischer Elephanten im östlichen Sudan seitens Gordon Pascha war die unmittelbare Veranlassung, auch in Ostafrika mit diesem kostbaren Transportmittel Versuche zu machen. Nachdem die Ueberführung von Indien und die ziemlich schwierige Ausschiffung von 4 Elephanten an der Zanzibar-Küste glücklich von Statten gegangen, ist einer derselben an einem Anfall von Apoplexie in Mpwapwa gestorben; die übrigen befinden sich je mit 500 kg Gepäck beladen auf dem Wege nach dem Tanganika-See und scheinen unter den Stichen der Tsetse-Fliege nicht zu leiden und die afrikanische Kost gut vertragen zu können; ob dies von Dauer sein wird, muss die Zeit lehren; *) die Gordon'schen Elephanten fangen den neuesten Nachrichten zufolge an, zu kränkeln. Sollte es gelingen, und es sind seitens des Königs der Belgier auch bereits Schritte in diesem Sinne geschehen, afrikanische Elephanten zu Last- und Reitthieren abzurichten, dann würde eine der hauptsächlichsten Schwierigkeiten für innerafrikanische Unternehmungen aus dem Wege geräumt und künftigen Schienenwegen ein sicherer Boden gewonnen sein.

Die unter Führung von Keith Johnston im Anfange dieses Jahres von Zanzibar aufgebrochene englische Expedition hat durch den Tod ihres Führes einen herben Schlag erlitten. Sie hatte die

---

*) Leider berichtet Herr Kapitain Carter bereits unterm 28. September von Usekhé-Ugogo, dass daselbst ein zweiter Elephant gestorben und dass die dortige nebenbei spärliche Nahrung und vor Allem das dortige sehr kalkhaltige unreine Wasser den indischen Elephanten nicht bekomme. — Ein vom 12. November datirter Brief des englischen Konsuls Kirk in Zanzibar enthält günstigere Berichte über das Befinden der zwei noch am Leben befindlichen indischen Elephanten und lässt hoffen, dass der gemachte erste Versuch weitere erfolgreiche Versuche nach sich ziehen und man zahme indische Elephanten zum Einfangen wilder afrikanischer Elephanten baldigst benutzen werde.

Aufgabe von Dar es Salaam in südwestlicher Richtung auf das Nordende des Nyassa-Sees loszusteuern und die zweckmässigsten Handelswege zwischen der Küste, dem Nyassa und Tanganika auszukundschaften. Johnston starb leider bereits am 21. Juni in Behobeho, circa 50—60 miles von Dar es Salaam entfernt. Seinem Begleiter, dem 21jährigen Geologen Thomson, ist die Fortsetzung der Expedition seitens des African Exploration Fund Committee übertragen worden und es ist ihm gelungen auf bisher unbekanntem Wege das bis zu 2700 m ansteigende Plateau des Uhehe-Distriktes, welches die Wasserscheide zwischen dem Nyassa-See und dem Lufiji-Fluss bildet und vordem als eine Gebirgskette (Konde Gebirge) auf Karten verzeichnet war, zu durchkreuzen und das Nordende des Nyassa zu erreichen. Seine weitere Aufgabe gipfelt in der Erreichung des Tanganika-Sees und in der Erforschung der Bodengestaltung zwischen Nyassa und Tanganika, eine Aufgabe, welche gleichzeitig von einem Mitgliede der Scottish-Free-Church Mission-Station in Livingstonia, Herrn James Steward, verfolgt wird. *)

Am glücklichsten von Allen scheint es bisher dem Führer der französischen Expedition, dem Abbé Debaize **) zu ergehen, der seit Mitte 1878 mit 500 Trägern von Zanzibar aufgebrochen und das Kongo-Gebiet zu erreichen strebt.

Es würde mich zu weit führen, wollte ich Ihnen hier im mittleren Ost-Afrika noch alle diejenigen Namen nennen, die im Dienste von Missionsgesellschaften auch zu der Erschliessung unbekannter innerafrikanischer Gebiete beitragen. Es möge genügen das Feld der Thätigkeit dieser verschiedenen Gesellschaften zu bezeichnen: Die Church Missionary Society wirkt zur Zeit vornämlich am Victoria Nyanza und in Mpwapwa, die London Missionary Society am Tanganika und das Scottish-Free-Church Mission-Committee unter Bischof Steere am Nyassa-See. Letzteres hat, wie bekannt, ihren Hauptsitz in Livingstonia an der Südseite des Nyassa und unterhält eine regelmässige Dampfschifffahrt von da bis nach dem Indischen Ocean vermittelst des in den Zambesi mündenden Shire-Flusses.

Auch die französisch-katholische Mission ist neuerdings im Centralen Ost-Afrika erschienen; der Erzbischof von Algier, Lavigerie, hat unter Abbé Guyon eine Expedition aus 18 Personen von

*) Laut telegraphischer Meldung ist Thomson am 28. Oktober in Bambe am südlichen Ende des Tanganika angekommen.

**) Abbé Debaize ist leider inzwischen auch gestorben; seine unter günstigen Auspicien begonnene Reise endete in Ujiji.

Bagamayo ausgesendet, um in Ujiji*) und in Mtsesa's Residenz an der Nordseite des Ukerewe, Missionsstationen zu errichten; auch ist unter Depelchin eine aus 5 Theilnehmern, worunter 2 Deutsche, bestehende französische Missionsstation bei den Victoria-Fällen des Zambesi in Bildung begriffen. — Ich übergehe hier die bei einer anderen Gelegenheit von Dr. Hübbe an dieser Stelle besprochenen Eisenbahnprojekte bekannter englischer Kapitalisten und Ingenieure unter Führung des Mr. Bradschaw.

Die Nachricht von der Existenz reicher Kohlenfelder am River Rovuma hat jüngst den Sultan von Zanzibar veranlasst, diesem Flusse besondere Aufmerksamkeit zu schenken. Die von ihm entsandten Agenten haben Kohlenfelder entdeckt, indessen 150 engl. Meilen stromaufwärts. Da der Rovuma aber seiner Katarakten wegen als absolut unschiffbar bezeichnet werden musste, so ist die Ausbeute der Kohlenfelder bis in's Unbestimmte vertagt worden.

Mit der Ueberschreitung des Rovuma gelangen wir in portugiesisches Gebiet und nähern uns dem viel verheissenden Stromgebiet des Zambesi. Gemäss eines Kgl. Dekretes vom 26. Dezember 1878 hat die portugiesische Regierung einem Herrn Païva d'Andrada, portugiesischem Gesandtschafts-Attaché in Paris, auf 20 Jahre eine Konzession ertheilt behufs Ausbeute eines Terrains von 9000 □-Lieues innerhalb der Provinz Mozambique und zu gleichen Theilen am rechten und linken Ufer des Zambesi. Die Konzession erstreckt sich auf die Ausbeutung aller metallischen Lagerstätten, Kohlenlager und Wälder und sichert den Besitz von 100,000 Hektaren Land zum Zwecke der Anlage einer Ackerbau-Kolonie ohne jede Gegenleistung. Herr d'Andrada hat auf Basis dieser Konzession eine »Compagnie générale du Zambèze« gebildet und sich im Juni d. J., begleitet von einem Ingenieur und einem Arzt, nach seinen afrikanischen Besitzungen begeben. Da der Zambesi 600 km weit stromaufwärts schiffbar ist, so ist die Bedeutung dieses Flusses für Handelszwecke nicht zu unterschätzen.

Von dem mittleren, seiner weltbekannten Katarakten wegen unschiffbaren Lauf des Zambesi sind wir neuerdings durch die 7jährigen Reisen Dr. Emil Holubs aus Prag und des portugiesischen Majors Serpa Pinto detaillirter unterrichtet worden. Es war mir vergönnt im vorigen Monat Dr. Holub hier in Hamburg auf seiner Rückreise von Afrika kennen zu lernen und Einsicht von seinen Tagebüchern zu nehmen. Ich muss gestehen, dass unter den vielen Manuskripten

*) Pater Pascal, Chef der Ujiji-Station, ist am 18. August 1879 in Mukonduku am Fieber gestorben.

und Aufzeichnungen Reisender, welche ich zu sehen Gelegenheit hatte, diejenigen Holubs einen ganz hervorragenden Rang einnehmen. Durch das Erscheinen seiner Kulturskizze des Marutse-Mambunda-Reichs, des früheren Makololo am mittleren Zambesi, in der Zeitschrift der Wiener geographischen Gesellschaft 1878, war das Interesse an den Holub'schen Forschungen in geographischen Kreisen bereits rege erhalten; nach dem mir vorgelegenen Original-Material zu urtheilen, dürfen wir demnächst weiteren sehr gediegenen Abhandlungen und Karten vom mittleren Lauf des Zambesi und dem westlichen Matebele-Reich entgegensehen. Holub ist Arzt und reiste aus eigenen Mitteln, d. h. denjenigen, welche er sich zuvor auf den Diamantfeldern von Kimberley erworben; seine ethnographischen und naturwissenschaftlichen Sammlungen sind ganz beträchtlich. Er beabsichtigte ursprünglich den Kontinent von Süden nach Norden zu durchwandern, wurde an seinem Vorhaben durch Krankheit verhindert. Die Hoffnung dies noch zu ermöglichen, hat er aber nicht aufgegeben, sondern er gedenkt zu dem Zwecke binnen Kurzem an der Spitze einer aus 12 Gelehrten zu bildenden internationalen Expedition von Neuem nach Süd-Afrika aufzubrechen. Die Holub'schen Reisen gewinnen dadurch an Interesse, dass sie zum Theil zusammenfallen mit der Expedition des Portugiesen Serpa Pinto und ergänzend und kontrollirend auf diese einwirken.

Serpa Pinto war im November 1877 zusammen mit Brito Capello und Ivens im Auftrage der portugiesischen Regierung von Benguela aufgebrochen. Die ihm gestellte Aufgabe erstreckte sich auf die Erforschung des Quellgebiets des Quanza, Cubango und Zambesi, während Brito Capello und Ivens im Norden und Osten des Quanza gen Kongo Aufnahme machen sollten. Beide Expeditionen langten im März 1878 auf zum Theil bisher unbekannten Wegen in Bihé an, von wo sie sich im Mai auf getrennten Wegen gen Norden und gen Süden weiter begaben. Das von Pinto durchschrittene 1600 m hohe südliche Hochland Benguelas verdient des gesunden Klimas und der günstigen Handels- und Agrikultur-Verhältnisse wegen besondere Beachtung. Nach Pinto ist hier im ganzen tropischen Afrika das günstigste Terrain für kolonisatorische Bestrebungen. Der Cubango, auf unseren Karten bisher als Nebenfluss des Cunene und auf dem Mossamba-Gebirge unter dem Namen Cuito entspringend, hat seine Quelle nach Pinto im Westen von Bihé und nimmt auf dem linken Ufer einen mächtigen Nebenfluss, den Cuito, auf, mit dessen Wassern verstärkt er in den Ngami-See mündet und sich in den Salzpfannen Macaricari verliert. Die Quellen des Cunene liegen ebenfalls westlich von Bihé. Innerhalb der Gabelung des Cuito und Cubango liegen die Quellen des südlich von Loanda mündenden Quanza. In der Nähe der Quelle des Cuito auf dem Plateau Cangala, 1700 m hoch, entspringen drei andere Flüsse, von denen zwei als Nebenflüsse des Quanza in den Atlantischen, einer als Nebenfluss des Zambesi in den Indischen Ocean fliesst. Östlich vom Cuito entspringt der Cuando (Kwando), den Livingstone und Holub nahe bei seiner Vereinigung mit dem Zambesi unter dem Namen Chobe (Tschobe) kennen gelernt. Letzterer ist ein schöner, breiter, schiffbarer Fluss, der ein weites bewohntes und fruchtbares Land bewässert. In dieser mit Wald bedeckten Gegend, wo noch Ueberfluss an Elephanten, traf Pinto die Mucassequeres, einen nomadisirenden, vollkommen wilden Negerstamm mit gelblich weisser Hautfarbe, die keine Albinos waren. Die Nachricht hiervon hat in Europa einiges Aufsehen gemacht, indessen findet sie in den Beobachtungen anderer Reisende Unterstützung. So berichtet auch Stanley von hellfarbigen Negern, und Gessi erzählt, dass er auf seinen Streifzügen am Bahr el gazal einen weissen Neger mit rothen Haaren, blauen Augen und robuster Gestalt, aus dem Lande der Niam Niam stammend, 40 Jahre alt, dessen Eltern Schwarze sind, angetroffen habe, und auch Miani (1872) will dort weissen Negern begegnet sein.

Das Land zwischen Bihé und Zambesi ist von drei verschiedenen Stämmen bewohnt, den Kimbandes, Luchares und Ambuellas. Ein vierter, die Anibocos, beginnt vom Norden her einzudringen und sein unfruchtbares Land mit dem fruchtbaren zwischen Kubango und Cuango zu vertauschen. Die Bewohner sind gelehrig und für die Civilisation empfänglich; die offenkundige Liebe für Kleidung verspricht nach Serpa Pinto europäischen Manufaktur-Waaren hier ein reiches Absatzgebiet. Jenseits des Cuando erreichte Pinto zuerst den Liambai-Fluss, der in seinem unteren Laufe auf unseren Karten den Namen Zambesi annimmt. Zwischen dem 16. und 18.^{0} S. Br. auf einer Strecke von 220 geogr. Meilen, hat dieser Fluss nicht weniger als 72 Katarakte, unter ihnen die durch Livingstone berühmt gewordenen Victoria-Fälle. Das Land zeigte hier eine reiche Vegetation, aber spärliche Bevölkerung. Der Grund liegt einerseits in der fieberschwangeren Gegend, andererseits in der feindlichen Haltung der Matabeles, welche den Zambesi als ihre natürliche Schutzwehr gegen die im Norden des Zambesi wohnenden Luinas benutzen und jede Ansiedelung eines fremden Stammes daselbst zu verhindern suchen. Vom Zambesi aus vollendete Pinto seinen Marsch über die Macaricari-Salzpfannen, den Limpopo, Pretoria und Natal und war somit der erste europäische Reisende, der auf dieser Route den afrikanischen Kontinent durchschritten und bereits im Juni 1879 wohlbehalten nach

Lissabon zurückkehren konnte. Unter dem Titel: »The King's Rifle« wird binnen Kurzem in London Serpa Pinto's Reisebeschreibung erscheinen, die der vielen astronomischen Beobachtungen halber eine wesentliche Rektifikation der kartographischen Darstellungen jener Gegenden zu bringen verspricht. Der seinem Reisewerke gegebene Titel basirt darauf, dass der König von Portugal ihm seine kostbare Flinte anvertraut hatte, welche von Ocean zu Ocean durch den afrikanischen Kontinent zu führen ihm als Aufgabe gestellt war.

Ich habe meine Wanderung um Afrika an der Zambesi-Mündung unterbrochen, um die Pinto'sche Reise, welche hauptsächlich auf den Zambesi gerichtet, in Zusammenhang mit den Holub'schen Forschungen zu bringen.

Wenn ich nicht wieder zur Ostküste zurückkehre und die Südspitze von Afrika von meiner Betrachtung ausschliesse, so geschieht dies einerseits weil die politischen und wirthschaftlichen Verhältnisse des britischen Süd-Afrika durch die Annexion der Transvaal-Republik und die Beendigung des Zulu-Krieges so wesentliche Aenderungen erfahren haben, dass sie das Thema eines selbstständigen Vortrages abgeben müssten, andererseits weil bemerkenswerthe geographische Forschungen auf jenem Gebiete neuerdings weder stattgefunden haben, noch geplant werden, es sei denn das Projekt der Engländer Bagot und Beaver, welche im Oktober vom Kap aufgebrochen und auf eigene Kosten eine Reise auf die Dauer von vier Jahren nach der innerafrikanischen Seenregion zu unternehmen beabsichtigen. Indem ich daher meine Betrachtungen an der portugiesischen Küste West-Afrikas wieder aufnehme, freue ich mich Ihnen melden zu können, dass laut Telegramm von Lissabon vom 1. Dezember, publizirt in der Shipping Gazette, die zweite Abtheilung der portugiesischen Expedition unter Brito Capello und Ivens, welche wir in Bihé im März 1878 verlassen und von welcher bisher wenig günstige Kunde nach Europa gekommen war, am 5. Oktober nach St. Paul de Loanda zurückgekehrt ist, dass sie das Gebiet nördlich vom Quanza und westlich und östlich von Quango erforscht und kartirt, dass sie leider der feindlichen Gesinnung der Eingeborenen wegen von der Verfolgung des Quango bis zu seiner Mündung in den Kongo hat abstehen müssen, dass sie Muata Jamwo in seiner Residenz Kabebe aufgesucht — was bisher bekanntlich nur unserm Landsmann Dr. Pogge gelungen — dass sie aber dort wegen Verbots bei Todesstrafe von weiterem Vordringen gen Osten hat abstehen müssen. Dass auch Brito Capello und Ivens unter den Strapazen der Reise und den klimatischen Einflüssen übel zu leiden gehabt haben und dass auch ihnen sämmtliche Träger desertirt sind, darf ich nicht unerwähnt lassen.

Mit dieser neusten portugiesischen Reise bin ich in das Arbeitsfeld der Deutschen Afrikanischen Gesellschaft eingetreten, und da die Zeit drängt, so will ich nur kurz erwähnen, dass der von der Deutschen Afrikan. Gesellschaft nach Angola entsandte Ingenieur O. Schütt nicht so glücklich war von Muata Jamwo Erlaubniss zum Betreten seines Reiches zu erlangen, dass auch ihm der feindlichen Haltung der Eingeborenen wegen versagt war, die Flüsse Quango und Kasaï bis zu ihrer Mündung in den Kongo zu verfolgen, dass er aber 4 neue Nebenflüsse des Kongo entdecken und das Stromgebiet des Quanza, Kuango und Kasaï kartiren konnte. Gelegentlich meiner Anwesenheit in Berlin im Oktober d. J., hatte ich Gelegenheit den kurz vorher nach Europa zurückgekehrten Herrn Schütt kennen zu lernen und seine topographischen Aufnahmen zu sehen. Diese, im Verein und als Ergänzung zu den jüngsten portugiesischen Aufnahmen, werden uns ein ganz neues Bild von Angola bringen.

Vom Quanza aus den Kongo auf einem seiner Nebenflüsse zu erreichen, ist auch das ausgesprochene Reiseziel des, uns durch die deutsche Loango-Expedition bekannten und mit Mitteln des Deutschen Reichs reisenden Majors von Mechow. Nach Schütt's Aeusserungen und nach Dr. Buchner's Briefen ist wenig Hoffnung für das Gelingen der Mechow'schen Bestrebungen, innerhalb des Gebietes zwischen Quanza und Kongo und an letzterem Flusse selbst Stationen zum Zwecke des Handels und der Viehzucht zu errichten, vorhanden; auch soll Herrn v. Mechow das von Hamburg aus mitgenommene, in Oevelgönne auf der Werft des Herrn Holst erbaute, in sechs Theile zerlegbare Boot, vermittelst dessen er manche Schwierigkeiten hinwegräumen zu können geglaubt, gleich anfangs zur Last geworden sein, indem der Transport desselben durch Träger auf koupirtem Terrain ungeahnte Schwierigkeiten bietet. — v. Mechow wird sich wahrscheinlich in Folge dessen dem ebenfalls von der Deutschen Afrikanischen Gesellschaft auf diesem Wege in das Kongo-Gebiet entsandten Dr. Max Buchner angeschlossen haben, der zur Zeit über Kibondo hinaus gekommen sein dürfte. Buchner's Briefe zeugen von einer seltenen Frische und seine bisherigen Reisen berechtigen zu der Hoffnung eines glänzenden Ausganges seiner Ziele.

Ein Legat von £ 150,000, welches ein in New London (Connecticut) verstorbener Amerikaner, Mr. Asa Otis, dem amerikanischen Board of Commissioners for Foreign Missions vermacht hat, hat letzteren veranlasst auch das Innere Afrikas in das Bereich seiner Thätigkeit zu ziehen und nach den Vorschlägen seines Sekretairs John O. Means das Bihé-Plateau und den Quanza-Fluss hierfür zuerst in Aussicht zu nehmen.

Ich darf hier nicht unerwähnt lassen, dass der österreichische Oberlieutenant Lux, welcher 1875 an der Homeyer'schen Expedition in Angola Theil genommen und nach Erkrankung Homeyer's allein mit Dr. Pogge von Loanda nach Kibondo vorgedrungen, vor wenigen Tagen seine Reisebeschreibung herausgegeben hat, die mit werthvollen Karten und Plänen versehen ist, und dass in demselben Augenblick. wo ich mich in diese Versammlung begeben wollte, auch die Pogge'sche Reisebeschreibung, betitelt: »Im Reich des Muata Jamwo«, eintraf.

In ein geheimnissvolles Dunkel hüllt sich der Heroe der Afrika-Reisenden, Henry Stanley. Nachdem man ihn Anfang dieses Jahres mit den englischen Eisenbahnprojekten der Manchester-Leute an der Ost-Aequatorial-Küste, in Zanzibar beschäftigt glaubte, erschien er plötzlich Mitte dieses Sommers mit 61 eingeborenen Trägern aus Zanzibar, 14 Weissen, einem Araber und zwei Eingeborenen aus Sierra Leone an der Mündung des Kongo. Gleichzeitig mit ihm traf der Kapitän Loesewitz mit dem belgischen Dampfschiff »Barga« (829 Register-Tons) in Banana an der Mündung des Kongo ein und schiffte daselbst drei kleine zerlegbare Dampfbarkassen, drei flache Boote, Waffen, Provision, Handelsgegenstände, Material zum Häuser- und Hüttenbau, und 40 Seeleute aus. Dem Vernehmen nach steht dies in Zusammenhang mit Stanley's Ankunft daselbst, und die Vermuthung liegt nahe, dass Stanley sich bei seiner Anwesenheit in Brüssel als Gast des Königs der Belgier hat bestimmen lassen, in die Dienste der internationalen afrikanischen Gesellschaft zu treten und von Westen aus der belgischen Expedition unter Cambier entgegen zu gehen.

Reverend Comber von der Baptisten-Mission in London hat im Februar d. J. ebenfalls England verlassen, um mit einem kleinen zerlegbaren Dampfer den Kongo bis zu den Jellala-Fällen hinauf zu fahren, von da zu Lande nach Tungwa, dem grossen Mittelpunkt des Elfenbeinhandels und Hauptstadt des Makuta-Reiches, welches er schon 1878 besucht und 1873 zuerst von Grandy erreicht wurde, zu gehen und wiederum oberhalb des Stanley-Pool den Kongo zu verfolgen.

Nördlich vom Kongo berühren wir flüchtig das Arbeitsfeld der Güssfeld'schen deutschen-afrikanischen Expedition, um anzudeuten, dass das Reisewerk der Herren Güssfeld, Falkenstein und Pechuel-Lösche durch das demnächstige Erscheinen des dritten Bandes seinen Abschluss erreichen wird.

Am Gabun und Ogohue haben wir seit den Lenz'schen, Compiégne'schen, Marthe'schen und de Brazza'schen Reisen (1878) keine wichtigen geographischen Neuigkeiten zu verzeichnen. Als Hauptsitz der Woermann'schen Handelsfaktoreien interessirt uns dies Gebiet aber ganz besonders und deshalb habe ich geglaubt, Ihnen durch Eintragung der de Brazza'schen Resultate auf die Stanley'sche Karte ein klares Bild des Quellgebiets des Ogohoue liefern zu sollen. Durch de Brazza's Entdeckung der Quellen des Ogohue und des in den Kongo mündenden Alima ist die Frage der Bedeutung des Ogohue für die Erschliessung centralafrikanischer Gebiete endgültig und zwar im negativen Sinne entschieden worden. Ueber die Bestrebungen des Hauses Woermann durch Plantagenbau in West-Aequatorial-Afrika die Produktionsfähigkeit des Landes zu heben, sind Sie an dieser Stelle von Herrn Woermann selbst unterrichtet worden; es bleibt mir nur übrig, hinzuzufügen, dass Herr Hermann Soyaux im Dienste des Hauses Woermann zur Zeit in Szibange am Munda, etwas nördlich vom Gabun, im Begriffe ist, ausgedehnte Kaffee-Plantagen anzulegen.

Savorgnan de Brazza ist von der französischen Abtheilung der internationalen afrikanischen Association mit der Errichtung einer wissenschaftlichen und gastlichen Station innerhalb seines Forschungsgebietes am oberen Ogohoue beauftragt worden, und wird sich zusammen mit seinem früheren Reisegefährten Dr. Ballay dieser ehrenvollen und wichtigen Aufgabe demnächst unterziehen.

Zwischen Gabun und dem Niger ist mir nichts von wesentlichen wissenschaftlichen Bestrebungen der Neuzeit bekannt geworden; doch darf hier nicht unerwähnt bleiben, dass die Tagebücher unseres Landsmannes Dr. Reinhold Buchholz, welcher sich während der Jahre 1872—75 am Golf von Guinea, vorwiegend in Cameruns, am Gabun und Ogohoue, auf St. Thomé und Jsola do Principe und Fernando-Po aufgehalten, nach seinem 1876 erfolgten Tode, von Carl Heinersdorff kürzlich in einem werthvollen Bande der Oeffentlichkeit übergeben worden sind.

Eine werthvolle Nachrichten versprechende Reise auf dem Binuë ist im Juli bis September 1879 durch die Herren Ashcroft und Flegel mit dem der Church-Missionary-Society gehörigen Dampfschiffe »Henry Venn« von Lokoja aus unternommen worden. Circa 800 englische Meilen weit aufwärts gelang es die Stadt Garawa unter 9° 28′ 45″ N. Br. und 13° 26′ O. L. v. Gr. zu erreichen und viele volkreiche Städte und reiche, gut angebaute Länderstrecken zu berühren. Herr Flegel, aus Riga gedürtig, stand vordem mehrere Jahre im Dienste eines Hamburgischen Handelshauses in Lagos.

Ueber die Reisen des Franzosen Semélé auf dem Niger und Binuë habe ich nichts Wissenswerthes in Erfahrung bringen können. Sein früherer Begleiter Adolphe Burdo hingegen scheint nicht unbedeutende Forschungen im Deltagebiet des Niger und an dem unteren Lauf des Binuë gemacht zu haben.

Die französische Presse hat in diesen Tagen die Auffindung der schon 1822 durch Major Laing nach Erkundigungen nahezu richtig gelegten und 1869 durch Windwood Reade bestätigten Quellflüsse des Niger, durch die beiden Franzosen Zweifel und Moustier, Beamte des Marseiller Handelshauses Vermineck, gemeldet. Zwei an die geographische Gesellschaft in Marseille gerichtete Briefe genannter Herren, datirt vom 12. September und 3. Oktober aus dem Koranko Lande, besagen, dass der Niger aus 3 Quellarmen, dem Tamincono, Falico und Timbi, gebildet werde, dass man dieselben gekreuzt und die Quellen besucht habe.

Indem ich kurz über die durch den Ingenieur M. W. Mercer geplanten Eisenbahnen an der Goldküste, über die von Bathurst am Gambia projektirte englische Expedition über Segu nach Timbuktu, und über die kürzlich in St. Louis am Senegal eingetroffene Expedition des Ingenieur Carré, zur Untersuchung des Terrains zwischen dem Senegal und Niger, hinweggehe, schliesse ich meine Wanderung mit dem Hinweis auf Paul Soleillet's Bestrebungen der Herstellung einer Wasserstrasse zwischen dem Senegal und dem Niger und eines Schienenweges zur Verbindung des Senegals mit Algerien im Anschluss an die geplante transsaharische Eisenbahn. Nachdem Soleillet Ende 1878 und Anfang 1879 seine Reise von Dakar nach Segu glücklich vollendet, steht er im Begriffe abermals zu weiteren Voruntersuchungen nach dem Niger aufzubrechen. In der August-Sitzung der Pariser geographischen Gesellschaft erklärte Soleillet, dass der Bau einer Eisenbahn von Dakar nach St. Louis sofort beginnen könne, dass die Vorstudien für die Schiffbarmachung (zu jeder Jahreszeit) des Senegal auf der Strecke St. Louis—Bafoulabé beendet, und dass er zu den Vorarbeiten für einen Kanal zur Verbindung des Senegals mit dem Niger zwischen Bafoulabé und Bamaku schreite, dessen Herstellungskosten auf 25,000,000 Frcs. berechnet seien.

Neuere indirekte Nachrichten lassen Soleillet beabsichtigen von St. Louis über Tischit, Walata und Arauan, Timbuktu zu erstreben und unter vorläufiger Hintenansetzung der oben erwähnten Pläne von da gen Norden auf die Oase Tidikelt zu steuern.

Das Gebiet der Elephanten und der Elfenbein-Reichthum Indiens und Afrikas.

Vortrag, gehalten in der Geographischen Gesellschaft zu Hamburg am 8. Januar 1880,

von

W. Westendarp.

Wenn ich es übernommen habe, in dieser Versammlung einige Mittheilungen über das Vorkommen der Elephanten in Indien und Afrika und über die Verbreitung des Elfenbeins im Welthandel zu machen, so geschah es in der Hoffnung, einige weniger bekannte Beobachtungen und Erfahrungen hier zur Sprache bringen zu können, welche ich seit einer längeren Reihe von Jahren während meiner täglichen Beschäftigung im Elfenbeinhandel und auf meinen grösseren Reisen zum Zwecke desselben gesammelt habe. Ich glaube, dass meine Mittheilungen an dieser Stelle um deswillen einige Berechtigung haben werden, weil das Elfenbein mehr denn irgend ein anderer Handelsartikel zu einer beschleunigten Aufschliessung Central-Afrikas beigetragen hat.

Bevor ich Sie in das Gebiet der jetzt lebenden Elephanten führe, möchte ich mir gestatten, Einiges über die Vorahnen (um mit Darwin zu sprechen) des jetzt noch lebenden grössten Festland-Thieres, über das Mammuth (elephas primigenius), vorauszuschicken. Das Mammuth der Diluvialzeit, wenn gleich seit vielen Tausenden von Jahren lebend von der Erde verschwunden, findet sich, wie Ihnen bekannt, vielfach in vollkommen erhaltenen Skeletten, oder selbst in wohl konservirten ganzen Kadavern, meist im ewigen Eise Sibiriens begraben. Ausserdem haben die verschiedenen Nordpol-Expeditionen auf das Vorhandensein grosser Massen von Mammuth-Elfenbein (Zähne) im hohen Norden aufmerksam gemacht und es als einen, vielleicht den einzigen, lohnenden Handelsartikel jener fernen Länder bezeichnet. Unserem Geschäfte sind im Laufe der Jahre mehrfach recht bedeutende Parthieen solcher Mammuth-Zähne aus Sibirien angestellt worden, und veranlasste mich dies schon vor 15 Jahren, eine Reise nach einem kleinen Platze in der Nähe Nishnii's, nordöstlich von Moskau, wo zur Zeit besonders grosse Parthieen derselben aus Sibirien zusammengebracht sein sollten, zu unternehmen und die feil gebotene Waare zu inspiciren. Nach einer genauen Sortirung der Zähne ergab dieselbe circa 14 % gute, 17 % noch brauchbare, 54 % schlechte und 15 % ganz schlechte Zähne, somit nur ca. 30 % gutes und brauchbares, dagegen ca. 70 % fast werthlos zu nennendes Elfenbein, das jedenfalls nicht die bedeutenden Transportkosten aufbringen konnte. Da wir schon mehrfach Mammuth-Elfenbein vorher verarbeitet hatten, so war eine ziemlich genaue Valuation überhaupt möglich und berechnete sich der Durchschnittswerth dieser Parthie seiner Zeit auf ca. ℳ 3.60 pr. kg, ein Preis, der ähnlich dem Werthe der Wallrosszähne, schwerlich die Ausrüstung eines Mammuth-Fahrers allein hätte rechtfertigen können, zumal gute Elephantenzähne s. Zt. den 5—6 fachen Werth repräsentirten. Der Eigner dieser Mammuthzähne, ein alter reicher Russe, erzählte mir, dass dieselben grösstentheils vom Flussgebiet der Lena stammten, dass die besten davon aus ewigem Eis, viele aus dem Steingeröll nahe der Küste, die meisten aber haufenweise aufgegraben, oder aus Höhlen an's Tageslicht gefördert worden seien. Leider konnte ich nichts Genaueres über Beschaffenheit und Lage der Zähne innerhalb dieser Höhlenfunde erfahren, die sehr geeignet gewesen wären uns darüber Gewissheit zu verschaffen, ob Menschenhände beim Zusammenhäufen thätig waren oder nicht; der russische Eigner glaubte behaupten zu sollen, dass nur Zähne (keine sonstigen Knochenreste) und Hirschgeweihe zusammengelegen, und damit die Annahme berechtigt erscheine, dass dieselben von Menschen zusammen getragen worden seien. *)

Da der Nishnii-Kaufmann zu hohe Ideen vom Werthe seiner Mammuth-Zähne hatte, so konnten wir nicht Handels einig werden; er betonte mehrfach, dass mein höchstes Gebot kaum den von seinen Leuten auf dem langen Transporte konsumirten Branntwein decken würde und dass seiner Ansicht nach Elfenbein Elfenbein sei, welches erst dann besonders werthvoll werde, wenn es so selten wie alter Wein und Cigarren geworden sei.

---

*) Von sogenannten Elfenbein-Nestern in Afrika, die ihre Entstehung der Furcht vor Beraubung seitens des Feindes verdanken, habe ich mehrfach in Aegypten erzählen hören; auch Schweinfurth erwähnt, dass derartige vergrabene Parthieen Elephantenzähne oft erst nach vielen Jahren durch Zufall an's Tageslicht gefördert werden, weil die Eigenthümer seiner Zeit im Kampfe um ihr Eigenthum den Tod gefunden. Ich habe mehrfach Gelegenheit gehabt solche Elephantenzähne, welche meist über Aegypten auf den Markt gebracht wurden, zu valuiren und dabei konstatirt, dass sämmtliche zu einer derartigen Parthie gehörigen Zähne ganz gleichmässige Spuren der Verwitterung trugen und dass sie somit wahrscheinlich alle zu gleicher Zeit vergraben wurden. Hätten sie frei gelegen, so würden die kleinen Zähne mehr als die grossen, und sämmtliche Zähne auf der einen Seite mehr als auf der anderen durch Verwitterung gelitten haben.

Das äussere Ansehen dieser Mammuth-Zähne täuscht häufig sehr, da die harte Aussenrinde respektive Glasur gewöhnlich viel rissfreier ist, als das Innere, und der thierische Leim des inneren Zahns durch das hohe Alter so sehr ausgetrocknet wird, dass, dem runden dütenähnlichen Wuchs entsprechend, Rundrisse entstehen, die von Aussen nicht erkennbar, aber für die Verwendung viel ungünstiger sind, als die grösseren äusseren längs des Zahnes laufenden sogenannten Spaltrisse.

Bis auf den heutigen Tag sind unserem Geschäfte noch mehrfach Parthieen von Mammuth-Zähnen zum Kauf angestellt, und wenn es irgend möglich war, auch genau besichtigt worden. In den für alle Geschäfte so besonders günstigen Jahren 1872 und 73 wurde sogar von unternehmenden Russen, die ganz besonders grosse Parthieen solcher Zähne nach England in die Ivory-Dock-Häuser geliefert und auch den regelmässig vier Mal jährlich stattfindenden Elfenbein-Auktionen einverleibt hatten, in Mammuth spekulirt. Bei dieser Veranlassung bot sich mir die seltene Gelegenheit, eine in der That grossartige Sammlung vorsündfluthlichen Elfenbeins in höchst bequemer Weise genau zu besichtigen. Die 1872 zur Auktion gebrachten Parthieen, welche nebenbei bemerkt einen ähnlich grossen Raum einnahmen wie das Innere unserer Börse, wurden, da alle Artikel der Zeit hoch im Preise standen und Elfenbein nicht reichlich am Markt war, meist recht hoch an Neulinge, die dies Material nicht kannten und sich durch das äussere Ansehen täuschen liessen, verkauft. Später wollte sich jedoch kein Käufer, besonders für die geringe Waare, mehr finden, auf welcher allein mehr Dock-Unkosten in London lasteten, als sie einbringen konnte. Diese Mammuth-Parthieen umfassten allein im Jahre 1872 nach Londoner Berichten 1630 Zähne = ca. 21,050 kg und noch im Jahre 1873 1140 Zähne = ca. 17,750 kg. Es waren meist grosse Zähne von 60—75 kg Gewicht; nur zwei Zähne habe ich darunter gesehen, die über 100 kg pr. Stück wogen, weshalb ich annehmen möchte, dass obgleich das Mammuth von Körperbau fast um ein Drittel grösser als unser jetziger Elephant, seine Zähne doch nicht ausser Verhältniss gewesen sind, wenngleich anzunehmen sein dürfte, dass sie sich ungestörter haben entwickeln können, als dies denjenigen unserer so sehr nach dem Leben getrachteten afrikanischen Elephanten vergönnt ist.

Die jetzt lebenden Elephanten sind auf Afrika und Asien beschränkt. Der asiatische Elephant (elephas indicus) ist ohne Zweifel in sehr alter Zeit eben so zahlreich gewesen, wie der afrikanische Elephant (elephas africanus); wilde Elephanten indessen, wie Afrika sie noch zu vielen Hunderttausenden birgt, sind in Asien wohl kaum zum hundertsten Theil mehr vorhanden. Als jetziges Gebiet des indischen Elephanten lässt sich hauptsächlich bezeichnen: der Nordwesten Vorder-Indiens, Bengalen, Assam, Birma, Siam, das südliche Annam, die Halbinsel Malaka und die Insel Sumatra. Der Elephant Indiens ist meist zu einem zahmen Haus- und Luxusthiere geworden und unterscheidet sich hierdurch besonders von seinen Verwandten in Afrika, deren Körperbau nur in wenigen Theilen von ihm abweicht. Die Zähne des indischen Elephanten, obgleich sie auch je nach den Fundorten (Bengalen, Siam, Ceylon) unter sich variiren, sind im Allgemeinen gewundener als die des afrikanischen Elephanten und ähneln mehr denjenigen des Mammuths. In Bengalen, im südlichen Indien und auf der Insel Ceylon waren die Elephanten nach zuverlässigen Berichten früher so zahlreich, dass sie, um die Pflanzungen der Eingeborenen vor ihnen zu schützen, zu Hunderten vergiftet wurden. Heute finden sich im südlichen Indien fast gar keine Elephanten mehr, und auf Ceylon kommt unter hundert kaum noch ein »Tusker«, d. h. ein wirklich alt gewordener, männlicher Elephant, der seiner werthvollen Zähne halber und nicht eines frühen unnatürlichen Todes gestorben, vor. Die jährliche Ausbeute Indiens an Elfenbein ist daher jetzt eine sehr geringe geworden und belief sich in den Jahren 1875—77 auf nur 4—7000 kg per Jahr, die zumeist von den vier Küstenplätzen Hinterindiens Rangun, Chittagong, Akyab und Maulmain, sehr wenig nur noch von Madras und Ceylon, nach Calcutta gebracht und von dort grösstentheils wieder nach Bombay und China verschifft wurden. Nichtsdestoweniger ist der Elfenbein-Konsum Indiens nach wie vor ein sehr beträchtlicher; derselbe rekrutirt sich hauptsächlich von der Ostküste Afrikas, wo der regelmässige Handel fast ausschliesslich in den Händen solcher Indier, Banias und Batians*) ruht, welche daheim ebenfalls in Elfenbein Geschäfte machen. Nur mit vereinten Kräften ist es heute noch möglich, den Bedarf Indiens an elfenbeinernen Schmuckgegenständen zu decken; denn wenn auch in Europa bereits im Alterthum Elfenbein zur Herstellung grosser Kunstwerke benutzt wurde und im Mittelalter Künstler ersten Ranges Elfenbein zur Anfertigung von Heiligenbildern und Kirchenschmucksachen jeglicher Art gebrauchten, so hat doch von je her kein Land der Welt mehr Elfenbein verarbeitet, als Indien, wovon die Paläste des alten Delhi Zeugniss abgelegt haben. Der Elephant war und ist dort noch heute bei einem

*) Indische Kaufmanns-Kasten der Hindus.

grossen Theil der Bevölkerung, weil mit der Vor-Existenz Buddhas verknüpft, ein Gegenstand der Verehrung, und wenn es irgendwie die Mittel der Banias und Batians erlauben, so machen sie Geschenke aus Elfenbein. Ganz besonders zeigt sich diese Vorliebe für Elfenbein bei Hochzeitsgeschenken, indem der Braut Armringe aus Elfenbein verehrt werden. Je reicher der Bräutigam respektive dessen Eltern, um so breiter werden die Ringe gewählt und eventuell um so dicker noch mit Gold belegt.

Auf einer grösseren Reise, die ich im Nordwesten Indiens ausgeführt um genaue Anhaltspunkte über den dortigen Elfenbeinkonsum zu gewinnen, hatte ich Gelegenheit, einige Hochzeitsfeierlichkeiten mitzumachen. Durch meinen Parsi-Dolmetscher als Ehrengast bei einer solchen eingeführt, wurde ich beim Empfang mit Rosenwasser derartig besprengt, dass es mehr einer Douche glich; darauf erhielt ich als Europäer einen besonderen Platz im Hauptraum, der wie eine Ausstellungsbude mit verschieden farbigem Zeug, Glas, Papier, und Hunderten von Lampen, nach Ansicht der Hindus feenhaft ausgeschmückt war. Die Unterhaltung konnte nur durch Zunicken geführt werden, wenn nicht eine der bekannten indischen Tänzerinnen und drei schlechte Musikanten, welche nur eine Art Takt spielten, meine Aufmerksamkeit in Anspruch nahmen. Damen liessen sich selbstverständlich wie überall bei den höheren Kasten üblich nicht sehen, mit Ausnahme der Hauptperson an diesem Abend, der siebenjährigen Braut, die, nachdem wir mit einer Unzahl von Süssigkeiten traktirt waren, auch herumgereicht wurde, um ihren kostbaren Anzug zu zeigen. Der Bräutigam, ein ca. elfjähriger Knabe, im hemdartigen weissen Kittel, blieb vollständig Nebenperson.

Leider gestattet meine heutige Aufgabe nicht etwas näher auf meine interessanten indischen Reisen und auf die von mir besuchten Theile dieses Wunderlandes der menschlichen Kulturgeschichte einzugehen; ich muss mich daher auf einige Mittheilungen beschränken, die mit meinen an Ort und Stelle gesammelten geschäftlichen Erfahrungen zusammenhängen. Diese gipfeln nun darin, dass es recht schwer hält von Hindus irgend welche geschäftliche Auskunft zu erhalten und besonders dann, wenn sich eine beabsichtigte Konkurrenz auch nur ahnen lässt. Die Indier, besonders diejenigen der nördlichen Provinzen, sind so schlaue, überlegt ruhige, spekulative, auch zusammenhaltende und handelnde Geschäftsleute, wie kaum irgend ein anderes Volk auf der weiten Welt. Es erfordert mehr als die gewöhnliche europäische Geduld und Dreistigkeit, um, bildlich gesprochen, in ihrer chinesischen Geschäftsmauer Bresche zu schiessen.

Man darf sich daher nicht wundern, dass sich hier so wenig Verkehr, besonders direkt mit Deutschland, entwickeln konnte, obgleich das reiche Land so vielfache Gelegenheit bietet, und der Deutsche sich sonst doch fast überall unter englischem Schutze recht wohl befindet.

Es war mir sehr viel daran gelegen zuverlässige Auskunft über Form und Maass der vorerwähnten Arm-Ringe zu erhalten; meine hierauf abzielenden Anfragen bei europäischen Kaufleuten in Bombay blieben resultatlos; die von mir befragten Parsi-Makler wussten etwas mehr, sagten aber nur wenig, und die Drechsler der Hauptplätze im Innern — die freilich ihr Handwerk nur sehr primitiv betreiben, nicht einmal mit einer Drehbank, sondern noch ähnlich wie ich es bei chinesischen Arbeitern in Westindien und halbcivilisirten Indianern im Westen Nord-Amerikas gesehen, arbeiten, nämlich mit einer Spindel die durch einen Bogen hin und her gedreht wird, wobei man den Drehstahl mit den Füssen hält — versicherten übereinstimmend, dass fertige Ringe für Europäer nicht zu sehen seien, da sie nur auf Bestellung angefertigt und dann immer sogleich vom Besteller, der bis zu ihrer Fertigstellung warte, mitgenommen würden. Um zum Ziele zu gelangen blieb mir daher nichts weiter übrig als eine günstige Gelegenheit aufzusuchen, um direkt an den Armen einer Bania-Frau die gewünschten Informationen zu erhalten. Da mir nun bekannt war, dass diese Frauen nur früh Morgens ausgehen um am Brunnen den täglichen Bedarf an Trinkwasser in hübschen kupfernen Gefässen persönlich einzuholen, so benutzte ich diese einzige Gelegenheit und erschien eines Tages, nachdem ich mich zuvor hinter einer kleinen Baumgruppe in der Nähe eines solchen Brunnens versteckt, plötzlich mitten unter ihnen. Der hierdurch veranlasste Schrecken war gross und hatte zur Folge, dass die Frauen sich sämmtlich auf die Erde warfen und mit ihren Tüchern bedeckten. Hier fand sich Gelegenheit unter möglichster Schonung einige Arme hervorzuziehen und den Zollstock zu gebrauchen; doch hielt ich es für gerathen nach diesem Auftritt sofort weiter zu reisen, zumal ich schon durch Schiessen einiger Pfaue, die wir zur Nahrung bedurften, Missfallen erregt hatte.

Ausser Armringen werden ähnliche Ringe (hauptsächlich im nördlichen Gudscharat) auch als Beinschmuck getragen. Da zu diesen verschiedenen Ringen viel Rohmaterial gehört, und nur gewisse Theile nicht zu grosser und nicht zu kleiner Zähne vortheilhaft dazu verwandt werden können, die Elephanten Indiens aber schon lange nicht mehr zahlreich genug sind, um den Bedarf zu decken, so haben sich unternehmende Bania-Händler, welche ehemals in Indien Handels-Karawanen von mehr als 500 Elephanten gehalten, nach der Ostküste Afrikas gewandt und dort seit langer Zeit fast alles zur Küste kommende Elfenbein nach Indien geschafft. Begünstigt von dem regelmässigen Nordost- und Südwest-Monsun kann dies verhältnissmässig leicht in kleineren, fast offenen Booten geschehen, die ohne das Segel umzulegen zur gewissen Jahreszeit mit grösster Sicherheit und Regelmässigkeit die Tour hin und einige Monate später wieder zurück machten. Wenn noch heute selbst in England von guten Elfenbeinkennern behauptet wird, dass alle diejenigen, meist grossen, von Bombay kommenden Elephantenzähne, welche Zeichen mit indischer Schrift tragen, auch wirklich indischen Ursprungs sind, so muss ich dem auf's Entschiedenste widersprechen. Durch genaue Vergleichung von Wuchs und Qualität mehrerer Parthieen Mozambique-Zähne, welche z. B. in den Jahren der Bombay-Krisis direkt nach Portugal, nicht nach Indien gingen, und von mir in Lissabon seiner Zeit besichtigt wurden, habe ich mir die Ueberzeugung gebildet, dass der grösste Theil der von Bombay in England gelandeten Zähne von der Mozambique-Küste stammen. Auch von der Zanzibar-Küste gehen sogenannte geschmuggelte Zähne, welche nicht den Zanzibar-Zollstempel tragen, nach Indien hinüber und zwar meist nach Mandavee (22° 49′ Nr. B., 69° 20′ O. L. von Gr.) und der portugiesischen Insel Diu (20° 43′ N. Br. u. 71° O. L. v. Gr.).

Nach meiner recht mühsamen in Indien angestellten Berechnung — mühsam, weil dort genaue Importlisten nicht vorhanden — beträgt der jährliche Elfenbein-Konsum zwischen 90—110,000 kg pr. Jahr, wozu aber in früheren Jahren wenigstens das zwei- bis dreifache Quantum angebracht werden musste, um eine entsprechende Quantität passenden Ringmaterials zu erhalten. — Einzelne indische Fürsten haben, wie bekannt, in alter Zeit aus Verehrung und Prachtliebe grossen Luxus mit Elfenbein getrieben; so waren z. B. im alten Delhi zur Glanzperiode mehrere Paläste ganz mit massiven Elfenbein-Möbeln eingerichtet, deren Bruchstücke unter englischer Regierung wieder aufgefunden, heute von dem fabelhaften Reichthum jener Zeit Zeugniss ablegen. Im Kensington-Museum in London finden wir ähnliche wohl erhaltene Möbel, allerdings viel neueren Datums, aufbewahrt. — Der sonstige Verbrauch an Elfenbein in Asien ist verhältnissmässig sehr gering, da keiner der drei europäischen Hauptartikel, Kämme, Messerhefte und Billardbälle, dort fabricirt noch in nennenswerther Weise gebraucht werden.

China importirte in den Jahren 1874—77 durchschnittlich circa 27,000 kg, die zum grossen Theil wieder als geschnitzte Elfenbein-Waare im Werthe von 2—300,000 ℳ pr. Jahr exportirt wurden.

China selbst konsumirt nur wenig, meist nur für Essstäbe und sonstige kleine Gegenstände.

Wenn wir jetzt den so zu sagen klassischen Boden der Elephanten verlassen und auf das grosse Feld der wilden Elephanten, auf Afrika, übergehen, so finden wir hier fast das ganze centrale Gebiet, soweit es wasserreich und fruchtbar, von der südlichen Grenze der Sahara bis zum Kaplande, von diesen Thieren belebt, und zwar in so grosser Anzahl, dass vorläufig noch keine Besorgniss der gänzlichen Ausrottung nöthig ist. Allerdings lässt sich mit einiger Sicherheit vorhersagen, dass in nicht allzu ferner Zeit auch hier die jährliche Elfenbein-Ausbeute, welche im grossen Ganzen bis jetzt noch immer gestiegen, bedeutend abnehmen wird, und kann dies bereits bei einigen Ländern, z. B. Aegypten, durch Zahlen nachgewiesen werden. Aegypten, das schon in alter Zeit Europa vermittelst seiner natürlichen Verkehrsader, dem Nil, mit Elfenbein versorgte, lieferte dem europäischen Markte während der 10 Jahre 1857—1866 durchschnittlich pr. Jahr 148,000 kg Elfenbein, dagegen in den Jahren 1867—1876 nur noch 133,000 kg. Alle Reisebeschreibungen, besonders die so vorzügliche Schweinfurth's, geben genügenden Aufschluss hierüber. Jetzt, wo Elfenbein in diesem Lande Regierungsmonopol geworden und in einer Weise verhandelt wird, welche dem von dieser Stelle aus schon mehrfach besprochenen an der Westküste herrschenden Trust-System für diesen Artikel en gros gleichkommt, kann es nur um so schneller damit bergab gehen. Die ägyptische Regierung, augenblicklich Gordon Pascha, offerirt zur Zeit 300 Cantar, circa 13,000 kg Zähne, die in Chartum ankommen sollen, mit der Bedingung sofortiger kontanter und Drei-Viertel Voraus-Bezahlung! Wann und wie dies Quantum geliefert wird, bleibt sehr fraglich, und die Sicherheit des Käufers besteht fast einzig und allein in einem papiernen Verkaufs-Kontrakt der ägyptischen Regierung und in den dortigen Rechts-Verhältnissen. — Afrika hat in den 20 Jahren von 1857—1876 durchschnittlich ca. 614,000 kg pr. Jahr an Elfenbein nach Europa geliefert; davon ergaben die ersten 10 Jahre 1857—66 einen Durchschnitt von 588,000 kg, die letzten 1867 - 76 einen Durchschnitt von 640,000 kg. Hierin nicht einbegriffen ist das oben schon besprochene bedeutende Quantum, welches Indien empfängt, und durchschnittlich ca. 60,000 kg, welche direkt nach Amerika exportirt werden. Der Total-Export ergiebt somit im Durchschnitt ein Quantum von ca. 774,000 kg per Jahr im Werthe von 12—15,000,000 Mark.

Der Total-Export zeigt wie bereits erwähnt bisher keine Abnahme, sondern selbst in den letzten Jahren noch eine mässige Zunahme;

dagegen liefert die am längsten ausgebeutete Ostküste für sich allein betrachtet, nicht mehr das volle Quantum früherer Jahre, wohingegen sich die erst in jüngster Zeit besser aufgeschlossene Westküste in der gleichen Zeit im Quantum gerade verdoppelt hat und dies noch zu wachsen scheint. Dieselbe lieferte allein nach England 1857—66 ca. 84,000 kg, 1867—76 ca. 167,000 kg durchschnittlich per Jahr. Nach einer ähnlichen Berechnung wie sie uns Herr Woermann im Mai v. J. in seinem Vortrag über Kulturbestrebungen in West-Afrika gegeben, beträgt die Zahl der jährlich erlegten Elephanten nach meiner Schätzung ca. 51,000, wahrscheinlich aber mehr, denn wenn auch jeder grossen Parthie Zähne eine Anzahl alt gefundener mit angehören, so wird dafür in Gegenrechnung gestellt werden müssen, dass ein nicht unbedeutender Theil Elfenbein schon im Innern Afrikas selbst zu allerlei Geräthen (Kornstampfer, Griffe, Signalhörner) und Schmuckgegenständen (Ringe ähnlich wie in Indien) verbraucht wird.

Ich würde die mir gewährte Spanne Zeit überschreiten, wollte ich Ihnen eine genaue Statistik des Elfenbein-Exportes aller afrikanischen Küstenplätze geben und daran anknüpfend auf die Verschiedenheit der Zähne der einzelnen Exporthäfen aufmerksam machen, gestatten Sie mir aber Ihnen anstatt dessen einige Beobachtungen von allgemeinerem Interesse mitzutheilen.

Es ist möglich nach der äusseren und inneren Beschaffenheit der Elephantenzähne Schlüsse auf Nahrung, Bodenbeschaffenheit und Klima zu ziehen, ohne das Land in welchem der Zahn gewachsen, selbst je gesehen zu haben.

Die Elephantenzähne Afrikas sind leicht zu unterscheiden als solche, welche von der Ostküste und als solche, welche von der Westküste kommen. Wenngleich es einige Mittelsorten giebt, so gilt doch als Regel, dass alle Zähne der Westküste schlanker gewachsen und immer von harter, d. h. transparenter Qualität sind, während diejenigen der Ostküste mehr gewunden, von weicher, weisser, undurchsichtiger Qualität ausfallen.

Ein guter Elfenbeinkenner kann nach Besichtigung wohl erhaltener Zähne den Breiten- und Längengrad nördlich oder südlich vom Aequator, der West- oder Ostküste, annähernd bestimmen, unter welchem die betreffenden Elephanten gelebt, respektive deren Zähne zur Küste gekommen sind.

Es gilt als Regel, dass die grössten und schwersten Zähne, i. e. solche, welche ein Gewicht von 50 kg erreichen, wie dies besonders häufig an der Ostküste vorkommt, nördlich vom Aequator gefunden werden, während besonders südwestlich vom Aequator schon ein Zahn von 30 kg für schwer gilt.

Es sollen Zähne von 150 kg Gewicht vorkommen; *) unter den von mir im Laufe der letzten 16 Jahre besichtigten circa eine Million umfassenden Zähne indessen, habe ich keinen gefunden, der über 100 kg wog. Unser Geschäft importirte im Jahre 1873 den schwersten Zahn; derselbe, ein Prachtexemplar, wog 94 kg und wurde von Sr. Maj. dem König von Bayern angekauft, um als Hauptstück eines Kronleuchters verwandt zu werden. Letzterer, wie aus der vorliegenden Photographie ersichtlich, ein Kunstwerk ersten Ranges, das alle ähnlichen selbst der altindischen Zeit übertreffen dürfte, ist vor Kurzem vollendet worden und soll 100,000 Mark gekostet haben.

Ebenso wie über die Grösse der Elephanten, so finden wir auch über die Grösse der Elephanten-Zähne, selbst in Fachschriften, meist falsche Angaben; so wird beispielsweise bei einer Besprechung der Elfenbein-Antiquitäten des britischen Museums gesagt, dass Elephantenzähne in alter Zeit viel grösser gewesen sein müssten, da Platten von 16 inches Länge bei $5^1/_2$ inches Breite, die zur Ausführung einzelner Arbeiten damals gedient, heute nicht mehr vorkämen. Diese Behauptung ist unrichtig, denn derartige Platten sind durchaus nichts Ungewöhnliches und werden alljährlich von uns geliefert. Der eben besprochene 94 kg wiegende Zahn hätte Platten von 8 inches Breite und 30 inches Länge liefern können. — Nach den von mir angestellten zahlreichen Elfenbein-Qualitäts-Vergleichungen, glaube ich zu dem Schluss berechtigt zu sein, dass das Gebiet zwischen Niger und Dar For und von da in südlicher Richtung östlich der Wasserscheide des Nils und Kongos, bis zu den Quellen des Zambesi hinab, im Allgemeinen ein durchschnittlich höher gelegenes, älteres, steinigeres, nicht so dicht bewaldetes Terrain bildet, als das Gebiet westlich davon bis zur Küste; denn es zeigen sämmtliche Zähne, welche von der Ostküste kommen, eine anscheinend ausgetrocknetere, weniger üppige innere Qualität, als diejenigen, welche von der Westküste, beispielsweise von Gabun, exportirt werden, denen die sogenannte transparente, durchschimmernde Qualität nachgerühmt werden muss. Meldet uns ja doch auch Stanley aus dem Kongo Gebiet, dass die Elephanten in einer so dichten und üppigen Bewaldung leben, dass fast kein Sonnenstrahl das Laubdach

*) Offiziere der Niger-Expedition 1837 berichten, dass ihnen von einem Negerkönig zwei Zähne von $2^1/_2$ Fuss Umfang an der Höhlung bei 8 Fuss Länge gezeigt worden seien, von welchen jeder über 150 kg gewogen, und Broderip erzählt in seinen Zoological Recreations, London 1873, Seite 255, dass ein Zahn von 150 kg in Amsterdam verkauft worden sei.

durchdringen kann! Dass die Existenz des Elephanten an wasserreiche Gegenden gebunden ist, setze ich als bekannt voraus, im Uebrigen kommt der Elephant aber ebenso zahlreich in hoch gelegenem Terrain vor wie in Niederungen.

Auffallend war es mir, dass in letzter Zeit, zuerst vor etwa neun Jahren, einzelne Parthieen Elfenbein vom Niger aus nach London an den Markt gebracht wurden, welche unverkennbare Aehnlichkeit hatten mit den über Aegypten exportirten altbekannten Tripolis- und Dar For-Zähnen; ein Unterschied bestand nur darin, dass erstere von vollständig gesunder Beschaffenheit und deshalb um circa 30 Procent werthvoller waren, als letztere, welche, wie alle aus Tripolis und Aegypten kommenden Zähne, vollständig gerissen waren. Ich erkläre mir die Sache so, dass die Händler der Westküste nunmehr mit denen der Ostküste zusammengestossen sind und ihr Elfenbein auf fast demselben Gebiet wie diese sammeln, der Transport desselben bis zum Hafenplatz an der Westküste dagegen weit rascher und besser zu bewerkstelligen ist, als dies über Tripolis und Aegypten geschehen kann, die Zähne demgemäss viel gesünder nach der Westküste gelangen müssen, als wenn sie nach langem Wüstentransport total ausgetrocknet die Nordküste Afrikas erreichen.*)

Ausser diesem Beispiel ist mir nördlich von 12° S. Br. kein Fall vorgekommen, dass zwischen den an der Westküste und den an der Ostküste Afrikas angebrachten Zähnen auch nur eine Aehnlichkeit hätte konstatirt werden können. Hieraus schliesse ich dass zwischen den beiden Küsten-Handelsgebieten noch ein recht grosses bisher gänzlich vom Handel unberührt gebliebenes centrales Gebiet liegen muss. Südlich von 12° S. Br. zeigt sich Aehnliches wie im Norden am Niger, nämlich dass von Quilimane an der Ostküste gleiche Zähne wie von Benguela an der Westküste verschifft werden.

Es ist ferner konstatirt, dass das von den holländischen Faktoreien am Kongo eingehandelte Elfenbein wesentlich besser erhalten ist, als dasjenige, welches über Aegypten oder von der Ostküste zu uns gelangt. Ersteres ist fast frei von Schäden und zumal von alten, der Qualität grossen Abbruch thuenden, wieder verwachsenenen Schuss-Wunden, während ägyptisches Elfenbein vielfach Brandschäden, dasjenige der Ostküste oft starke innerliche Beschädigungen zeigt, nicht

*) Ein Liverpooler Kapitän, der viele Reisen den Niger hinauf gemacht hatte, erzählte mir kürzlich, dass es sich nicht mehr lohne, Dampfer regelmässig den Fluss hinauf zu schicken, da man jetzt schon viele Hundert Meilen vordringen müsse, um genügende Tauschwaare zu finden, dass seine Kompagnie in Folge dessen den Handel aufzugeben gezwungen sei.

selten sogar auf hohes Alter hinweisende eiserne Kugeln mitten im Zahn eingewachsen gefunden werden. *)

Die von der Westküste kommenden Parthieen Elfenbein zeigen im Uebrigen eine solche fast regelmässig zu nennende Zusammensetzung aller Zahngrössen, im frischen, leicht und stark verwitterten Zustande, dass daraus auf das jungfräulich zu nennende Sammelgebiet geschlossen werden kann; denn sobald Händler mehrfach gleiche Gegenden durchstreift, fangen die stärker verwitterten, also alt gefundenen Zähne, die jedenfalls Hunderte von Jahren der Verwitterung widerstehen können, an, zu fehlen und es treten meist kleinere, frische durch Schusswaffen beschädigte, in der Sortirung ungleicher ausfallende Zähne an deren Stelle. Letzteres trifft hauptsächlich bei dem Elfenbein der Kap-Kolonie zu, wo der Vernichtungskrieg gegen die Elephanten in Form des »Sport« am stärksten betrieben wird.

Aller Wahrscheinlichkeit nach wird das Elfenbein Afrikas insbesondere dasjenige der Westküste, noch für längere Zeit vorhalten, und wenn es auch später nicht in gleichem Maasse wie bisher die Kosten seiner Beschaffung wird decken können, so lässt sich dann wahrscheinlich doch eine seiner grösseren Seltenheit entsprechende Werthsteigerung erwarten, und werden leichtere Transportwege ermöglichen, es im besseren Zustande zur Stelle zu schaffen. Ich möchte jedoch davor warnen, grössere Handels-Unternehmungen in Central-Afrika hauptsächlich auf dem eventuell zu gewinnenden Elfenbein zu basiren, ja selbst es auch nur für längere Zeit in einer Rentabilitätsberechnung derselben aufzunehmen, denn mir scheint dieser Artikel durchaus nicht geeignet, die hierzu nöthige Sicherheit zu gewähren.

Elephantenreiche Terrains, die nie zuvor abgejagt wurden, werden einige Male guten Ertrag liefern; dieser wird aber in Folge der langsamen Vermehrung der Elephanten **) sehr bald aufhören grosse Reiseunkosten bezahlt zu machen.

---

*) Den Grund der Absonderung einzelner wilder Elephanten von ihren sonst nur in Heerden lebenden gutmüthigen Kameraden, glaube ich in Zahnschmerzen erkennen zu sollen, welche die oft stark verkrüppelten Zähne derselben bereiten.

**) Die Elephanten werfen nur ein Junges, tragen 21 Monate und brauchen circa 30 Jahre zur vollen Entwickelung; sie haben dann nur Jünglingszähne, erreichen freilich ein hohes Alter von circa 150 Jahren — (indische sollen sogar über 200 Jahre alt geworden sein) — wechseln jedoch, nachdem die circa einjährigen Milchzähne abgeworfen, ihre Zähne nicht mehr. Die weiblichen Elephanten haben gleichfalls Stosszähne, dieselben erreichen jedoch niemals eine ähnliche Grösse wie diejenigen der Männchen; das Gewicht derselben beträgt selten über 8 kg, meistens nur 5 kg.

Von grosser Wichtigkeit erscheinen mir aber die neuesten Bestrebungen, auch afrikanische Elephanten zu zähmen und als Lastthiere nutzbar zu machen, und ich sollte meinen, dass die schöne und grosse Aufgabe der Aufschliessung des reichen innerafrikanischen Gebietes nicht besser gefördert werden könnte, als wenn sich die verschiedenen Handelsfaktoreien, wissenschaftlichen und Missionsstationen in erster Linie die Aufgabe stellten, den afrikanischen Elephanten zu zähmen und zu züchten. Dass der Elephas africanus zu zähmen ist, haben schon die alten Römer bewiesen und können wir alle Tage in unserem zoologischen Garten wahrnehmen; man unterlasse aber derartige Versuche durch Neger zu machen, denn diese eignen sich nicht dazu in einer ruhigen, energischen und dennoch freundlichen Weise mit Thieren umzugehen, sondern man versuche es mit Europäern oder Hindus. Ebenso gut wie die uns von Afrika zugehenden Elephantenzähne unter sich Verschiedenheiten zeigen, ebenso gut, so sollte ich denken, wird auch das Temperament der Thiere ein verschiedenes sein und sich, wie dies ja auch in Indien der Fall, nach der Gegend richten, in welcher sie geboren resp. aufgewachsen sind. Sollten daher die ersten Zähmungsversuche fehlschlagen, so wolle man damit nicht den Stab über das ganze Geschlecht des Elephas africanus brechen. Welch' grosser Gewinn würde Afrika aus der Zähmung seiner Elephanten erwachsen! Ein arbeitsfähiger gezähmter Elephant ist reichlich zehn Mal so viel werth, wie durchschnittlich sein Elfenbein nebst Kadaver, wie viel mehr in einem Lande, wo es an Transportmitteln fehlt und das Pferd und der Ochse theilweise gar nicht zu verwenden sind! Ich glaube meinen Vortrag nicht besser schliessen zu können, als mit den Worten unseres Schweinfurth:

»Es wäre ein grosses Glück fur Afrika, falls ein Theil der »Philanthropen Europas, welche nutzlos eine Menge homöopathischer »Mittel für die Beglückung der Neger verschwenden, sich des kläg»lichen Looses erbarmten, welches dem Elephanten zu Theil ge»worden ist.«

»Diese Thiere können dem Menschen nutzbar gemacht werden,« »sagt Burton, »und scheinen mehr Urtheilskraft zu besitzen als viele »Eingeborene Afrikas und andere Zweifüssler, welche seine ungast»lichen Gestade betreten.«

Die Oroya-Eisenbahn in Peru.

Nach brieflichen, vom 10. November 1877 datirten Mittheilungen

Carl Eggert's.

(Hierzu Tafel I.)

Einer derjenigen Tage, welche mir nie aus dem Gedächtniss schwinden werden, ist der, an welchem ich neulich die Oroya-Eisenbahn befuhr. Eine Eisenbahn über die Cordilleren ist schon seit 30 Jahren der Traum Perus gewesen, aber die grossen dazu erforderlichen Kapitalien und die Unmöglichkeit eine solche Bahn rentabel zu machen, waren früher Schwierigkeiten, die unüberwindlich schienen. Einer der vielen Präsidenten, welcher während der letzten 10 Jahre an der Spitze der hiesigen Regierung gestanden, hat inzwischen dieses grosse Werk in die Hand genommen, ohne jede Berechnung und ohne Rücksicht auf die Folgen. Dem Kredit des Landes ist durch dieses unsinnige Unternehmen der letzte Gnadenstoss versetzt worden, aber die Bahn ist zum grössten Theil fertig und wirklich ein Wunderwerk. Der Ingenieur, welcher die Pläne gemacht und die Ausführung überwacht hat, ist ein Pole, Namens Malinowsky. Dieser war so freundlich sich zu erbieten, mir selbst die ganze Linie zu zeigen, und am letzten Sonntage fuhren wir des Morgens früh in einem Extrazuge (der nur aus der Maschine und einem amerikanischen Salonwagen bestand) von Lima ab. Das Flussbett des Rimac (eines Gebirgsstromes, der durch Lima fliesst) bot die einzige Möglickeit, von hier aus die Bahn zu machen, und dieser Fluss wird denn auch bis zu seinem Ursprung verfolgt. Die ersten 63 Kilometer fährt man in einem ziemlich breiten Thal zwischen Zuckerplantagen und bebauten Feldern und obgleich auch hier schon die Steigung beträchtlich ist, so bietet die Bahn bis dahin weder grosse Schönheiten noch grosse Schwierigkeiten dar. Bei San Bartolomeo kommt man aber in das Gebirge, das Gefälle des Flusses wird immer grösser, die Gegend wilder, die Felsenformationen grossartiger und zerklüfteter, und hätte ich es nicht selbst gesehen, so würde ich es für durchaus unmöglich gehalten haben, hier eine Eisenbahn hinaufzuführen. Um die gehörige Höhe zu gewinnen sind natürlich alle möglichen Mittel angewendet worden; bald geht die Bahn in einem Zickzack an der Seite des Berges in die Höhe, bald geht sie in scharfen Kurven um einen hervorspringenden Hügel herum, oder wo das Terrain es gestattet, zieht sie sich in einer langen Schleife hinauf. Wir passirten einige dreissig Tunnel und wenigstens eben so viele Brücken; die Zahl beider wird noch bedeutend vermehrt werden, ehe die Bahn beendet ist.

Die Grossartigkeit der dortigen Natur spottet jeder Beschreibung. Einen der überraschendsten Blicke hat man in dem sogenannten Infiernillo. Man denke sich zwei senkrechte Felswände, zwischen zwei- und dreitausend Fuss hoch, zwischen denen der Rimac in rauschenden Fällen hindurchbraust, dann zweihundert Fuss über dem Flussbett eine eiserne, nur im Skelett gebaute und anscheinend sehr zerbrechliche Brücke, welche zwei in die beiden Felsenmauern gehauene Tunnel verbindet, und man wird sich das Erstaunen, ja ich möchte sagen den Schrecken vorstellen können, der mich erfasste, als ich beim Austritt aus dem Tunnel mich plötzlich auf dieser Brücke befand. Der Zug hielt still, damit wir (es waren noch verschiedene Bekannte mitgekommen) uns von dem ersten Eindruck erholen und das Bild, welches wir vor uns hatten, in uns aufnehmen konnten. Man weiss in solchen Augenblicken wirklich nicht, was man am meisten bewundern soll, die Grossartigkeit der Naturschönheit oder die Kühnheit des menschlichen Gedankens und die menschlichen Kräfte, die erforderlich sind, um solche kolossale Hindernisse zu überwältigen. Für nervöse oder schwindlige Leute ist diese Bahn nicht gebaut. Ich gehöre zwar nicht zu dieser Kategorie, kann aber dennoch nicht leugnen, dass mich zuweilen ein unheimliches Gefühl beschlich, wenn der Zug am Rande eines Abgrundes hinrollte und sich auf den scharfen Kurven (gerade Linien bilden natürlich die seltenen und kurzen Ausnahmen) die Wagen nach aussen lehnten. Die Sorgfalt, mit der diese Bahn gebaut und im Stande erhalten wird, ist im höchsten Grade anerkennenswerth; die Schwellen sind dichter als gewöhnlich gelegt, die Schienen ausserdem mit eisernen Barren verbunden, und ich gestehe, dass ich nie auf einer Bahn gefahren bin, auf welcher die Bewegung eine ruhigere und gleichmässigere war.

In folgender Tabelle gebe ich eine Uebersicht der Steigungsverhältnisse der Oroya-Bahn:

Entfernung von der Mole in Callao in Kilometer.	STATION.	Höhe über dem Meere in Meter.
0.0	Callao, (Esplanada Darsena)	3.0
6.9	La Legua	50.0
12.4	Lima, (Monserrate)	136.0
13.2	do. (La Palma)	144.0
13.5	do. (Desamparados)	148.5
14.3	do. (Viterbo)	157.5
29.3	Santa Clara	400.0
53.8	Chosica	863.5

Entfernung von der Mole in Callao in Kilometer.	STATION.	Höhe über dem Meere in Meter.
65.1	Purguay, (Brücke)	1187.4
66.0	Corcona do.	1218.4
72.4	Cocachacra	1427.0
75.8	San Bartolomeo	1508.5
83.9	Agua de Verrugas (Brücke)	1795.0
85.4	Cuesta Blanca, (Tunnel)	1843.5
90.0	Surco	2028.5
98.7	Challapa (Brücke)	2288.0
101.6	Matucana	2373.9
103.8	Quebrada Negra..................	2450.0
111.8	Tambo de Viso	2703.7
116.4	Chaupichaca (Brücke)	2889.0
119.1	Tamboraque	2994.5
121.4	Aruri	3076.7
125.0	San Mateo	3209.7
128.3	Puente del Infiernillo	3329.5
129.3	Cacray	3380.0
131.7	Anchi	3450.0
134.4	Copa (Brücke)	3548.2
139.2	CHICLA	3724.8
146.3	Yauliaca	3998.0
151.1	Casapalca	4218.3
164.8	Antarangua	4650.0
168.9	Tunnel durch den Kamm der Anden .	4792.5
164.0	Monte Meiggs..................	5356.8
178.5	San Antonio de Viso	4566.0
181.9	Rumichaca........................	4490.0
194.4	Yauli	4112.5
200.2	Pachachaca	3995.0
218.6	Oroya	3736.0

Bis Chicla ist die Bahn ganz fertig, der Rest ist noch im Bau. Der Kamm der Anden in der Richtung der Bahn ist 164 km von Callao entfernt und 5357 m über dem Meere. Dieser Kamm wird jedoch nicht überschritten, sondern durch einen langen Tunnel, der nur 4792,5 m über dem Meere liegt, durchschnitten. Der Tunnel selbst ist schon durchgehauen, es fehlen aber noch einige 30 km, ehe die Bahn diesen ihren Höhepunkt erreicht. Auf dem Plateau auf der Ostseite der Anden angekommen, beabsichtigt man, die Bahn erst bis Oroya weiterzuführen und von dort dann Zweiglinien nach Cerro del Pasco, Jauja etc. anzulegen, um auf diese Art eine leichte und direkte Verbindung zwischen dem Inlande und der Küste herzustellen. Auf der Hochebene giebt es sehr reiche Minendistrikte (hauptsächlich Kupfer und Silber) und weiter nach Osten sehr grosse, bis jetzt fast unbekannte, von den Amazonen-Zuflüssen bewässerte Thäler, in denen je nach der Höhe alle bekannten Nutzpflanzen die ergiebigsten Ernten geben. Der Gedanke, welcher dem Bau dieser Eisenbahn zu Grunde lag, ist an sich ein durchaus richtiger, aber das Land ist gegenwärtig nicht reif dafür. Die Minen und die fruchtbaren Ländereien sind im Ueberfluss vorhanden, aber es fehlt sowohl Arbeitskraft und Arbeitslust, als auch Intelligenz und Geld, um dieses jetzt todte Kapital flüssig zu machen und in Umlauf zu bringen. Die politischen und socialen Zustände, welche ich jetzt hier wiedergefunden habe, sind unendlich viel trauriger, als sie schon vor zehn Jahren waren, und kein verständiger Mensch kann daran denken, als Kolonist seine Arbeitskraft oder als Kapitalist sein Geld in dieses Land zu bringen. So lange diese Zustände dauern (und ich sehe keinen Nagel, an den ich eine Aussicht auf dauernde Besserung hängen könnte), ist die Zukunft sowohl des Landes als der Eisenbahn eine hoffnungslose. Die Finanzen Perus sind so zerrüttet, dass ich gar nicht absehen kann, wo das Geld herkommen soll, um die Bahn nur bis auf die Höhe der Cordilleren zu beenden; Malinowski scheint aber noch nicht alle Hoffnung aufgegeben zu haben. Es ist wahr, wir haben hier jetzt Papiergeld und das Papier ist kein theures Material, aber selbst diese Art Geld zu münzen hat seine nothwendigen Grenzen.

Die Möglichkeit eine Eisenbahn über die erwähnten Höhen zu führen, existirt natürlich nur in einem Lande, in dem die Schneelinie so hoch liegt wie hier. Die höchste Stelle der Bahn ist, wie gesagt, 4792,5 m über dem Meere, also fast ebenso hoch wie der Mont Blanc (4810 m), aber selbst dort ist der Boden während des grössten Theils des Jahres von Schnee frei, und Schneefälle, die den Verkehr in irgend einer Art behindern könnten, sind dort ganz unbekannt. Der ewige Schnee fängt hier bei ungefähr 5000 m an; diese Grenze steht aber durchaus nicht in einem einfachen Verhältniss zu der geographischen Breite, sondern wird ausserdem bedeutend durch die vorherrschenden atmosphärischen Zustände beeinflusst; so ist z. B. die Schneegrenze in Chili höher als in Peru.

Ich erreichte auf der Bahn eine Höhe von 3700 m. Dort war von Schnee natürlich noch keine Rede, die Wirkung der dünnen Luft verspürte ich aber; wenigstens schrieb ich den Kopfschmerz, das Ohrensausen und ungewöhnlich schnelle Athmen beim Besteigen einer kleinen Anhöhe dieser Ursache zu. Von Chicla bis Matucana fuhr ich mit Malinowski und zwei anderen Herren in einem Handkarren zurück. Einen Motor brauchten wir natürlich nicht, und da ich die Bremse in geschickten Händen wusste, so hatte ich eine herrliche Gelegenheit, mir die Gebirgsgegend und auch die Bahn selbst recht genau anzusehen. Um 9 Uhr Abends kamen wir sehr ermüdet, aber auch sehr befriedigt wieder in Lima an. Dieser Tag hat mir einmal wieder eine Erinnerung für das Leben gegeben!

Arthur Wertheman's Reisen im Innern Perus.

Von

Carl Eggert.

(Hierzu Tafel I.)

Unsere Kenntniss von Peru beschränkt sich bis jetzt fast ausschliesslich auf die Küste und auf das zwischen den beiden Ketten der Cordilleren gelegene Hochland. Die ganze Küste von Tumbes bis zum Loa-Fluss, ist eine nur durch kleine Bergströme und durch von diesen bewässerte und fruchtbar gemachte Thäler unterbrochene Wüste. Einen auch nur für Boote oder kleinere Fahrzeuge schiffbaren Fluss findet man nicht auf dieser ca. 350 deutsche Meilen langen Strecke. Auch auf der Hochebene sind es nur wieder die tiefer gelegenen Thäler, welche sich für die Bodenkultur eignen, ein Umstand, welcher kaum überraschen kann, wenn man sich die grosse Höhe dieser Gegend vergegenwärtigt. Puno liegt 3824 m und Cerro del Pasco sogar 4352 m über dem Niveau des Meeres. Auf den nach Brasilien zu gelegenen Abhängen der östlichen Kette der Anden und in den von den Nebenflüssen des Amazonen-Stroms bewässerten Gegenden zeigt sich dagegen die tropische Vegetation in ihrer vollen Kraft, und die Natur in diesem Theile Perus steht in dem krassesten Gegensatz zu dem, was wir auf der westlichen Hälfte sehen. Sollte es Peru jemals gelingen diese Regionen urbar zu machen und sie dem Weltverkehr zu erschliessen, so könnte man dem Lande mit Sicherheit eine grosse Zukunft in Aussicht stellen; die bisher in dieser Richtung gemachten Versuche erwecken aber wenig Vertrauen auf ein baldiges günstiges Resultat. Man muss zugeben, dass die Schwierigkeiten dieser Aufgabe ausserordentlich gross sind; sie würden die Kräfte des Landes aber vielleicht nicht überstiegen haben, wenn es dort während einer längeren Periode eine intelligente gewissenhafte Administration gegeben hätte, welche die natürlichen Hülfsquellen des Landes haushälterisch benutzt hätte, statt, wie es leider geschehen ist, sie mit vollen Händen zu vergeuden und so den finanziellen Ruin des Landes herbeizuführen.

Ohne leichte und wohlfeile Verkehrswege ist es selbstverständlich unmöglich das Innere Perus dem Verkehr zu eröffnen. Von diesem Gesichtspunkte ausgehend, beschloss der Präsident Balta, den schon viel besprochenen und lange gehegten Gedanken in Ausführung zu bringen, Eisenbahnen von der Küste über die westliche Kette der Cordilleren bis auf die Hochebene Perus zu führen und dann von den Endpunkten dieser Bahnen Zweiglinien sowohl nach dem Westen als von Norden nach Süden zu bauen. Der Plan war ein grossartiger, aber, vom finanziellen Standpunkt aus betrachtet, ein herzlich dummer. Da der damals noch sehr gute Kredit Perus in Europa ihm aber die Mittel gab, um diesen Gedanken wenigstens theilweise auszuführen, so wurde im Jahre 1870 der Bau der Eisenbahnen wirklich in Angriff genommen. Die eine Hauptbahn von Mollendo über Arequipa bis Puno ist vollendet, die zweite, welche von Callao, dem Hafen von Lima, ausgeht und bis Oroya geführt werden sollte, ist heute aber erst bis Chicla (139,? km von Callao) fertig gestellt, und in der gegenwärtigen finanziell und politisch bedrückten Lage Perus ist eine Hoffnung auf Vollendung dieser Bahn kaum zulässig. Selbst wenn der oben erwähnte Plan in allen seinen Theilen ausgeführt worden wäre, so würde es voraussichtlich noch vieler Jahre bedurft haben, ehe man berechtigt gewesen sein würde, auf eine Rentabilität dieser Bahnen zu rechnen; in ihrem jetzigen unvollendeten Zustande bezahlen sie kaum die Betriebskosten.

Peru besitzt die grossartigsten Eisenbahnen die je gebaut worden sind, hat sich aber durch dieses Unternehmen finanziell — und wahrscheinlich für immer — total zu Grunde gerichtet.

Der Endzweck dieser Eisenbahnen war, wie gesagt, die Erschliessung des östlichen in dem Gebiete des Amazonen-Stromes gelegenen Theiles Perus. Dieses Gebiet gehört eigentlich nur nominell zu Peru, ist bis jetzt nur sehr wenig bekannt und zum grossen Theil noch von wilden und ganz unabhängigen Indianerstämmen bewohnt. Um eine genauere Kenntniss jener Gegenden zu gewinnen, schickte der Präsident Manuel Pardo im Jahre 1873 eine Expedition nach dem Innern. Wege giebt es in diesen von der üppigsten Vegetation überwucherten Regionen nicht, und so beschloss diese Expedition unter der Leitung des Herrn Ingenieur Arthur Wertheman, von der Kolonie von Chanchamayo aus den Fluss hinunter zu fahren, um zu versuchen, durch den Perené und Tambo bis in den Ucayali zu gelangen, und festzustellen, in wie weit es eventuell möglich sein würde, einen Wasserweg zwischen dem Innern Perus und dem Amazonen-Strome herzustellen. Durch heftigen Regen schwoll der Fluss so an, dass sehr bald nach der Abfahrt die drei Balsas (eine Art von Flössen), auf denen sich die Expedition eingeschifft hatte, Schiffbruch litten, die ganze Ausrüstung verloren ging und die Mitglieder der Expedition unverrichteter Sache nach Lima zurückkehren mussten.

Drei Jahre vergingen, ehe es dem unermüdlichen Drängen Wertheman's gelang, von der Regierung die zur Ausrüstung einer zweiten

Expedition erforderlichen Mittel zu erlangen. Der gedruckte Bericht*) dieser zweiten Erforschungs-Reise liegt uns jetzt vor, und da dies das erste Mal ist, dass die Flüsse Perené und Tambo in ihrer ganzen Länge durchfahren sind, so dürfte ein kurzes Resumé desselben auch für deutsche Geographen nicht ohne Interesse sein. Dem Bericht ist eine nach den Aufnahmen des Herrn Wertheman entworfene Karte der Flüsse Perené und Tambo bis zur Vereinigung mit dem Ucayali beigegeben, und ist diese Karte bei der zur Orientirung dienenden Tafel I benutzt worden. **)

Am 6. Oktober 1876 kam Wertheman in der »Merced«, dem Hauptorte der Kolonie von Chanchamayo an. Dort liess er das zur Konstruktion der Balsas erforderliche Holz fällen und dasselbe dann bis zum Zusammenfluss der Flüsse Chanchamayo und Paucartambo (von wo an der Fluss den Namen Perené führt), an welchem Punkte die weitere Ausrüstung der Expedition vor sich gehen sollte, hinabflössen. Hier wurden nun vier Balsas gebaut. Der Name des hierzu verwendeten Holzes ist Huampo oder einfach Palo de Balsa. Der botanische Name des Baumes ist nicht erwähnt, der Bericht sagt nur, dass das Holz sehr leicht (specifisches Gewicht 0.3) und porös ist, und es aus diesem Grunde nöthig war, die zugespitzten Ende jedes Stammes stark zu vertheeren und so das Eindringen des Wassers zu verhindern. Jede Balsa war 11 m lang und 3 m breit; in der Mitte trug sie eine aus Rohr gebaute und mit Palmenblättern bedachte Hütte. Das gesammte Gewicht der Hütte, der Mannschaft, der Munition, Geräthe und Lebensmittel, welches jede Balsa zu tragen hatte, war ca. 1000 kg, während Wertheman die Tragfähigkeit auf 1600 kg berechnet.

Schon während der Ausrüstung wurden die Leute mehrere Male durch die dort hausenden wilden Indianer angegriffen, da diese aber nur mit Pfeilen bewaffnet sind, so wurde es den Soldaten, welche der Expedition zum Schutze mitgegeben waren, leicht, diese Angriffe ohne Verlust zurückzuschlagen.

Am 4. November waren endlich alle Vorbereitungen beendet und die vier Balsas begannen ihre Fahrt. Die Expedition bestand aus vier Personen: Wertheman, einem englischen Naturforscher Whitly

*) Informe de la Exploracion de los Rios Perené y Tambo presentado al Señor Ministro de Gobierno Policia y obras Publicas por Arturo Wertheman, Ingeniero del Estado. Lima 1877.

**) Bei dem bisherigen gänzlichen Mangel an topographischen Aufnahmen innerhalb Perus kann die auf Taf. I gegebene Karte nur theilweise Anspruch auf Genauigkeit machen. Als Material liegen der Karte hauptsächlich zu Grunde: 1) die bezüglichen englischen Admiralitätskarten; 2) Paz Soldan's Atlas geografico del Peru 1865; 3) Wertheman's Mapa de los Rios Perené y Tambo 1876; 4) zahlreiche Photographien der Oroya-Bahn.

und zwei Peruanern Cruz und Tirado. Jeder derselben befehligte eine der Balsas, und als Schiffsmannschaft hatten sie je vier bis sechs Bogas oder Chasutas an Bord. Diese Bogas sind, wenn der Ausdruck erlaubt ist, gezähmte Indianer, welche die Ufer des Ucayali bewohnen und eine grosse Uebung in der sehr schwierigen Stromschiffahrt haben. Die ganze Reise ging stromabwärts, der Motor war also freilich gegeben, aber die vorhandene Kraft zu gebrauchen ohne ihr zum Opfer zu fallen, war eine äusserst schwierige Aufgabe. Das Gefälle des Flusses ist so bedeutend, dass die Flösse mit einer Geschwindigkeit von 10 Knoten in der Stunde fortgerissen wurden. Da die Ufer meist hoch und felsig sind, der Fluss sich oft verengt und scharfe Biegungen macht, so erforderte es ununterbrochene Aufmerksamkeit und grosse Geschicklichkeit seitens der Schiffer, um besonders solche unbehülfliche Fahrzeuge wie diese Balsas, durch die Wirbel und Stromschnellen zu lenken. An Unfällen fehlte es denn auch natürlich nicht. Schon am ersten Tage wurde die hinterste der vier Balsas gegen einen Felsen geschleudert und nur dadurch vom Untergange gerettet, dass sich die 5 Bogas sogleich in's Wasser warfen. So erleichtert, richtete sich das Fahrzeug wieder auf; die Rohrhütte war aber in den Fluss gestürzt. Am dritten Tage, wenige Stunden nachdem die Reisenden ihr Nachtlager verlassen und ihre Fahrt wieder begonnen hatten, nahm die Stromgeschwindigkeit plötzlich stark zu und ein anfangs dumpfes, dann stärker werdendes Geräusch machte alsbald klar, dass man sich einem Wasserfall näherte. Sogleich gab Wertheman, der sich in der ersten Balsa befand, seinen Gefährten das verabredete Zeichen, dass sie sich schleunigst dem Ufer zuwenden sollten, und da seine eigene Balsa nicht mehr dem Steuer gehorchte, so versuchte er durch Auswerfen kleiner Anker einen Halt an einem nahen Felsen zu gewinnen. Die ersten Versuche missglückten, im letzten Augenblicke gelang es aber noch den Bogas, welche sich in den Fluss geworfen hatten, einen festen Anhaltspunkt für den Anker zu finden und so sich und das Fahrzeug vor dem sicheren Untergange zu retten. Nachdem die nöthigen Vorsichtsmassregeln für die Sicherheit der Balsas getroffen waren, schickte Wertheman zwölf Mann den Fluss hinunter, um zu sehen, in welcher Art und Weise die Reise fortgesetzt werden könnte. Der Bericht, den diese Leute bei ihrer Rückkehr abstatteten, war der denklich ungünstigste. Noch während mehrerer (englischer) Meilen folgten Wasserfall auf Wasserfall, und anderer Seits machte das gebrochene felsige Ufer es einfach unmöglich daran zu denken, die Balsas über Land bei den Fällen vorbei zu schleifen. Die Lage war eine verzweifelte.

Schon während der letzten Tage war die Expedition überall, wo sie Indianer erblickte, von diesen angegriffen und mit Pfeilen beschossen worden; an eine Rückkehr zu Fuss durch diese wilden und unwegsamen Gegenden war also überhaupt nicht zu denken und jede Fortsetzung der Reise schien augenblicklich einfach unmöglich. Eine zweite Kommission, welche Wertheman ausschickte um das Terrain bis an's Ende der Fälle genau zu untersuchen, brachte keinen besseren Trost zurück, und so wurde endlich beschlossen die Balsas und alles schwere Geräth zurück zu lassen, zu Fuss bis jenseits der Fälle zu gehen und dort neue Balsas zu bauen. Am folgenden Morgen, nachdem man während der Nacht wieder einen Angriff der Indianer zurückgeschlagen hatte, wurde mit der Ausführung dieses Planes begonnen. Nach einer sehr beschwerlichen Tour von einigen Stunden, während welcher man oft mit Hülfe von Stricken über die Felsen klettern musste, kam man an einer zwischen zwei Wasserfällen gelegenen Bucht an, in welcher sich viel Treibholz angesammelt hatte. Diese Erscheinung veranlasste Wertheman einige seiner Leute zurückzuschicken um sämmtliche Balsas loszumachen, und so gelang es einen grossen Theil des Holzes der durch die Macht der Fälle zertrümmerten Balsas mit Hülfe der Bogas, welche sehr gewandte Schwimmer sind, in der erwähnten Bucht wieder anzusammeln. Dasselbe Experiment wurde dann nochmals wiederholt bis die Strecke bis jenseits der Katarakten zurückgelegt war, und so wurde es möglich die Balsas mit verhältnissmässig geringer Mühe wieder von Neuem nothdürftig zusammenzusetzen.

Am 9. November konnte die Reise wieder fortgesetzt werden, aber auch jetzt waren noch viele gefährliche Stromschnellen zu überwinden; einmal mussten die Balsas über Land bis jenseits des Falles gezogen werden; dann mussten sie wieder zuweilen ganz abgeladen und mit Stricken den Fall hinuntergelassen werden. Trotz aller Vorsicht fehlte es dennoch nicht an Unfällen und am folgenden Tage wurde eine Balsa auf einen flachen Felsen getrieben und stürzte ganz um. Natürlich gingen die darauf befindlichen Waffen etc. alle verloren, die Mannschaft wurde aber wenigstens, freilich mit grosser Mühe, gerettet. Dies waren jedoch die letzten Schwierigkeiten dieser Art, welche die Reisenden zu überwinden hatten. Schon 10 engl. Meilen ehe der Ené mit dem Perené sich verbindet und den Tambo bildet, hören die Stromschnellen auf und die Strömung wird eine ziemlich gleichmässige von 4 bis 5 Knoten die Stunde; von dort an ist der Fluss für kleine Dampfboote befahrbar. Die einzige Gefahr, welche die Reisenden noch am 11. November zu überwinden hatten, war ein Massenangriff der an den dortigen Ufern hausenden

Indianer, welche in unzähligen Canoes die Balsas umschwärmten, sie mit Pfeilen überschütteten und sogar versuchten die Fahrzeuge zu nehmen. Dank dem unerschrockenen Muthe der Führer der Expedition und den vortrefflichen Feuerwaffen, welche sie an Bord hatten, gelang es aber den Angriff zurückzuschlagen.

Am 12. November fuhren die Balsas in den Ucayali ein (wo sich der Tambo mit dem von Osten kommenden Urubamba verbindet), und trafen endlich am 29. November bei der Mündung dieses Flusses in den Amazonen-Strom den Dampfer »Putumayo«, welchen die Regierung von Iquitos dorthin beordert hatte, um die Reisenden bei ihrer Ankunft aufzunehmen.

Die ganze Länge des Perené (vom Zusammenfluss des Chanchamayo und Paucartambo bis zu seiner Verbindung mit dem Ené, wo er den Tambo bildet) ist 77 engl. Meilen, nämlich erst 18 Meilen voller Wirbel und Stromschnellen, dann 20 Meilen ruhigen Wassers, hierauf wieder 29 Meilen sehr gefährlicher und theilweise (bei den oben erwähnten Fällen) unmöglicher Schiffahrt und endlich 10 Meilen mit gleichmässiger Strömung von 4 bis 5 Meilen per Stunde. — Die Länge des Tambo ist 83 Meilen und das ganze Gefälle vom Anfang des Perené bis zur Verbindung des Tambo mit dem Urubamba (Anfang des Ucayali) beträgt nach von Wertheman angestellten barometrischen Messungen 575 m.

Wir beschränken uns in dieser kurzen Notiz auf denjenigen Theil des Berichts, welcher sich speziell mit dem Perené und Tambo beschäftigt, da, wie gesagt, diese Flüsse vordem nie in ihrer ganzen Länge befahren worden sind. Der Bericht enthält aber ausserdem noch viele interessante Bemerkungen über die Art, wie die gemachten Erfahrungen zu verwerthen sind, sowohl für die Kolonisation jener Gegenden, als auch für die Verbindung solcher Kolonien mit den beiden Küsten Süd Amerikas; ferner findet man dort verschiedene Tabellen mit Angaben von Orts-Entfernungen, Gefällen der Flüsse, geographischen Ortsbestimmungen, magnetischen, thermometrischen und barometrischen Angaben etc., welche im Wesentlichen bei der Zeichnung der auf Taf. I gegebenen Karte des Herrn Friederichsen Verwendung gefunden haben.

Herr Werthemann ist ein Schweizer (Baseler) von Geburt und schon seit vielen Jahren als Civil-Ingenieur in peruanischen Diensten thätig. Ende 1878 verliess er wieder Lima um seine Entdeckungsreisen im Innern von Neuem aufzunehmen; im Interesse der Wissenschaft wünschen wir ihm den besten Erfolg, da unsere Kenntniss jener Regionen bis jetzt eine so äusserst dürftige und mangelhafte ist.

Die Bewohner der Mortlock-Inseln

(Karolinen; nördlicher Grosser Ocean),

nach

J. Kubary.

Hierzu Tafel II, III und IV.

Einleitung.

Nachstehende Abhandlung des bekannten Reisenden des Museum Godeffroy, Johann Kubary aus Warschau, ist von der zu den östlichen Karolinen gehörigen Insel Ponapé (Ascension) 3. August 1877 datirt, wo Kubary seit Jahren seinen ständigen Aufenthalt hat. Kubary verweilte auf den Mortlock-Inseln während der Monate März bis Ende Mai 1877 und zwar speciell auf den Inseln Tä, Uoytä und Aliar. Die auf Tafel II. von uns gegebene Karte basirt auf der englischen Admiralitätskarte No. 776 und den Kubary'schen brieflichen Aufzeichnungen. — Kubary's frühere Berichte aus der Südsee und speciell über den Karolinen-Archipel (Palau, Yap und Ponapé) finden sich im Journal des Museum Godeffroy publicirt. Zur allgemeinen Orientirung über nachstehende Abhandlung und über die weiteren Reise-Pläne Kubary's etc. möge folgender Brief an den Herausgeber dienen:

Ponapé den 1. November 1877.

»Geehrter Herr Friederichsen! Oftmals bedauerte ich, dass meine lange Reise und die verschiedenen durch dieselbe bedingten Verhältnisse mir nicht erlaubten, Ihnen früher zu schreiben. Die ersten Monate hier beschäftigten mich vorwiegend zoologische Explorationen und erst seit meiner Rückkehr von den Mortlock-Inseln habe ich Material gesammelt, welches mich daran erinnert, dass ich mich Ihnen gegenüber als dem Redakteur des Journals des Museum Godeffroy und dem Sekretär der Hamburgischen Geographischen Gesellschaft, eigentlich in doppelter Schuld befinde.

Wie Sie sich wohl noch erinnern werden, legte ich bei unseren mündlichen Besprechungen in Hamburg einen besonderen Werth auf eine Kenntniss des Herzens der Karolinen, der Ruk-Inseln; auch heute bin ich noch derselben Meinung und bestrebe mich auf allen erdenklichen Wegen mein Ziel zu erreichen, was bei den hiesigen Verhältnissen durchaus keine leichte Sache ist. Durch meinen dreimonatlichen Aufenthalt auf den stammverwandten Mortlocks indessen, ist es mir gelungen schon eine kleine Bresche in die die Ruk-Inseln umgebende Wand zu schiessen und hoffe ich in nicht zu ferner Zeit noch mehr zu erreichen. Meine in Mortlock gemachten Notizen beziehen sich hauptsächlich auf diese Gruppe selbst, da jedoch die Mortlocker nur die südöstlichsten Ausläufer der nördlichen und westlichen zerstreuten Völkerschaften sind, so erhielt ich bei einem näheren Betrachten der ersteren auch manchen Einblick in die letzteren. Ich bin soeben mit einem Bericht über die Mortlock-Inseln beschäftigt, der Ihnen dann bald vorliegen wird. Nur der Umstand, dass die »Tutuila« schon morgen für Hongkong versegelt und ich unmöglich das bis jetzt fertige Manuskript ohne es noch einmal durchzusehen absenden darf, zwingt mich zu einer vorläufigen Anzeige, welche aber schwerlich einen grossen Vorsprung vor dem Bericht selbst haben kann, da das Missionsschiff »Morning Star« jeden Tag erwartet wird und wahrscheinlich schon vor Ende dieses Monates seine Heimreise antritt. Ich werde dem Berichte noch eine Notiz für Sie beifügen, um für den Fall einer Veröffentlichung in dieser oder jener Weise, die möglichste Sicherheit zu bieten, namentlich in Hinsicht auf die Nomenklatur der Eingeborenen. Mit dem Berichte über die Mortlocks werde ich anfangen die Schreibweise der eingeborenen Namen stets nach dem Lepsius'schen Standard-Alphabet zu machen. *)

Als Kartographen wird es Sie interessiren zu erfahren, dass Sie in Kürze nach meinen Aufzeichnungen eine Veränderung der Karte von Ruk werden vornehmen können. Mein Informant, ein Uĕ-Häuptling der Insel Tä in der Mortlock-Gruppe, ist ein Seefahrer und Sternkenner und war selbst mehrere Male auf Ruk, und bleibt einstweilen, bis ich eine erschöpfende Kenntniss durch persönliche Anschauung werde gewinnen können, eine zuverlässige Quelle. Er versah mich mit den eingeborenen Namen der einzelnen Inseln der Gruppe und

*) Um Sprachforschern die Auffassung der Laute getreu nach Kubary wiederzugeben und um Irrthümern vorzubeugen, haben wir keine Umschreibung des Lepsius'schen Alphabets vorgenommen. Das vorletzte Kapitel dieser Abhandlung: »Beitrag zur Kenntniss der Sprache der Mortlock-Inseln«, wird über die Schreibweise Auskunft geben.

lehrte mich, dass der Name Ruk nie für eine Insel speciell gebraucht wird, sondern nur die Bezeichnung für ein hohes steiniges Land ist im Gegensatz von »fanu« (Festland der Korallenriffe). Sobald ich selbst Ruk werde besuchen können, wird auch alle Unsicherheit über Ruk aufhören; vorerst aber habe ich die Strong- (Kusaie) Insel im Auge, deren Fauna ich gerne feststellen möchte. In der bis dahin verfliessenden Zeit wird sich hoffentlich auch die hiesige Schifffahrt nach dem Westen günstiger für mich gestalten.

Von den Ruinen auf Ponapé *) gelang es mir eine Reihe ziemlich guter Photographien zu machen. Ich unternahm auch Ausgrabungen in dem Hauptgewölbe und fand eine Anzahl sehr alter Aexte und Schmucksachen, aber leider keine guten Knochenüberreste.«

Ein Aufenthalt von 3 Monaten auf den Mortlock-Inseln **) setzt mich in den Stand, einige Mittheilungen über die Bewohner derselben zu machen, welche, wenn auch in keiner Weise erschöpfend, so doch hoffentlich zur Bereicherung unserer Kenntnisse von den bisher nur so äusserst unvollkommen geschilderten karolinischen Inselwelt beitragen werden. Sie zerfallen in: 1, Rassencharakter; 2, Krankheiten; 3, Kleidung und Tattuirung; 4, Wohnungsverhältnisse; 5, Nahrung; 6, die politischen, staatlichen und socialen Einrichtungen; 7, die Stammesverfassung; 8, der Stamm und seine innere Verfassung; 9, die Religion; 10, Familienleben und dessen Erscheinungen; 11, Produkte der gewerblichen Thätigkeit; 12, Beitrag zur Kenntniss der Sprache; 13, die Seefahrten der Mortlocker.

1. Rassencharakter.

Der die Mortlock-Inseln bewohnende Mensch ist eins der vollkommensten Elemente der sogenannten mikronesischen, oder noch enger begrenzt, der karolinischen Inselwelt. Er stellt jedoch in ethnographischer Hinsicht kein separates Ganze vor, sondern bildet nur die südöstlichen Ausläufer von Stämmen, deren Heimath die Central-Karolinen sind und unterscheidet sich von den östlicheren Völkerschaften sowie auch von den Bewohnern der südlicher belegenen Nukuor- (Nuguoro-, Nukuwor-, Monteverde-) und Greenwich-Inseln auf eine sehr ausgeprägte Weise. Indem ich mich des Ausdrucks »vollkommenste Element« bediene, beabsichtige ich damit auszusprechen,

*) Vergl. Friederichsen's Vortrag über die Ruinen von Nanmatal auf Ponapé im zweiten Jahresbericht der Geographischen Gesellschaft in Hamburg 1875 pg. 83.

**) Die Mortlock- oder Lukunor-Inseln wurden 1795 von James Mortlock, Kapitain des Schiffes »Young William« entdeckt.

dass es den Mortlockern bis heute vergönnt war, sich ausser einer höchst günstigen physischen und geistigen Beschaffenheit, die einem Naturvolke eigenthümlichen Sitten und Gebräuche zu erhalten, und hinsichtlich des Charakters von dem Segen des Missionswesens und der Schiffs-Civilisation mehr oder weniger verschont zu bleiben.

Was zunächst die physische Beschaffenheit sowie den Rassentypus überhaupt anlangt, so hoffe ich, dass die folgenden von mir an neun lebenden Eingeborenen vorgenommenen Körpermessungen zusammen mit einer demnächstigen Beschreibung der von mir gesammelten und dem Museum Godeffroy eingesandten Schädel (12) und Skelette zum Nutzen der Wissenschaft durch dazu berufene Fachgelehrte verwerthet werden können.

Als Gegenstand meiner Messungen hatte ich:

1. Náobong, Häuptling des Stammes Sṓpun, Häuptling von Bṓnon, Oberhäuptling der Insel Tä.
2. Kissé, Häuptling des Stammes Uḗ, Häuptling des nördlichen Rḗte genannten Theils der Insel Tä.
3. Uásin, der zweitälteste Mann des Stammes Sṓpun, eventuell der Nachfolger von Náobong.
4. Eitel, ein zum Stamme Uḗ gehörender Mann, der älteste Mann in Assoatau, dem zweiten »bey« des Uḗ-Stammes, oder des Landes Rḗte.
5. Ukuṓr, ein Sṓpun Mann aus dem ersten »bey« des von dem Sṓpun-Stamme besessenen Landes Bṓnon.
6. Ruálap oder Raualáp, ein Uḗ-Mann, Oberhäuptling des Landes Luk auf der Insel Ki̯tu̯.
7. Puḗla, Oberhäuptling der Insel Lṓsop, welcher sammt 20 Lṓsop- und Nemma-Leuten in Canoes nach Mortlóck kam.
8. Fṓysal, ein Lṓsop-Insulaner, aus der Begleitung des Vorigen.
9. Sṓbetan, ein Nemma-Insulaner, ebenfalls aus der Begleitung des Puḗla.

(Alle Maasse in Millimeter).		1	2	3	4	5	6	7	8	9
Höhen.										
1. Ganze Höhe im Stehen	Gemessen mit einem Rekrutenmaass	1690	1690	1660	1718	1655		1676	1736	1584
2. Ohrhöhe		1550	1550	1570	1565	1570		1528	1592	
3. Kinnhöhe		1450	1455	1420	1490	1430		1424	1460	1361
4. Schulterhöhe		1420	1425	1405	1455	1400				1327
5. Manubrium Oberrandhöhe		1390	1390	1370	1420	1370		1351	1391	1296
6. Ellenbogenhöhe		1035	1070	1085	1080	1050				
7. Nabelhöhe		970	1010	1000	1055	980		965	1025	920
8. Symph. pub. Oberrandhöhe		880	850	820	870	840				
9. Hüftenhöhe								940	987	
10. Trochanterhöhe		860	880	860	910	855		850	958	
11. Handgelenkhöhe		880	880	850	840	815				
12. Mittelfingerspitzenhöhe		620	645	685	640	615		586	650	626
13. Kniehöhe		490	453	470	510	470		466	480	470
14. Wadenhöhe		350	365	350	380	340				
15. Knöchelhöhe		70	65	55	75	60		72	70	60
16. Höhe im Sitzen		870	860	830	865	850				
Breiten.										
17. Schulterbreite	Gemessen mit Taster- oder Stangen-Zirkel	323	323	312	310	308		342	347	286
18. Zwischenbrustwarzenbreite		192	200	191	190	193		206	226	185
19. Hüftenbreite		310	279	260	282	277		306	302	260
20. Trochanterbreite		323	315	300	318	296		331	323	280
21. Armspannbreite	Gemessen mit einem Längenmaass	1800	1780	1740	1800	1760				
22. Mittelfinger-Daumen-Spannweite		220	220	200	200	210				
Längen.										
23. Halslänge								107	115	70
24. Oberarmlänge								320	370	310
25. Unterarmlänge								240	290	240
26. Handlänge								195	190	173
27. Mittelfingerlänge								114	120	100
28. Fusslänge		278	270	247	262	262		257	278	235
29. Länge des letzten Daumengliedes		32	37	33	33	32				
Umfänge.										
30. Brustumfang	Gemessen mit einem Längenmaass	910	920	875	855	880		950	900	830
31. Halsumfang		350	323	310	330	320		370	345	320
32. Taillenumfang		800	773	710	750	734		860	815	730
33. Nabelumfang								860	860	740
34. Hüftenumfang		850	820	755	795	790				
35. Trochanterumfang		923	930	840	900	855		920	950	790
36. Oberer Schenkelumfang		495	533	465	510	473		550	560	450
37. Unterer do.		360	350	340	360	332		420	405	325
38. Oberer Wadenumfang		335	345	320	345	345		360	347	303
39. Unterer do.		210	230	205	225	210		225	230	186
40. Oberarmumfang		295	285	270	285	250		285	305	260
41. Unterarmumfang		255	265	260	270	240		290	260	250
42. Handgelenkumfang		152	160	164	168	155		170	170	150

	1	2	3	4	5	6	7	8	9
Schädel.									
43. Länge (von der Glabella)	190	190	184	200	190	190	187	186	187
44. Grösste Breite	150	142	137	143	138	142	148	137	140
45. Höhe	131	131	126	141	134	126	151	140	142
46. Tragusbreite	136	136	136	135	134	150	156	135	137
47. Umfang (horizontaler)	555	555	545	565	545	540	560	550	534
48. Querumfang	370	380	360	360	360	350	390	380	395
49. Glabella-occiput-Umfang	345	345	325	390	345				
50. Tragus-Stirn Umfang	315	320	300	310	310	310	330	330	310
51. Höhe der nackten Stirn		89		91			96	87	72
52. Untere Stirnbreite	100	102	100	103	105	130	107	102	101
53. Kopfhöhe	252	251	237	245	213	250			
54. Gesichtslänge	122	135	124	109	116		118	125	105
55. Obere Gesichtsbreite	88	96	90	98	87	105	114	106	97
56. Untere do.	111	105	108	97	96	95	116	110	106
57. Jochbreite	144	137	138	137	131	144	147	142	125
58. Nasenhöhe	56	51	51	48	46	52	57	52	44
59. Obere Nasenbreite	23	20	23	25	33	28	34	34	30
60. Untere do.	42	42	35	41	42	37	44	41	43
61. Länge des Nasenrückens						49			
Gesichtswinkel.									
62. Glabella-Nasenscheidewand-Entfernung	77	77	73	71	68	72	74	68	64
63. Tragus-Glabella-Entfernung	133	136	124	133	126	134	138	141	130
64. Tragus-Nasenscheidewand-Entfernung	130	130	126	132	130	127	132	136	123
— Tragus-Weite, wie auf 46	136	136	136	135	134	150	156	135	137
65. Tragus-Kinn-Entfernung	150	148	144	145	146	147	152	151	137
Augenachse. *)									
66. Länge des Auges	36	36	34	36	37		32	40	37
67. Entfernung des Stirnpunktes vom äusseren Augenwinkel	80	83	78	81	73		72	69	66
68. Entfernung des Stirnpunktes vom inneren Augenwinkel	66	70	65	65	53		48	43	48
69. Entfernung des Nasenscheidewandpunktes vom äusseren Augenwinkel	77	73	73	73	73		72	78	66
70. Entfernung des Nasenscheidewandpunktes vom inneren Augenwinkel	52	52	52	49	49		51	50	42
Temperatur in der Achselhöhle in Celsiusgraden	37.2	37.8	37.5	37.8	37.6		37.8	36.6	37.6
Pulsschläge in der Minute							100	80	68

*) Bei den hiesigen Insulanern nimmt man eine minder oder bedeutendere Neigung der Augenachse gegen die Gesichtsachse wahr. Ich hoffe mit den Daten unter 66 — 71 Mittel gefunden zu haben, den Winkel dieser Neigung bestimmen zu können und somit diese Neigung bei den verschiedenen Individuen zu vergleichen.

Aus vorstehenden Maassen ergiebt sich:

	1	2	3	4	5	6	7	8	9
1. Längenbreiten-Index...	78.9	74.7	74.4	71.5	72.6	74.7	79.1	73.6	74.8
2. Längenhöhen-Index....	68.9	68.9	68.4	70.5	70.5	66.3	80.7	75.5	75.9
3. Breitenhöhen-Index....	87.3	92.2	91.9	98.6	97.1	88.7	102	102.1	101.4
4. Gesichtswinkel*)	72° 35′	75° 16′	67° 51′	72° 41′	70° 45′	76° 39′	75° 51′	78° 26′	79° 39
5. Neigung der Augenachse	81°	84°	82°	85°	88°		92°	84°	83°

(No. 5 wurde durch Konstruktion bestimmt.)

Die einzelnen Individuen waren sämmtlich von ziemlich übereinstimmender Hautfarbe, ein dunkleres oder helleres Gelbbraun, annähernd No. 30, bei manchen Mädchen bis No. 40 von Broca's Farbentypen. Die Hautfarbe ist aber, ausser von durch den Gesundheitszustand verursachten Veränderungen, noch oft von mechanischen Einflüssen abhängig. Zu den ersteren gehören ein krankhaftes Ausbleiben des Pigmentes, wodurch stellenweise weiss-fleischfarbene Flecke verschiedener Grösse auftreten. Diese krankhafte Verfärbung trifft man oft auf den Karolinen, und obwohl sie den Eingeborenen physisch nicht lästig ist, wird sie von den Befallenen ungerne ertragen, weil die letzteren oft wegen derselben verspottet und ausgelacht werden. Ferner bemerkt man zeitweilig bei allen Individuen einen leichten Nüancenwechsel der Hauptfarbe, welcher bei den Frauen zur Zeit der Periode sich auf dem Gesichte besonders bemerkbar macht, bald aber verschwindet und blos von der Blutcirkulation abhängt. Von einem typischen Unterschied der Hautfarbe bei den verschiedenen Ständen habe ich nichts wahrgenommen. Junge Leute, besonders aber junge Frauen sind im Allgemeinen etwas heller als ältere. Die Schuppenhaut-Krankheit beeinflusst das Ansehen der Hautfarbe, indem die farblosen Epidermis-Schuppen die farbige Haut bedecken und ein schmutziges Graubraun hervorrufen. Zu äusseren willkürlichen Beeinflussungen der Hautfarbe, muss man einerseits den Mangel an

*) Da ich keinen Gesichtswinkelmesser hatte, so berechnete ich das mediane Dreieck: Mitte der Tragusweite, Glabella, Nasenscheidewand-Ansatz. Ebenfalls lässt sich dasselbe Dreieck geometrisch berechnen, und bei sorgfältiger Zeichnung stimmt die graphische Konstruktion ziemlich genau mit den auf beiden Wegen erhaltenen Werthen. Der, einen bedeutenden Prognathismus ausdrückende Winkel würde, glaube ich, grösser sein, wenn derselbe auf der Ihering'schen Horizontalen begründet würde, indessen wird sich das aus den 12 eingesandten Schädeln erweisen.

Reinlichkeit rechnen, der eigentlich durch den Mangel an Wasser veranlasst wird, und andererseits das reichliche Einschmieren mit Oel und Gelbwurz, welch' letztere stellenweise wochenlang nicht abgewaschen wird und in Folge dessen eine sich der Haut anheftende Kruste bildet. Ein sehr geringer Gebrauch der Gelbwurz lässt die ganze Haut etwas heller erscheinen.

Die Haare sind fast ohne Ausnahme schwarz, lang und gerade, bei den Frauen sehr weich; sie werden mit besonderer Sorgfalt gepflegt. Die mortlock'sche Haartracht ist sehr bezeichnend für die Männer. Gewaschen wird das Haupthaar selten, dagegen von Zeit zu Zeit geölt und oft mit dem weitzackigen Kamm gestrichelt. Die Kinder tragen das Haar lose, ältere Leute einfach eingewickelt. Junge Männer aber, die etwas auf ihr Aussehen geben, binden das lose eingerollte Haar mit einem grellgelb gefärbten »Uasin« (Haargürtel) in einen festen flachen Knoten, in welchen dann ausser der Haarnadel noch ein Kamm mit schmucken Hahnenfedern hineingesteckt wird. Dieser gelbe Haargürtel, »Lakasaka« genannt, kommt nicht auf Uneay vor und ist blos auf die östlichen Central-Karolinen beschränkt. Die Frauen tragen ihr oft sehr reiches Haupthaar einfach und lose nach der rechten Seite eingewickelt. Beide Geschlechter stecken ein Bündel aromatischer Kräuter in's Haar, theils des Wohlgeruches wegen, theils als Mittel gegen Läuse, von denen dennoch wenig mortlock'sche Köpfe frei sein werden. Das mortlock'sche Haupthaar hat bei seiner Länge doch die Neigung sich in schlängelnde Linien zu legen, indessen richtig krauses Haar oder eine Anlage zum Bilden einer melanesischen Perrücke habe ich nie wahrgenommen.

Bei schlankem aber doch starkem Bau, ist ein langes Gesicht mit schmaler Stirn und grosser Jochbreite der vorherrschende Typus. Der Bartwuchs, der sich meist am Kinn am stärksten entwickelt, und die lose Haartracht des langen glatten Haares, tragen dazu bei, den allgemeinen Eindruck des Schlanken zu vergrössern. Dieser schlanke Typus tritt besonders auf der Insel Tä bei den Stämmen Sőpun, Sor und Ué auf. Die Frauen haben im Allgemeinen ein kürzeres, mehr rundes und breites Gesicht, eine niedrigere und mehr hervorstehende Stirn. Ich sah aber auch Mädchen-Gesichter, die sich denjenigen der Männer näherten. Die Muskulatur ist bei diesem Volke weit hinter derjenigen der polynesischen Rasse zurück; sie ist bedingt durch die Lebensweise und Nahrung. Die Mortlocker haben keine Beschäftigung, welche besondere Anstrengung erfordert und der Entwickelung einer starken Muskulatur günstig sein könnte.

Ein zweiter Typus, der mir besonders auf Satōan auffiel, war bei einem etwas weniger schlanken, aber nicht untersetzten Bau, ein breites Gesicht mit einer niedrigeren Stirn, ebenfalls langem glatten Haar und einem auf der ganzen Unterseite des Gesichtes entwickelten Bartwuchs, der ziemlich dicht und lang genannt werden konnte. Dieser Typus erscheint viel robuster und fehlt gänzlich auf Tä. Die Bartlosigkeit, das lange glatte Haar und die starke Jochbreite des ersteren Typus erinnern an Malaien; der starke Bartwuchs des letzteren Typus, dem ersteren fremd, deutet auf eine Beimischung von einem andern Typus, der bei ebenfalls langem und glattem Haare einen starken Bart zu seinen Eigenthümlichkeiten zählt. Auf sämmtlichen Karolinen finden wir nirgends einen solchen Typus als Regel, blos als vereinzelte Ausnahme. Im Osten von Mortlock fehlt der Bart ganz, ebenso auf Palau und meist auch auf Yap; auf den westlichen Central-Karolinen, auf Ruk und zunächst liegenden Inseln, kommt vereinzelt ein entwickelter Bartwuchs vor.

Die Möglichkeit einer von Süden, von den Nukuor- (Monteverde-) Inseln ausgehenden Vermischung der Typen will mir zweifellos erscheinen; denn neben dem starken Bartwuchs dieser und zahlreichen anderen ethnologischen Momenten, besagt auch die Tradition der Mortlocker, dass früher ein Verkehr zwischen Mortlock und Nukuor existirte. Da nun aber die Bewohner von Nukuor reine Polynesier sind, so schliesse ich, dass die Mitte der Central-Karolinen von einem Menschenschlage bewohnt ist, der aus einer Vermischung eines mehr malaischen und eines polynesischen Elementes entstand. Meine Annahme findet Bestärkung in mancherlei die polynesische Rasse charakterisirenden Momenten, welche sich auf den Mortlock-Inseln bis heute erhalten haben. So sind beispielsweise die mortlock'schen Kriegswaffen, besonders die Keulen, in Form und Namen mit den schon verschwindenden samoanischen übereinstimmend; auch ist der mortlock'sche Eažol blos das zum Segelführen umgearbeitete nukuorsche Canoe und dieses wieder das Modell des samoanischen Fangota-Canoes. Ferner spricht für diese Vermischung der Typen die Sprache, welche z. B. folgende Wörter gemeinsamen Stammes aufweist:

Mortlock.	Samoa.
sáman, der Vater,	tamá, der Vater,
énan, die Mutter,	tiná, die Mutter,
le fel, ein Häuptlingshaus,	o le fále, ein Haus,
i löng, oben,	ilúnga, oben,
iläl, unten,	ilalo, unten,
pápa, ein hölzernes Brett,	pápa, ein hölzernes Brett.

Mortlock.	Samoa.
fenan, Frau, Weib im Allgem.,	fafine, Frau,
séē, der Penis,	seasea, ein delikater Ausdruck, gewöhnlich für die Kinder, und öffentlich gebrauchter Ausdruck für das úle.
tụ, die weibliche Scham,	fu, die weibliche Scham,
féē, der Coitus,	feiti, der Coitus,
fey, eine Rochen-Art,	fay, eine Rochen-Art,
salingan, das Ohr,	talinga, das Ohr,
korong, hören,	faalongo, hören,
sáng, weinen,	tangi, weinen,

u. s. w.

In der kurzen Zeit von drei Monaten konnte ich unmöglich eingehendere linguistische Studien unternehmen; aber schon das Vorkommen der Wörter fenan, tụ, féē, die in dem vertrautesten Zusammenleben der beiden Geschlechter begründet sind, deuten hier auf ein einstiges samoanisches Familienleben.

Ich glaube genügenden Grund zu haben für Mortlock eine polynesische Bevölkerung anzunehmen und erwähne noch ergänzend, dass Satóan, auf welcher Insel ich den bärtigen Typus als für Mortlock ansässig betrachte, die älteste bevölkerte Insel der Gruppe ist, und ihre Bewohner als tapfere Krieger angesehen werden. Tä und Kịtụ wurden viel später durch eine direkte Einwanderung vom nördlicher belegenen Ruk bevölkert.

Zu dem Aeusseren der Mortlocker zurückkehrend, sind es noch Auge und Zähne, deren ich besonders erwähnen möchte. Das Auge ist gewöhnlich gross aber selten rein. Die Pupille ist sehr klein, die Iris breit und braun, der Augapfel meistens schmutzig gelbweiss und meistens infiltrirt. Die Augen sind vorwiegend beinahe gerade gesetzt und erreichen nie die Schrägheit, welche bei Chinesen gewöhnlich, auch bei Südseeinsulanern oftmals anzutreffen ist. Ich versuchte den Grad der Neigung der Augenachse zu fassen und bei verschiedenen Individuen zu vergleichen; ich that es, indem ich von einer Basis, die auf der Medianebene des Kopfes liegt und von der Nasenscheidewand bis zu einem beliebigen Punkte auf der Stirn reicht, die Entfernung der beiden Augenwinkel maass. Aus den Daten berechnete ich die Dreiecke: Augen Durchmesser-Nasenscheidewand und Medianbahn-Innerer Augen-Winkel. Dadurch ergeben sich Elemente für die Berechnung des Dreieckes, das gebildet wird, wenn man die Augenachse bis zum Durchschneiden der Gesichtsachse verlängert. Je gerader die Richtung der Augenachse, desto näher wird der Winkel zwischen der verlängerten Augenachse und dem oberen Theil der Gesichtsachse, einem rechten Winkel rücken. In etwas unvollkommenerer aber Zeit sparender Weise, kann man die Aufgabe leicht graphisch lösen, und falls die Messung genau ist, so korrigiren sich gegenseitig die Resultate. Für die Mortlocker betrug der so erhaltene Augenneigungs-Index im Durchschnitt 86°, von 81° bis 92° variirend.

Die Zähne der Mortlocker sind auffallend schlecht und missgestaltet. Ein regelmässiger Satz von Zähnen ist selten; schöne Zähne wie sie bei den Polynesiern gewöhnlich, fehlen ganz. Sehr oft sind die Vorderzähne versetzt, oder ein Zahn ragt schief und lang hervor. Ich kann Dieses blos der schlechten Nahrung zuschreiben, die meistens aus der harten Nuss der Cocospalme besteht und bei Kindern schon die Ausbildung eines gesunden Zahnes hindern mag. Bei einigen alten Leuten fand ich noch sehr gute Zähne; ein ziemlich alter ausgegrabener Schädel hatte ebenfalls ein kräftiges und regelmässiges Gebiss. Da die Tradition von Zeiten spricht, in welchen die Inseln viel Nahrung an Taro und Brotfrucht lieferten, so mag sein, dass mit Eintritt der Nahrungsnoth und der Zuflucht zu der Cocosnuss seitens der letzten Generationen, auch die Beeinträchtigung der Zähne entstand.

Die Unterschenkel der Frauen sind auffallend wenig entwickelt, und ist beinahe keine deutliche Wade vorhanden. Die Muskulatur des Oberschenkels nimmt auch gleich von oben an ab, so dass die Frauen sehr lang und dünnbeinig erscheinen. Die Ursache davon glaube ich in der Art und Weise wie die Frauen zu sitzen pflegen annehmen zu können. Sie sitzen nämlich nicht mit kreuzweise über einander gelegten Unterschenkeln, sondern die letzteren sind nach Aussen gewendet und die Kniee dicht bei einander. Der Körper ruht auf den Oberschenkeln, die in ihrer ganzen Länge die Erde berühren. Diese Sitzweise kann unmöglich ohne Einfluss auf die ganze untere Körperhälfte der Frauen sein.

Zur künstlichen Beeinflussung des Aeusseren der Mortlocker gehört noch das Durchbohren und Ausziehen des Ohrläppchens, welches eigentlich eine 3—4 Zoll lange Schlinge bildet, in welcher ein grosses Bündel Perlen aus Cocosschale eingehängt wird. Die älteren Personen und Häuptlinge tragen selten viel Ohrgehänge, sondern oft nur die dem Auge nicht gerade wohlgefällige Schlinge.

Die Mortlocker haben durchaus kein gesundes und kräftiges Aussehen, im Gegentheil findet man bei ihnen bei grossen geistigen Anlagen gleichzeitig eine bedeutende körperliche Trägheit. Neben dem schlanken Wuchs, der sorgfältigen und eleganten Haartracht, fehlt jeder energische Ausdruck und tritt eine knabenhaft gutmüthige, unbeholfene Faulheit hervor, die jedenfalls blos die Folge des isolirten, jeder Beschäftigung baaren Lebens ist. Jede physische Anstrengung richtet den Mortlocker zu Grunde. Eine Anzahl hiesiger Eingeborenen im Plantagenbau versuchsweise beschäftigt, unterlag der Anstrengung beinahe gänzlich; andere, von mir mit Signalstangen auf dem Riff postirt, kamen nach mehrstündigem Stehen in der Sonne, ganz marode mit heftigsten Kopfschmerzen zurück, während ich selbst mich ganz wohl dabei befand. Im Falle einer ernsten Krankheit ist es natürlich, dass diese Art Menschen leicht dem Tode verfallen.

2. Krankheiten.

Die Mortlocker erkälten sich sehr leicht; sie leiden besonders während der zur Zeit der Windwechsel vorkommenden Influenza auf der Brust.

Von Hautkrankheiten kommen vor: Ichthyosis, zwei Lupus-Formen und die Elephantiasis Polynesiorum. Die letztere ist sehr gemein und befällt beide Geschlechter. Die Prävalenz der Elephantiasis auf den Mortlock-Inseln, während sie im Osten und Westen derselben blos zu den Seltenheiten gehört, möchte ich auch der polynesischen Erbschaft zuschreiben.

Ein Lupus entweder im Gesichte oder um das Ellenbogen- oder Fussgelenk wuchernd, gehört nicht zu den Seltenheiten; am häufigsten aber ist eine gewöhnlich auf der Fusssohle vorkommende Hautkrankheit, die unter der Epidermis speckige und schliesslich wuchernde, sehr schmerzhafte Auswüchse erzeugt, die den Insulaner im Gehen hindern und dasselbe oft gänzlich unmöglich machen. Auf manchen Inseln der Südsee, so z. B. auf den Anchorites-Inseln, fehlt diese Krankheit gänzlich. Die mich schon seit sieben Jahren begleitenden Anchorites-Insulaner hatten diese Krankheit nie gekannt, sie bekamen dieselbe erst im Samoa und leiden seitdem immerfort daran. Die Geschwüre sind unter der gewöhnlich dicken Epidermis oft blos durch Druck zu bemerken und erst nach Abtragen derselben sichtbar. Im Anfange des Uebels, ist dessen Sitz in den tieferen Lagen der Haut selbst; die kleine Geschwulst, von der Grösse eines Nadelkopfes bis zu der einer Erbse variirend, schimmert durch die blosgelegte Haut weisslich durch. Mit der Zeit dringt die Geschwulst zu der Epidermis und fängt an dieselbe von unten aufzulösen, selbst in dem gewonnenen

Raume aufquellend. In diesem Stadium hat sie ein speckig warziges Ansehen und ist, wenn berührt, sehr empfindlich. Sie ist entweder rund oder kurz oval und erreicht selten 10''' Durchmesser, es können aber oft mehrere solcher Epidermis-Löcher mit der durchgequollenen Haut bei einander sein ohne sich zu vereinigen. Das Leiden ist ein sehr langwieriges, wird aber von keinen ernstlicheren Folgen begleitet. Die Geschwüre trocknen ein und brechen wieder auf oder verbleiben für Jahre. Die Samoaner nennen diese Krankheit »tona« (sprich tonga), welchen Namen sie auch der Framboesia Pian (englisch Yaws) beilegen. Auf Ponapé heisst sie »Kincz« (sprich Kintsch). *) Ich fand das Bloslegen des Geschwürs, sorgfältiges Reinigen von Erde und Schmutz und cauterisiren mit Höllenstein von augenblicklicher Wirkung, da alle gebrannten Geschwüre am nächsten Tage schon unempfindlich sind und schliesslich eintrocknen.

Eine auffallende krankhafte Erscheinung bei den Mortlockern ist eine angeborene oder erst mit dem Alter sich entwickelnde Lähmung der Finger, welch' letztere in verschiedenem Maasse gebogen sind und nicht mehr gerade ausgestrekt werden können. Dieses Leiden scheint durch eine Verkürzung der Flexoren (Beugmuskel) verursacht zu sein, und ist erblich; in der Familie des Häuptling Náobong war von 4 Töchtern nur eine davon frei.

Im Allgemeinen sind sonst keine epidemischen oder syphilistischen Krankheiten bekannt und erreichen die Insulaner oft ein hohes Alter. Graues Haar und Bart sind nicht selten.

3. Kleidung und Tattuirung.

Die Tracht des Mortlockers und seine Tattuirung sind ebenfalls für denselben sehr bezeichnend. Die Männer tragen den »palpal« und den »usz« (sprich utsch), die Frauen den »ároar«.

Der »palpal« ist der polynesische »maro« oder »malo« oder der palau'sche »uszaker« (sprich utschaker) und wird auf dieselbe Weise wie dieser getragen. Er besteht aus Hibiscus- oder Bananenfasern und wird auf einem ordentlichen Webinstrument verfertigt. Er wird gewöhnlich

*) Dr. Ed. Graeffe theilt im Journal des Museum Godeffroy, Heft XIV pg. 238 über diese Krankheit auf Samoa Folgendes mit: Ob die von den Eingeborenen ebenfalls »tona« geheissenen schmerzhaften Excrescenzen an der Fusssohle ebenfalls eine Framboesiaform ist, bleibt zweifelhaft. Doch scheint es mehr eine entzündliche Wucherung des Chorions zu sein, welche sich bildet, wenn die sonst sehr dicke Sohlen-Epidermis-Schicht an irgend einer Stelle durchbrochen wird (vom Gehen auf scharfen Steinen, Korallenriffen etc.) und die Lederhaut blosliegt. Möglich ist indessen immer noch, dass die besondere Form dieser Sohlenwarzen unter dem Einfluss des Pian sich bildet.

reichlich mit Gelbwurz eingeschmiert. Zwei solcher Stücke zusammengenäht, längsweise mit einem Kopfschlitz in der Mitte, bilden den ponchoartigen Mantel »usz«, welcher von allen Männern getragen wird. Er deckt den ganzen Körper bis über die Kniee und bildet einen ausgezeichneten Schutz gegen die Sonne. Er wird ebenfalls reichlich mit Gelbwurz gefärbt. Der »palpal« kommt von Mortlock und Nukuor nach Westen bis Palau auf jeder Insel vor, der »usz« dagegen ist schon auf den westlichen Central-Karolinen unbekannt, so z. B. tragen die Eingeborenen auf Uneay blos den »palpal«. Der weibliche »åroar« ist ein aus ähnlichem Material gewebtes Zeug, das einfach um die Hüfte gewunden wird und nicht über die Kniee reicht; derselbe findet sich auf allen Inseln der Central-Karolinen, fehlt auf Ponapé, Yap und Palau. Spezielleres über diese Zeuge weiter unten.

Zur Kopfbedeckung hat der Mortlocker denselben spitzen und breiten runden Hut, wie man ihn auch auf Yap *) antrifft.

Die Tattuirung der Mortlocker ist den Ruk-Inseln entnommen und beschränkt sich bei den Männern auf die Aussenseiten der Oberarme und auf einen kleinen Theil der Vorderseite des Oberschenkels. Sie ist den

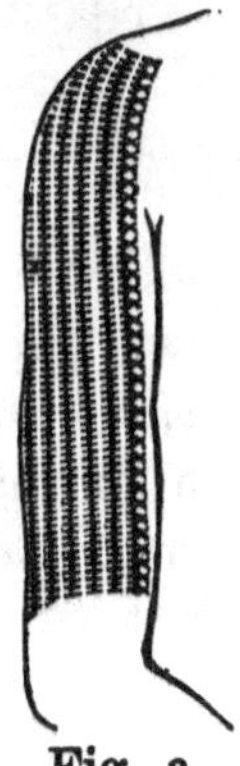

Fig. a.

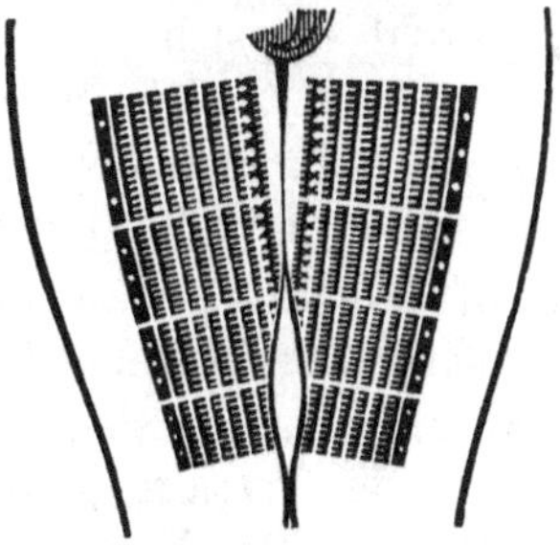

Fig. b.

Fig. 10.

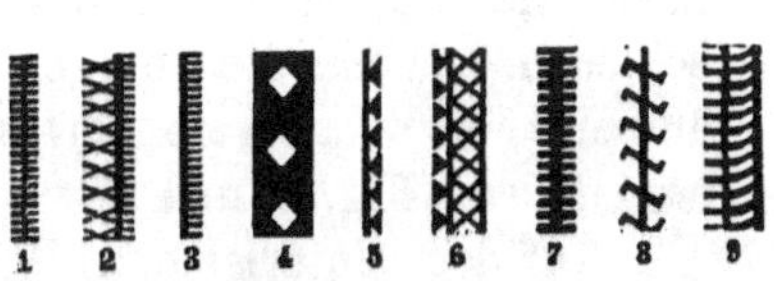

Fig. 1 bis 9.

*) Siehe Journal des Museum Godeffroy, Heft II, Taf. 5.

Mortlock- und Lósop*)-Inseln eigenthümlich und daher ein charakteristisches Merkmal dieser Inseln. Die ruk'sche Tattuirung der Brust und des Bauches haben die Mortlock-Männer nicht; die Mortlock-Frauen hingegen haben auch eine Tattuirung auf dem Unterleib und auf dem Gesäss.

Die ganze vordere und äussere Seite des Oberarmes ist mit elf (in der ruk'schen Tattuirung blos mit acht) Längsbinden bedeckt, die vom Akromion (oberster Theil der Schulter) bis zwei Zoll über die Ellenbogenbeuge reichen. Die oberen Enden der Binden sind quer abgeschnitten und ordnen sich bogenförmig um den Umfang des Akromions, von wo sie dann auf die Oberfläche des Oberarms ausstrahlen. (Fig. a).

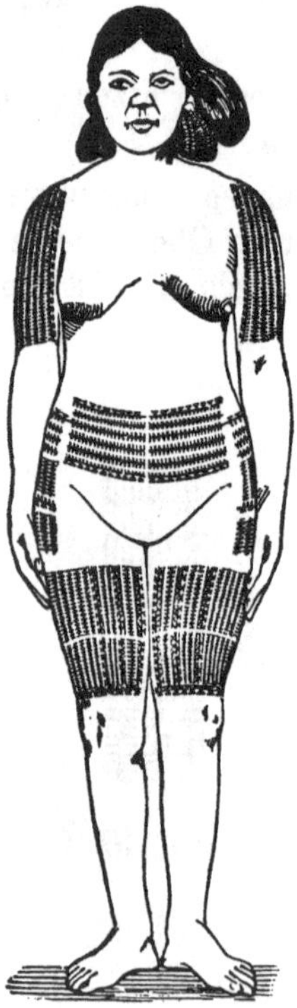

Fig. c.
Vorderansicht einer tattuirten Mortlock-Frau.

Von diesen elf Binden sind die neun mittleren sich gleich; ihr technischer Nativename ist »sóbon pey« (Fig. 1). Die beiden Randbinden heissen »feyrópung (Fig. 2).

Die auf der Innenseite des Schenkels befindliche Zeichnung (Fig. b), besteht aus vier nach unten immer kleiner werdenden sonst aber sich gleichenden Theilen, von denen jeder neun, sieben mittlere und zwei Randbinden, umfasst. Die mittleren Binden heissen ebenfalls »sóbon pey«, obwohl sie sich von Fig. 1 unterscheiden, wie Fig. 3 zeigt. Die äussere Randbinde des Schenkels ist in Fig. 4 wiedergegeben.

Das ist die ganze männliche Tattuirung auf Mortlock, Námoluk und Lósop. Die Einwohner der letzteren Insel, welche oft nach Ruk kommen, lassen sich manchmal dort tattuiren.

Die Tattuirung der mortlock'schen Frauen nähert sich mehr der ruk'schen. Auf dem Oberarme befinden sich ähnliche Binden wie bei den Männern, die beiden Randbinden sind aber verschieden, indem die innere »gunpaleyau«, die äussere ein etwas verändertes feyropung-Muster ist. (Siehe Fig. 5 und 6.)

Auf dem Unterleibe, zwischen dem Nabel und der Scham bis seitlich zu den Leisten-Gegenden, befindet sich eine Tattuirung aus horizontal an-

*) Losop- oder d'Urville-Inseln, südöstlich von den Ruk-Inseln.

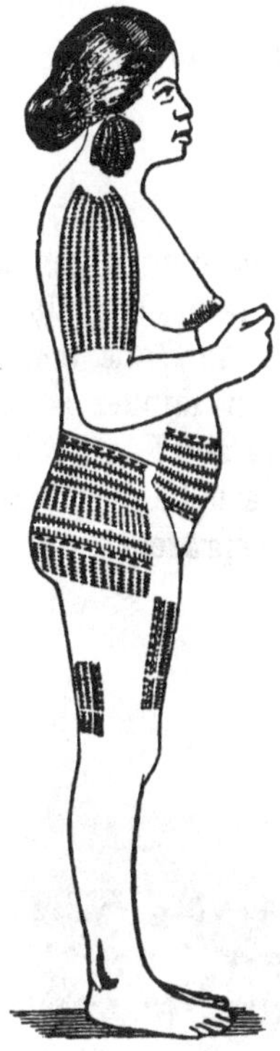

Fig. d.
Seitenansicht einer tattuirten Mortlock-Frau.

geordneten, auf der Mitte des Bauches unterbrochenen Binden. Es sind deren sechs, die vier mittleren sind ein etwas veränderter sóbon pey, (Fig. 7), die oberste und unterste sind gunpaleyau.

Auf der Rückenseite befindet sich eine ähnliche Tattuirung, welche aber etwas niedriger als diejenige des Unterleibes anfängt und quer über das Gesäss sich hinzieht. Fig. 10 giebt einen Theil dieser Zeichnung auf der ganzen Höhe.

Die auf der vorderen und inneren Seite des Oberschenkels befindliche Tattuirung besteht aus 14 vertikalen Binden, welche nur einmal unterbrochen sind. Von diesen Binden sind die 1. 3. 6. und 14. sich gleich; es ist der in Fig. 6 dagestellte feyropung. Die 7. und 9. heisst »manubong« (Fig. 8). Die übrigen sind sóbon pey.

Auf der hinteren Seite des Oberschenkels sind ebenfalls solche Binden in zwei Gruppen angeordnet, welche sich eben über der Kniebeuge befinden.

Zwischen die sóbon pey-Binden der Hüften-Tattuirung werden manchmal Binden wie Fig. 9 eingeschaltet.

Fig. c und d stellen die mortlock'sche Frauentattuirung vor, doch sei hervorgehoben, dass sich die Frauen im Allgemeinen ähnlich wie die Männer, blos mit der Tattuirung der Oberarme und Oberschenkel begnügen. Eine vollständige Tattuirung haben blos die älteren Frauen.

Wie überall, ist die Operation schmerzlich und kostspielig. Ihre Ausübung ist eine Kunst und wird ebenso wie auf Palau und Ponapé von Frauen gehandhabt.

Ebenso wie die mortlock'sche Tattuirung nur ein Bruchstück der ruck'schen ist, so glaube ich auch, dass die Tattuirung, welche ich bei einem Lósop-Eingeborenen, Forsal mit Namen, vorfand, noch nicht ganz fertig war, und nur den Bruchtheil einer früheren den ganzen Körper deckenden Tattuirung bildete, deren vollständige Ausführung entweder vernachlässigt war oder erst mit höherem Alter vor sich gehen sollte.

Bei den Mortlockern spielt die Tattuirung keine hervorragende Rolle und viele, besonders dunkel gefärbte Eingeborene, entbehren derselben gänzlich. Sie wird blos als Schmuck betrachtet ohne irgend welchen religiösen Sinn.

4. Wohnungs-Verhältnisse.

Die Wohnungen der Mortlocker stehen weit unter denjenigen der nachbarlichen hohen Inseln, sind jedoch besser und reinlicher als die Wohnhütten der Marshall-Insulaner. Das mortlock'sche Haus besteht blos aus einem Dache, welches, durch ein mehr oder minder solides Gerüst getragen, entweder wie bei den kleineren bis zur Erde reicht, oder wie bei den grossen etwas über dem Boden erhoben ist. Das Aeussere dieser beiden Arten der Häuser wird treu repräsentirt durch die nebenstehenden Holzschnitte No. 1 und 2.

No. 1.

No. 2.

Das grosse Haus, »le fel« genannt, ist ungefähr 12 m lang, 8 m breit und 6½ m hoch und ist meistentheils auf beiden Seiten offen. In demselben werden gewöhnlich die Canoes aufbewahrt und schlafen der Häuptling des Ortes und alle männlichen Einwohner, welche noch nicht verheirathet sind, oder welche nicht eben bei ihren Frauen verweilen. Jeder Ort hat ein solches Haus; um dasselbe herum gruppiren sich die kleinen Häuser, die »im« heissen, in welchen die Frauen, gewöhnlich mehrere zusammen, wohnen. Etliche von diesen kleinen Häusern sind nachlässiger gebaut und dienen als Küchen »mesoro.« Je nach der Wichtigkeit des Ortes ist das fel grösser und stärker gebaut oder sinkt zu einem offenen Schuppen herab. Der Hauptzweck des Hauses ist, dem Einwohner nur den nothdürftigsten Schutz gegen die Einflüsse des Wetters zu geben, von Bequemlichkeit ist keine Rede. Das Gerippe des Hauses ist sehr stark gebaut, um dem ganzen Dache eine besondere Widerstandsfähigkeit gegen die westlichen und südwestlichen Winde zu sichern. Die Grundpfeiler sind aus sehr hartem, über mannesdickem Holze, ebenso die Querhölzer. Die ersteren sind meist nur von der Rinde entblösste Stämme, die oben in eine natürliche Astgabel enden, in welch' letzteren die Längsbalken ruhen; die letzteren (Querbalken) sind roh viereckig behauen, ebenso die von deren Mitte zur Dachfirste laufenden Stützen. Auf diesen sieht man manches Mal einen ungeschickten Versuch einer Verzierung in Gestalt von symmetrisch sein sollenden Leisten. Diese Hauptstützen des Hausgerippes sind aneinander gebunden. Die Dachlatten sind aus Pandanus-Stämmen und von bedeutender Dicke (ca. 15 cm), was dem ganzen Bau von Innen ein sehr massives Ansehen verleiht. Das Dach selbst ist aus Pandanus-Blättern. Die mortlock'sche Hauszimmerei, welche sich natürlich den Verhältnissen des Platzes fügen musste, steht weit unter der palau'schen, welche ich bis jetzt als die vollkommenste in der Südsee betrachte. Das mortlock'sche fel entspricht entfernt dem samoanischen »fale tele«, den kingsmill'schen grossen Häusern, den ponape'schen Küchen oder Festhäusern, den yap'schen »febay's« und den palau'schen »bay's«. Im Vergleiche mit den beiden letzteren fällt es auf, dass der palau'sche Name bay durch das polynesische fale (in fel verkürzt) vertreten ist, da doch der Hauptzweck des Hauses derselbe ist, nämlich des Nachts ein Sammelort für diejenigen männlichen Bewohner zu sein, welche keine Frauen haben oder von ihnen zeitweilig geschieden sind. Ebenso wie in Palau werden auf den Mortlock-Inseln alle Staatsgeschäfte in diesem Hause abgemacht und Besuche empfangen, und was ein sehr wichtiges Moment ist, auf beiden Inselgruppen dürfen die dem Platze angehörenden Frauen das fel nicht betreten, wogegen Frauen aus anderen Gegenden durch kein Gesetz an den freien Eintritt behindert sind.

Das Innere eines solchen mortlock'schen fel bietet, wie bereits erwähnt, dem Einwohner nur Schutz gegen Regen und direktem Wind; sonst ist es blos ein leerer Raum, dessen Boden mit losen Cocosblättern bedeckt wird, in welchem die Eingeborenen Nachts auf der gewöhnlichen »kiekey«-Matte schlafen. Steht ein Canoe in dem Hause, so lagern sich die Leute wie sie eben können. In Folge der geringen Bevölkerung im Allgemeinen, so wie auch der Sitte, dass die Männer auswärts verheirathet sind, ist die Zahl der Schläfer im fel nur eine beschränkte. Von Geräthschaften und wohnlicher Einrichtung ist keine Spur vorhanden, da ja eben das Haus nur zum zeitweiligen Aufenthalte dient.

Die Einrichtung der kleineren Häuser ist ebenso ärmlich. Die wenigen Geräthschaften oder Sachen der Einwohner, sind überall dem Auge zugänglich aufgehangen, entweder frei oder in kleine Körbe oder Bündel eingepackt. Die von den Oneop-Natives verfertigten Brotfruchtkisten, sind sehr selten in den Häusern zu finden. Matten werden blos für die Nacht benutzt; am Tage sitzen oder vielmehr knieen die Frauen auf blosser Erde, wodurch deren Kniee sehr rauh und misgestaltet werden. Die Wohnhäuser sind im Allgemeinen sehr klein, auf beiden Seiten geschlossen und nur durch eine kleine viereckige Oeffnung zugänglich. Die Insassen leben zusammengedrängt und können sich unmöglich besonderer Reinlichkeit befleissigen.

5. **Nahrung.**

Die Nahrung des Mortlockers ist ebenso ärmlich wie seine Behausung, und kann er sich nicht mal mit der Quantität für die Qualität trösten. Es ist kaum möglich gewisse Esszeiten wahrzunehmen, man isst, wenn man zu essen hat. Die Cocosnuss ist das hauptsächlichste Nahrungsmittel, indem die alte gegessen, die junge getrunken wird. Da Taro und Brotfrucht blos zu gewissen Zeiten vorkommen, so ist die Cocosnuss ein Gegenstand besonderer Sorge, und wird mit den abfallenden Nüssen eine genaue Wirthschaft betrieben. Sie bilden das einzige Eigenthum des Eingeborenen, welches ihm sein Leben hier ermöglicht, und er bewacht dasselbe sehr sorgsam. Die Cocosnuss ist nicht nur das natürlichste, sondern auch das beliebteste Nahrungsmittel der Mortlocker, denn sie ist nahrhaft und wird von der Natur fertig abgeliefert. Als Zuspeise geniesst der Mortlocker selten einen Fisch. Taro und Brotfrucht werden gerne mit Fisch gegessen, und wird der Fischfang deshalb zur Zeit der Brotfrucht mit gesammten Kräften betrieben. Dann beginnt die Zeit des Sattseins; es herrscht dann ein positiver Ueberfluss, den der Insulaner leider nicht für die Zeiten der Noth zu verwerthen versteht. Es wird zwar versucht den Brotfruchtteig in Höhlen vergraben für eine längere Zeit zu verwahren, indessen hält sich derselbe in den flachen Höhlen des Korallenbodens schlecht und bildet eine rasch vergehende Aushülfe. Neun Monate im Jahre ist der Insulaner auf die Nuss angewiesen. Als Fleischspeise geniessen die Insulaner gelegentlich den Noddy (Anous stolidus), auch dumme Seeschwalbe genannt, oder dessen Eier, die Carpophaga oceanica Less., den Birgus latro, mehrere Crustaceen des Strandes und verschiedene Mollusken. Das wilde Huhn, hier von Ruk eingeführt, wird nicht gegessen. Die mortlock'sche Kochkunst hatte somit keine Gelegenheit sich auszubilden, ist aber nicht jeder Eigenthümlichkeit baar. Die glücklichenfalls erbeuteten Eier des Anous oder der Schildkröte werden selten roh gegessen, sondern in einer Cocosschale über einem Feuer zum Rührei gemacht. In den grossen Cassisschalen wird auch ein Gemisch von Brotfrucht mit Cocosnuss gar gebacken, und liefert dies Gericht in der Brotfruchtzeit eine Festspeise, die durchaus nicht schlecht schmeckt. Manche Fische werden roh gegessen, manche direkt über dem Feuer geröstet. Indessen ist der polynesische »umu«, das Backen in erhitzten Steinen, auch hier bekannt und angewandt, obwohl die Korallensteine dazu ein sehr schlechtes Material liefern. Die Bereitung der Nahrung fällt den Frauen zu, es wird aber ausser der Brotfruchtzeit wenig gekocht.

Zieht man die ärmlichen Bedingungen, unter welchen die Mortlocker ihr Leben fristen, den Mangel an Nahrung, die dürftige Wohnung, die klimatischen Einflüsse und die Einwirkungen der Elemente, welch' letztere in der Form von Stürmen und Ueberfluthungen die ohnehin schon karg zugemessenen Existenzmittel gänzlich vernichten können, in Betracht, so muss man sich doch über das gute Aussehen resp. Aeussere derselben wundern.

6. Die politischen, staatlichen und socialen Einrichtungen der Mortlocker.

Die heute »Mortlock-Gruppe« benannten Inseln, die aus den drei Lagunen: Satóan, Lukunor (Lugunor) und Etal bestehen, bilden keinen einheitlichen Staat und waren niemals von den Eingebornen unter einem Namen zusammengefasst. Während Etal für sich allein dasteht, sind Lukunor und Satóan aus mehreren unabhängigen Staaten zusammengesetzt, deren heutige Verhältnisse sich im Laufe der Zeiten auf mannigfachem Wege zu einem scheinbaren Ganzen formten, deren organische Trennung sich aber bei jedem politischen Wirken nach Aussen kundgiebt.

Die grösste der Lagunen-Gruppen ist Satóan; von den zu ihr gehörigen Inseln sind nur Kítu̧, Mož (sprich Mosch), Satóan und Tä bevölkert. Jede dieser bevölkerten Inseln hat einen grossen Häuptling »sómol« (Kopf, Haupt) genannt, und mehrere kleinere; jede geht als ein Ganzes in den Krieg, um die Interessen der Insel gegen die nachbarlichen zu vertheidigen. Wenn man somit von der inneren heterogenen Organisation absieht, bildet jede dieser Inseln einen Staat. Von diesem Standpunkte aus gestaltet sich die Eintheilung der Mortlock-Inseln in 7 von einander unabhängige Staaten, wie folgt:

Satóan Lagune.

1. Tä, umfasst die Insel Tä, mit Ausschluss eines kleinen Theiles im Norden der Insel, welcher zu Satóan gehört, die südlicher gelegenen Inseln Uoytä und Aliar.
2. Satóan, besteht aus der Insel gleichen Namens und den westlich von ihr auf dem Riffe gelegenen Inseln bis Fau̧szjk.
3. Mož, umfasst ausser der Insel gleichen Namens, die Inseln im Osten bis Fau̧szjk und im Westen bis Apison.
4. Kítu̧, umfasst alle Inseln zwischen Apison und Onobuku̧.

Lukunor Lagune.

5. Lukunor, besteht aus der Insel Lukunor, Piafa und der östlichen Hälfte von Saponor.
6. Oneop, besteht aus der Insel gleichen Namens, der Hälfte von Saponor, allen kleinen Inseln auf dem westlichen Rande des Riffes und der Insel Kúrum auf der östlichen Seite der Lagune.

Etal Lagune.

7. Etal, umfasst die ganze Lagune.

Diese Eintheilung, obwohl geographisch zweckmässig, ist jedoch keine natürliche und verräth sich als solche bei der ersten Gelegenheit. Wenn z. B. zwei solcher Staaten im Streite sind, welcher blos durch einen Krieg ausgeglichen werden kann, so finden sich die Krieger beider Partheien auf dem Kampfplatze ein und die Schlacht beginnt. Kurioser Weise besteht diese aber nicht in einem blinden Drauflosschlagen, sondern man sucht sich seine Gegner aus. Zwei einander gegenüber stehende Krieger werden sich nichts zu Leide thun, sobald sie sich als »puipui« d. h. als Verwandte, die sich nicht tödten dürfen, erkannt haben. Das »puipui« also ist stärker als der Begriff Staat, als die politische Unabhängigkeit desselben, und verdient demnach eine besondere Aufmerksamkeit.

Der Mortlocker nennt einen Bruder oder eine Schwester »pui« (puim, puin u. s. w.), und er betrachtet einen jeden Menschen für seinen »puin«, wenn die Mutter des letzteren von demselben Blute war, wie seine eigene. Durch »puipui« bezeichnet er das Verwandtschaftsverhältniss selbst und dann die ganze Gesammtheit seiner Verwandten von mütterlicher Seite. Die Verwandten von väterlicher Seite gehören nicht zu dem »puipui«. Das »puipui« entspricht also dem Begriffe Stamm, und ist die eigentliche Basis, von welcher alle Erscheinungen des mortlock'schen Lebens ihren Ursprung nehmen. Will man also die mortlock'schen staatlichen Verhältnisse verstehen, so muss man die Stammesverfassung der dortigen Völkerschaften in Betracht ziehen.*)

6a. Die Stammesverfassung der Mortlocker.

Zu einem Stamme gehören Individuen beiderlei Geschlechts, welche ihre Abkunft traditionell von einer und derselben Frau ableiten können. Die Mitglieder eines Stammes, beiderlei Geschlechts, betrachten sich als Geschwister und dürfen sich nicht geschlechtlich vermischen, oder körperlich oder moralisch schädigen. Die Bande der Stammesverwandtschaft bestehen ohne Rücksicht auf Entfernung und geographische Vertheilung.

Diese Kardinal-Gesetze der Stammesverfassung, wurden von den ersten Einwanderern aus ihrer Heimath mitgebracht; sie erstreckten sich auf den ganzen östlichen Theil der centralen Karolinen und halfen die mortlock'schen Staaten begründen. Eine Anzahl solcher Einwanderer

*) Auf allen Inseln der Karolinen- und der Marshall-Gruppe, mit einziger Ausnahme der Insel Yap, ist der Ausgangspunkt der socialen Einrichtungen derselbe, nämlich ein durch die Einheit des weiblichen Blutes bedingter Stamm. Auf Yap kommt die Mutter nicht in Betracht und der Sohn folgt dem Vater, obwohl Spuren einer ursprünglicheren weiblichen Stammesverfassung nicht zu verkennen sind. Ganz dieselbe Verfassung hatte einst auch Polynesien (obgleich hier die einzelnen Stämme ihre Zusammengehörigkeit nicht aufrecht erhalten konnten und in einzelne Familien »aiga's« (auf Samoa z. B.) zerfielen), indem die Nachkommenschaft einer Frauenlinie den Vorzug hatte und z. B. Häuptlingstitel und Würden auf den Bruder, nicht auf den Sohn des Vaters, übergingen.

Die centralen Karolinen scheinen diese Stammesverfassung am reinsten erhalten zu haben. Jeder einzelne Stamm fand hier genügenden Platz sich zu behaupten. Die Vermischung der Stämme zum Zwecke einer Staatenbildung, ist nicht so stark ausgeprägt wie auf Palau oder Ponapé, oder dieselben unterlagen nicht individueller Willkür einzelner Stämme oder deren Häuptlinge, wie dies auf der Marshall-Gruppe der Fall ist.

kam vom Norden, namentlich von den Hogolu- oder Ruk-Inseln, nahm die Mortlock-Inseln in Besitz und vertheilte sie unter sich. Da die Einwanderung keine gleichzeitige und einmalige für die verschiedenen Stämme war, so kamen auf verschiedenen Inseln einzelne Stämme mehr zur Geltung; jedoch fanden sie sich sämmtlich auf beinahe jeder Insel vertreten. Sobald daher die Bewohner einer Insel einen Staat, d. h. ein nach Aussen als politische Einheit wirkendes Ganze bildeten, fanden sich Mitglieder eines und desselben Stammes in verschiedenen Lagern vor, und der vorerwähnte Fall trat ein, dass diese sich im Kampfe ausweichen mussten. Staaten bekämpfen sich demnach nur innerhalb ihrer sich gegenseitig fremden Stämme. Wenn eine Insel die Stämme a und b hat, eine andere aber auch von denselben bevölkert ist, dann wird a der einen Insel mit b der andern, b der ersteren mit a der letzteren kämpfen müssen.

Ausser dieser Stammeseintheilung, existirt keine andere sociale Eintheilung auf den Karolinen, beispielsweise in Stände, Klassen, geheime Brüderschaften u. dergl., und glaube ich, dass alle darauf abzielenden Vermuthungen früherer Beobachter auf Unkenntniss der Stammesverfassung beruhen. *) Bei den hiesigen Völkerschaften sind die Begriffe »vornehm, adelig und bürgerlich« sehr relativer Natur, und specielle Titel wie »König, Fürst, Prinz etc.«, ganz von der individuellen Willkür des Beobachters abhängig.

Ein Stamm besitzt gewöhnlich eine Strecke Landes, welche er als sein Eigenthum gegen die Angriffe anderer Stämme zu beschützen hat, und bildet alsdann einen Staat für sich. Hat derselbe Stamm auch bedeutenden Grundbesitz auf einer anderen Insel, so entsteht ein anderer Staat, der von dem ersten unabhängig ist, aber seine Stammesverwandtschaft nie verleugnen kann.

Ein Stamm nach vorstehender Art ist nicht von Dauer, weil die Männer und Frauen desselben keine Ehen eingehen dürfen. Zu seinem Fortbestehen muss er mit einem anderen Stamme in Berührung treten und so eine Nachkommenschaft zu erzielen suchen. Je mehr Frauen zu einem Stamme gehören, desto mehr Heirathen und Nachkommenschaft, desto grösser demnach die Wahrscheinlichkeit seines sicheren Bestehens. Hieraus resultirt die bevorzugte Stellung der Frau, welche

*) Ohne Zweifel bezieht sich die bei Meinicke, Inseln des Stillen Oceans, II. pg. 381, citirte Beobachtung Lütke's und Duperrey's über Klasseneintheilung auf die Stammesverfassung, welche auf allen diesen Inseln zu finden ist. Eine Ausnahme bildet das auf Ponapé einstmals ausgebildete Bündniss der »Dziomarau«, welches einen rein religiösen Charakter hatte und neben der Eintheilung in Stämme (»tip«), die ganz dem »puipui« entsprechen, bestand.

ihren Ausdruck darin findet, dass die älteste Frau des Stammes als dessen *sociales* Haupt angesehen und mit besonderer Achtung behandelt wird.*)

Das *politische* Haupt des Stammes, ist der älteste Mann aus der ältesten Familie des Stammes. Der ganze Stamm nennt ihn seinen Häuptling »sómol« **). Der Häuptling nennt jedes Mitglied seines Stammes »pui«, d. h. Schwester oder Bruder, ohne Rücksicht auf das Alter. Stirbt ein Häuptling, so folgt ihm sein Bruder, oder falls dieser fehlt, der nächste männliche Verwandte. Stirbt die älteste Familie aus, so folgt die nächste, die folgende u. s. w. so dass der letzte Mann des Stammes Häuptling desselben werden kann, wenn an ihn die Reihe kommt.

Jedes Dorf für sich ist ein kleiner Stamm, eine Familie, aus welcher die Nachkommenschaft des männlichen Theils ausgeschlossen und in welcher die des weiblichen beibehalten ist. Die durch die Bande der Stammesverwandtschaft aneinander geketteten Dörfer, anerkennen ein Dorf als den Sitz der Hauptfamilie, welche den Häuptling des Stammes liefert. Jedes dieser Dörfer, dessen Bedeutung im Stamme in einer stufenweise angeordneten Reihe bestimmt ist, kann das Hauptdorf des Stammes werden, falls die vorgehenden wichtigeren Dörfer ausgestorben sind.

Die Stammes-Eintheilung der Mortlock-Inseln gestaltet sich weit komplicirter als die politische. So zählt die in »Bónon, Lugalap, und Réte« zerfallende Insel Tä mit dem Sitz des Oberhäuptlings in Pia, die 4 Stämme: Sópun, Inemarau, Sor und Ué, deren Bewohner sich im März 1877 wie folgt vertheilten:

---

*) Der Einfluss und die Bedeutung der Frauen in dem Stamme, besonders der ältesten Frau, ist auf den verschiedenen Inseln der Karolinen verschieden. Das Verhältniss scheint von den Bedingungen abzuhängen, in welchen sich die Stämme vereinigten um Staaten zu bilden. Die älteste Frau des Stammes heisst überall, ebenso wie das männliche politische Haupt des Stammes, »Häuptling«. Auf den Palau's stehen der ältesten Frau der Familie, der Königin der Frauen, eine Anzahl Frauen-Häuptlinge zur Seite, welche den »Rupak el dil« ausmachen und von grossem Einfluss auf die Gesellschaft sind. (Vergl. Journal des Museum Godeffroy, Heft IV, pg. 39 (215). Bei den »tips« (Stämme) auf Ponapé ist dies ebenso.

**) Von »zum« Kopf. Die heutigen Mortlocker gebrauchen den Ausdruck »zum« blos für Thiere, z. B. »zum en ik«, der Kopf eines Fisches.

	Erwachsene Männer	Knaben	Erwachsene Frauen	Mädchen
der Stamm der Sópun's				
Dorf Pia	13	5	8	2
Onim	3		2	
Onfel	11	2	18	4
Ueylap	7		3	2
Fanmeu̯	4	4	3	2
der Stamm Inemarau				
Legu̯	5	11	14	5
Lenu̯		1	3	1
der Stamm Sor Sauyan				
Lemeu̯r	1	2	6	3
Enuk	8	4	8	2
Leu	3	2	6	2
der Stamm Sor Apila				
Apila	6	6	7	1
der Stamm Uẹ́				
Assuela ... / Assoatau ..	30	15	37	12
	91	52	115	36
	Summa: 294 Einwohner			

	Erwachsene Männer	Frauen	Kinder
Sópun	38	34	21
Inemarau	5	17	18
Sor	18	27	22
Uẹ́	30	37	27

Die Insel Satóan weist die Stämme Sóúyer, Sópun, Sóúluk, Sor, Inemarau und Ué auf, von welchen indessen nur die drei ersten von Bedeutung sind. Die Sóúyer's haben den Yĕr-itú genannten Theil der Insel inne, und der in Fanu̯or residirende Häuptling derselben ist der Oberhäuptling von Satóan. Diesen zunächst an Macht stehen die Sópun's, die den »Effeng« genannten Theil der Insel mit dem Hauptdorfe Soot besitzen. Die Sóúluk's besitzen den Yĕr-itá genannten Theil mit dem Hauptdorfe Fanu̯en.

Auf Mož findet sich wieder die Eintheilung der Insel in drei

Theile, Leapoy, Yer und Illik, im Besitze der Stämme Sőpun, Inemarau und Sőűmož. Die respektiven Hauptdörfer heissen: Lágorúp, Amoreng und Falụla. Die Oberhand haben wieder die Sőpun's. Ausser diesen drei Stämmen sind hier noch die Uế's, Likilap's und Sor's vertreten, je mit einem kleinen Häuptling, der jedoch ohne politischen Einfluss ist.

Auf der Insel Kịtụ́ finden wir die Stämme Sor, Uế, Sőpun, Sőűmož und Inemarau. Hier aber haben die Sor's das Uebergewicht, indem sie die Staaten Effeng und Yer bilden. Luk, der dritte unabhängige Theil Kịtụ́'s, ist im Besitze der Uế's.

Auf Lukunor finden wir die Stämme Sor, Sőpun. Soumož, Sőfa und Uế, mit dem ersteren als Führer.

Oneop hat die Stämme Soumož, Uế, Sőpun, Sor, Likilap, Sőfa, von denen die ersteren die Oberhand haben.

Etal hat die Stämme Uế, Sőpun und Sor.

Nach Vorstehendem werden sich die auf Seite 244 aufgeführten 7 politischen Insel-Staaten in folgende 16 *sociale* Staaten eintheilen lassen, von denen jeder wieder seine eigene innere Organisation hat und aus einer grösseren oder kleineren Anzahl von Gemeinden mit je einem Dorf besteht:

Stamm	bildet d. social. Staat	auf der Insel
1. Sőpun	1. Bőnon	Tä
	2. Effeng	Satőan
	3. Leapoy	Mož
2. Sor	4. Lugalap	Tä
	5. Effeng	Kịtụ́
	6. Yer	Kịtụ́
	7. Lukunor	Lukunor
3. Uế	8. Rḗte	Tä
	9. Effeng	Etal
	10. Yer	Etal
	11. Luk	Kịtụ́
4. Sőűyer	12. Yer-itú	Satőan
5. Sőűluk	13. Yer-itá	Satőan
6. Soumož	14. Oneop	Oneop
	15. Illik	Mož
7. Inemarau	16. Yer	Mož

8. Likilap 9. Sőfa 10. Retum	sind heute von keiner Bedeutung und leben zerstreut unter den verschiedenen Stämmen.

6.b Der Stamm und seine innere Verfassung.

Die Mitglieder eines Stammes haben eine Strecke Landes in ihrem Besitz, welche in kleinere Gemeinden getheilt ist, von denen jede eine eigene Niederlassung besitzt. Eine solche Niederlassung heisst: »key« und mit den dazu gehörenden Ländereien »bey«. Der Stamm ist also eingetheilt in bey's, deren jeder einen männlichen sómol, den ältesten Mann der Gemeinde, hat, welcher dieselbe nach Aussen repräsentirt. Die bey's haben eine Rangordnung, deren Spitze der key sómol, das Hauptdorf bildet, wo der Häuptling des Stammes lebt. Die Anordnung des key's — ein grosses Haus »le fel« wo das Haupt des Dorfes mit den männlichen Bewohnern schläft, umgeben von kleinen Hütten, in welchen die Frauen der Gemeinde für sich allein, oder mit ihren Männern (die nicht zu dem Stamme gehören) sich aufhalten —, ist blos ein sichtbarer Ausdruck der Stammes-Regel, dass die beiden Geschlechter sich als Geschwister betrachten sollen. Die Niederlassung ist kein Dorf, in dessen Häusern die Familien gemüthlich zusammen leben, sondern die Frauen und Männer sind auf's strengste abgeschieden; alle durch die Tradition überlieferten Gesetze, die sich als Sitten und Gebräuche offenbaren, trachten darnach die Annäherung der beiden Geschlechter eines Stammes unmöglich zu machen. So wird ein Geschwisterpaar nie in *einem* Hause schlafen, sondern der Sohn schläft in dem »fel«, die Tochter mit ihrer Mutter in dem »im«. Die Frau des bey-sómol darf nicht den fel betreten, eine Frau aus irgend welchem bey des Stammes, darf nicht den fel des Oberhäuptlings betreten, dagegen ist eine Frau aus einem anderen Stamm durch kein Gesetz an dem Eintritt verhindert. *)

Dieses Streben die beiden Geschlechter eines Stammes von einander zu halten, hatte verschiedene Folgen. Zuerst rief es eine Reihe von Gebräuchen und Verbote hervor, welche der Wichtigkeit der Frau im Stamme scheinbar nicht genügend Rechnung tragen und

---

*) Auf Palau darf auch keine »ardil a pelu« d. i. Frau des Landes, den dem mortlock'schen fel entsprechenden »bay« betreten. Die Armengol's (Dienende im palau'schen bay) müssen von anderen Ländern stammen und haben dann im bey volle Freiheit.

die Frau auf eine scheinbar niedrigere Gesellschaftsstufe stellen als die Männer. So darf die Frau nicht in Gegenwart des Mannes neben ihrem leiblichen Bruder stehen, wenn er sitzt, und sie darf ihn nicht mit der Hand berühren. Wenn sie entlang des Ufers gehend ihn sitzen sieht, so muss sie ihn zum Aufstehen auffordern; thut er das nicht, und muss sie ihm vorbei passiren, so thut sie dies in gebückter Haltung. Der heutige Mortlocker, befragt nach dem Sinn dieser Gebräuche, giebt zur Antwort, dass die Frau dem Manne nicht gleich sei, und dass, wenn seine Stammes-Schwester über ihn stehen würde, er sterben müsse. Mir scheint diese Sitte nur eine scharfe Abgrenzung der Geschlechter zu bezwecken, denn sie findet keine Anwendung bei denjenigen Frauen, welche einem andern Stamme angehören. Die Ehe-Frauen und Töchter sind ebenfalls nicht von dem Verbote betroffen, weil sie Fremde sind und sich nur als zeitweilige Gäste des Stammes bei demselben aufhalten. In der Familie Náobong's, des Oberhäuptlings der Sőpun's und der Insel Tä, hatte ich verschiedene Male Gelegenheit, Beobachtungen über diese Ceremonien zu machen. Während ich seine Residenz Pia, die er mir förmlich abgetreten, bewohnte, hielten sich seine Frau und Töchter oft tagelang bei mir auf; wenn dieselben sassen, trat der Häuptling nie aufgerichtet in das Haus, sondern immer tief gebückt und blieb so lange auf der Erde sitzen, bis die Frauen fort waren. Von mir nach dem Grund dieser Sitte befragt, antwortete Náobong, dass er sich vor seiner Tochter bücken müsse, weil sie sonst, da sie nicht zu seinem Stamme gehöre, sich vor ihm nicht würde zu bücken brauchen. Als ich einst die Tochter Náobong's nach der Ursache des Bückens frug, erhielt ich von ihr zur Antwort, dass, wenn der Vater sich vor ihr nicht bücken würde, sie krank werden und gar sterben könnte.

Das Verbot irgend welcher Annäherung seitens der Frauen, wird besonders streng in Rücksicht auf den Häuptling aufrecht erhalten. Die Frau darf des Häuptlings Haus nicht betreten, auch nicht während seiner Abwesenheit.

Eine geschlechtliche Vermischung seitens der Angehörigen eines Stammes, wird als die schreiendste Blutschande betrachtet und würde bei allen Stammesgenossen ohne weitere Umstände Rächer finden. Nur durch den Tod würde ein solches Vergehen zu sühnen sein.*)

*) Wenn Meinicke (Inseln des Grossen Ocean, II pg. 383) schreibt: »Hindernisse der Verheirathung durch Verwandtschaft giebt es auf den Karolinen nicht; es sollen sogar Ehen zwischen Geschwistern vorkommen«, so beruht dies auf einer irrthümlichen Quelle.

Eine andere Folge dieser Stammesverfassung besteht darin, dass die Männer ihre Ehe-Frauen und sonstige Frauengesellschaft ausserhalb des Stammes suchen müssen und deshalb fast immer von ihrer Heimath abwesend sind. Die älteren Männer, welche eine Frau von einem anderen Stamme heirathen, müssen sich bei ihr aufhalten und das ihr zugehörige Land bearbeiten. Sie besitzen ausserdem ihr eigenes Land in ihren Stämmen resp. ihrer Heimath, von wo sie die Produkte meistentheils nach der Familie der Frau bringen. Die jungen Männer, welche sich erst Frauen suchen, haben gar keine Pflichten; sie treiben sich in fremden Dörfern umher, putzen sich, um möglichst guten Eindruck auf die Töchter des Landes zu machen und warten ungeduldig auf den Aufgang des Mondes zur Abendzeit, wo dann gewöhnlich in einem oder dem anderen Dorfe ein »úrur« *), d. h. eine gesellschaftliche Versammlung, am Strande stattfindet, an dem sich die Jugend beiderlei Geschlechts unter Gesang und Tanz oft ganze Nächte hindurch ergötzt. Bei dieser Gelegenheit werden die Mädchen mit Geschenken überhäuft, sammeln die mortlock'schen Don Juans ihre Lorbeeren, und werden meistens die Ehen zu Stande gebracht.

Das Sópun-Mädchen ist tugendhaft, so lange es mit einem Sópun-Mann keinen Umgang hat. Sie ist sonst, so lange sie nicht verheirathet ist, frei in ihrem Umgange mit Männern anderer Stämme, obwohl in jedem Falle der äussere Anstand strenge bewahrt wird. Diese Wahrung des äusseren Anstandes geht soweit, dass man in Gegenwart einer Frau, deren Stammesgenosse zugegen ist, sich nicht erlauben darf, irgend welche freien Redensarten zu führen, ja man darf dann nicht einmal das Wort Nabel, Bauch, den Namen des Gürtels »kinsak« oder des die Hüften deckenden »ároar« nennen. Ein fremder Europäer, durch das geschickte Muster des letzteren oder die gelungene Ausführung des kinsak zu einem Ausdruck des Entzückens verleitet, würde argen Anstoss erregen; die beiden Stammesgenossen würden sich schamroth abwenden und den unschuldigen Europäer verachten. Würden die Gegenstände seines Lobes sich nicht an dem Leibe der Frau befunden, sondern auf der Erde gelegen haben, so würde deren Nennung kein Vergehen gegen den Anstand gewesen sein. In Gegenwart eines Stammesverwandten darf man von einer Frau seines Stammes nur Gutes sprechen; jede Anzüglichkeit ist eine tödliche Beleidigung. Der Vater z. B.,

---

*) urur heisst auch: »spazieren gehen«, »ohne besonderen Zweck herumgehen«. Das Spiel »urur« war ein in sich selbst sehr unschuldiges Vergnügen, wurde aber von den Missionären verboten.

welcher seine Tochter unsittlich fand, darf der Mutter darüber keine Vorstellungen machen, weil Tochter und Mutter eines Stammes sind. Eine Mutter wird nie die Autorität des Vaters gegen die Tochter anrufen, eine Schwester wird nie die Geheimnisse ihrer Schwester verrathen. — Die mortlock'sche Frau hält hinsichtlich der Sittlichkeit jeden Vergleich mit den Frauen der benachbarten Inseln mit dem grössten Vortheil aus. Die verheiratheten Frauen sind treu und ergeben, liebevoll und sorgsam für die Kinder und den Gemahl. Gegen Fremde sind die Frauen so scheu, dass ich mich z. B. über eine Woche auf den Inseln aufhielt, ohne eine Insulanerin zu Gesicht zu bekommen. Es wird auch noch lange dauern, bis sich die mortlock'schen Frauen des Gewinnes wegen auf die hier anlaufenden Schiffe wagen werden.

Jeder Mann besorgt seine eigene Arbeit, sogar der Häuptling bebaut seine eigenen Tarofelder selbst, was als eine Kunst, die nicht Jedermann versteht, betrachtet wird.

Der Häuptling des Stammes ist ein unbeschränkter Verwalter des dem Stamme gehörenden Landes. Das Land ist meist unter die verschiedenen key's vertheilt; die noch unbesetzt gebliebenen Strecken bilden das Eigenthum des Haupt-key's, also ein mehr unmittelbares Eigenthum des Häuptlings. Ueber das zu dem einzelnen key gehörige Land schaltet und waltet der Aelteste des bey's so lange er seine Pflichten gegen den Oberhäuptling erfüllt. Falls er die Erstlinge der Früchte des Landes dem Häuptlinge vorenthält und ihm den Gehorsam verweigert (was undenkbar, wenigstens unbekannt ist), so hat der letztere das Recht, ihn durch einen anderen Mann desselben bey's zu ersetzen. Willkürlich kann der Häuptling nur mit dem Lande seines eigenen bey's schalten, was dennoch voraussetzt, dass die Zustimmung der Angehörigen eingeholt ist. Er vertheilt das Land an die Frauen des bey's und giebt jedem seiner Kinder ein Stück. Da die Kinder aber nicht zum Stamm gehören, so würde die letztere Vertheilung einen Verlust für den Stamm bedingen, wenn nicht Sitte wäre, dass der Häuptling des Stammes, zu welchem die Kinder gehören, seinerseits durch ein Landgeschenk an die Angehörigen des ersteren Stammes den scheinbaren Verlust ausgleicht. Es ist also nur ein scheinbarer Austausch, da die Kinder gewöhnlich immer in denselben Stamm heirathen und deren Nachkommen wieder Stammesangehörige sind, das Land also nie aus dem wirklichen Besitz des Stammes herauskommt. Die Aeltesten in den einzelnen bey's können wieder ihren Kindern von den Ländereien des key's zutheilen, aber nie ohne die vorherige Bewilligung des Oberhäuptlings.

Ausser dieser formellen Gewalt über das Land des Stammes, hat der Häuptling das Recht dasselbe zeitweilig unter »pŭaŭu̯« (Verbot) zu legen, was zur Folge hat, dass die Produkte des so betroffenen Landes von Niemandem genossen werden dürfen. Der Gründe, welche den Häuptling zu dem Verhängen des »pŭaŭu̯« veranlassen können, giebt es viele, und es ist keinenfalls nur ein blinder Ausdruck seines Willens. Gewöhnlich betrifft das Verbot blos die Cocospalmen, und sind von demselben die um das Haus stehenden Palmen ausgenommen. Solches pŭaŭu̯ wird regelmässig jedes Jahr zur Zeit der Brotfrucht verhängt, und ist dasselbe dann nur eine politisch-ökonomische Fürsorge für den Stamm. Ohne dies Verbot würden die Einwohner zur Zeit wo sie genügend Brotfrucht zur Nahrung haben, auch die reifen Nüsse verbrauchen und würden zur Zeit der nördlichen Winde hungern müssen. Während der 3 bis 4 Monate des Verbotes, sammelt sich aber eine solche Quantität von alten Nüssen an, dass dieselben in der Zeit der Noth die Bevölkerung ernähren können. Ein jeder bey giebt natürlich dem Häuptling einen Theil der so angesammelten Nüsse, die Quantität aber der Abgabe, die in Nüssen geliefert wird, »mongkot« genannt, übersteigt nicht die Grenzen des Erschwinglichen. — Eine weitere Veranlassung zum Verhängen eines »pŭaŭu̯« ist der Tod eines Stammesgenossen oder sonst einer Person, welche ihrem Stamme nicht gleichgültig war. Dieses Trauer-pŭaŭu̯ kann sich auf eine grössere oder kleinere Zeit, auf die ganze Insel oder nur auf einen gewissen Theil derselben erstrecken. Das Trauer-Verbot erhält den Namen von der verstorbenen Person, und die während des Verbots angesammelten Nüsse werden den Verwandten des Todten als ein Trauer-Geschenk ausgeliefert. Sind verschiedene Todte zu betrauern, so folgen die resp. pŭaŭu̯'s nach einander, je nach dem Interesse, welches der Stamm für den Verstorbenen empfand. Das Trauer-pŭaŭu̯ entspricht der europäischen Hof- oder vielmehr allgemeinen Landes-Trauer; es ist ein Ausdruck der Pietät gegen den Todten, dessen Geist beruhigt ist und die Zahl der guten Gottheiten vermehrt; dann ist es aber auch ein Mittel, um den benachbarten Stämmen durch eine durch die Politik diktirte Trauer den Grad der gehegten Freundschaft zu offenbaren. Stirbt der Häuptling der Uḗ's oder der Sor's, so werden die Sṓpun's tiefe Trauer anlegen, die angesammelten Nüsse nach den fremden Stämmen schicken und von den so geehrten Stämmen umgehend ein entsprechendes Gegengeschenk empfangen. Das Todten-pŭaŭu̯ wird über den Landbesitz jedes Verstorbenen verhängt, welcher dann so lange von Niemandem betreten werden darf, bis der Häuptling selbst das Verbot aufgehoben hat. Das schwerste »pŭaŭu̯« ist dasjenige, welches dem Tode des Stamm-Häuptlings folgt. Der ganze Stamm ist dann von jedem

Verkehr abgeschlossen, indem die an den Grenzen aufgepflanzten pŭaŭų-Zeichen einem jeden Fremdling das Uebertreten derselben bei Todesstrafe verbieten. Nach dem Tode des letzten Sópun-Häuptlings war ganz Tä über ein Jahr unter »pŭaŭų« und kein Canoe von irgend einer der übrigen Inseln der Lagune durfte an seinem Ufer anlegen.

Das Brechen eines solchen pŭaŭų wird schwer bestraft; gewöhnlich begiebt sich der ganze bey zu dem Missethäter und fordert Genugthuung, indem man ihm die Früchte des Landes, das Inventar des Hauses, mit einem Wort das ganze Eigenthum wegschleppt. Der Häuptling kann übrigens das pŭaŭų nach seinem Gütdünken verschieden anwenden; so kann er z. B. zur Zeit der grossen Cocosnuss-pŭaŭų's auch ein pŭaŭų über den ganzen äusseren Uferumfang der Insel verhängen. Das Gehen und das Fischen an dem äusseren Ufer ist alsdann verboten, und zwar nur um die Bevölkerung von der Nähe der Cocoswälder, welche auf dieser Seite am besten gedeihen, abzuhalten. Das Fischen überhaupt kann auch zeitweilig unter das pŭaŭų kommen, was zur Folge hat, dass dann nur einzelne Leute nach einer Verständigung mit dem Häuptling auf den Fischfang gehen dürfen.

Obwohl der Häuptling zu seinem persönlichen Unterhalte genügende Mittel aus seinem eigenen bey besitzt, wo seine Frauen für die Bereitung der Speisen Sorge tragen, so ist es doch natürlich, dass der ganze Stamm, alle beys zusammen, zu dem Unterhalte ihres Hauptes beitragen. Da jedoch die Produkte des Landes sehr sparsam sind, so finden keine alltäglichen Lieferungen, sondern blos zu gewissen Zeiten des Jahres formelle Abgaben statt. So muss, wenn die Brotfrucht zur Reife gelangt, der »meyfor« (die Erstlinge der Brotfrucht) dem Häuptlinge gebracht werden, und erst wenn dies erfolgt ist, kann Jeder die Früchte seiner Bäume geniessen. Während der Brotfruchtzeit erwartet der Häuptling im Uebrigen von seinen beys von Zeit zu Zeit neue Zufuhr, so dass er nie ohne Brotfrucht ist. Ebenfalls vom Fischen erwartet er seine Abgabe, »asóamey« genannt, indem jeder grosse Fisch als ein Regal betrachtet wird. Alle Produkte, welche der Häuptling von dem Stamme geliefert erhält, dürfen von keinem Stammesgenossen gegessen werden. Die Nüsse, Brotfrucht und Fische werden seiner Frau, seinen Kindern und deren Verwandten übergeben; da aber die Häuptlinge der nächsten Stämme ihre Stammes-Abgaben wieder an ihre Frauen abgeben, so ist es immer blos ein Austausch, welcher die guten Beziehungen der sich berührenden Stämme aufrecht erhält und bei welchem Niemand Schaden leiden oder gewinnen kann. — Der Häuptling des Stammes wird von seinen

Stammesangehörigen mit der grössten Achtung behandelt und als der Höchste im Stamme geehrt; ein äusseres Abzeichen seiner Würde indessen hat er nicht, auch werden ihm keine auffallenden äusseren Ehrfurchtsbeweise gezollt. Das Verhältniss der Frauen des Stammes zum Häuptling ist dasselbe wie jedem andern Manne des Stammes gegenüber. Die Männer geben dem Bewusstsein ihrer niedrigeren Stellung dadurch Ausdruck, dass sie in Gegenwart des sitzenden Häuptlings nie stehen bleiben. Die jungen Leute verhalten sich in seiner Gegenwart artig und schüchtern, sprechen nicht, wenn sie nicht gefragt werden; die alten Männer aber, besonders die Aeltesten der verschiedenen beys, die eigentlich für den bey dasselbe sind, was der Häuptling für den ganzen Stamm, werden von dem Häuptling mit unverkennbarer Achtung und mit einem gewissen Gleichberechtigungs-Gefühl behandelt. Theoretisch aufgefasst, giebt die Stammesverfassung dem Häuptling die höchste Stelle und innerhalb der Grenzen der Verfassung eine unbeschränkte Macht über den Stamm, aber Herr über Leben und Tod kann er nicht sein, weil Niemand seinen Stammesgenossen nach dem Leben trachten darf. Nur wenn sich Jemand durch sein Betragen der Rechte der Stammesgenossenschaft unwürdig erweisen würde, könnte die Todesstrafe über ihn verhängt werden. Das Recht körperlicher Züchtigung hat aber der Häuptling und übt es stante pede bei auf der That ertappten Dieben und sonstigen Missethäthern jüngeren Alters aus.

Den grössten Einfluss auf den Stamm erhält der Häuptling durch den religiösen Kultus. Die Geister der Vorfahren sind die Gottheiten »anų« des Mortlockers und es ist natürlich, dass die Gottheiten des Haupt-bey, die Vorfahren des Häuptlings, als die Hauptgötter des Stammes betrachtet werden. Diese Hauptgötter schützen den Häuptling und rächen somit jedes Vergehen gegen denselben. Dieser Umstand allein reicht bei einem noch in einem empirischen Stadium seines Daseins verbleibenden Naturvolke aus, um die Autorität des Häuptlings aufrecht zu erhalten, wie es aus nachfolgendem Beispiel klar werden wird. Sobald ein Mortlocker erkrankt, versucht er seine eigenen Götter, die Geister seiner Vorfahren, anzurufen; tritt daraufhin Besserung ein, so berathen seine nächsten Verwandten und suchen die Ursache der Erkrankung zu erforschen. Stellt sich nun heraus, dass der Kranke einst einen grossen Fisch für sich allein behielt, oder das pŭaŭų im Geheimen brach und sich einige Cocosnüsse holte, so bleibt nichts weiter übrig, als die Götter des Häuptlings anzurufen. Dies kann nur mit Erlaubniss des Häuptlings selbst geschehen, und um diese zu erwirken, werden demselben Geschenke gegeben, wird das Vergehen gebeichtet und um Vergebung gebeten. Der Häuptling ruft dann seine Götter an und offenbart deren Willen.

Als politischer Häuptling tritt der »sómol« an die Spitze des Staates. Ein Stamm kann für sich allein nicht bestehen, er bedarf einer Berührung mit einem oder mehreren andern. Mehrere Stämme die sich zu einem geographisch einheitlichen Staate verbinden, anerkennen den Häuptling des stärksten Stammes als das Haupt und den Leiter in äusseren Angelegenheiten, so hauptsächlich im Falle eines Krieges. Obwohl nun die heutigen Mortlocker durchaus friedlicher Natur sind, so beweisen doch die von ihnen verfertigten oder von alten Zeiten aufbewahrten Waffen und geht auch aus der Tradition hervor, dass sie einst kriegerischer gestimmt waren. Ein Krieg war früher bei den hiesigen Völkerschaften nichts Ungewöhnliches, denn wenn auch dem Karoliner das Leben seines Stammesgenossen heilig ist, so ist dies doch nicht der Fall in Rücksicht auf Nicht-Stammesgenossen. Der unfreiwillige Tod eines Stammesgenossen muss früher oder später gerächt werden und hatte vielfach Stammesfehden und Kriege zur Folge.

Auf den Ruk-Inseln soll der alte Stammhass noch recht in Blüthe sein. Ein bemanntes Canoe, an die Ufer eines nicht befreundeten Stammes verschlagen, wird sicherlich zum Opfer fallen.

Wenn ich auch zugeben muss, dass die Verfassungsverhältnisse der Karoliner, aus dem Begriffe »Stamm« entspringend, auf den ersten Blick auffallend verwickelt erscheinen (vergleiche: Meinicke, Inseln der Südsee, II., p. 377), so kann ich doch der Meinicke'schen Ansicht (l. c. p. 379) nicht beipflichten, dass die so zahlreichen Staaten der verschiedenen Inseln aus dem Verfalle eines oder mehrerer grösserer Einzelstaaten entstanden seien. Wie dergleichen Staaten entstehen können, erklärt die Geschichte der Mortlock-Inseln. Die Insulaner der niedrigen Koralleninseln sind grösstentheils Emigranten, welche ihre ursprüngliche Heimath, sei es wegen Uebervölkerung, sei es wegen Krieg, aus Zufall oder Abenteuer, verliessen. In welcher Reihenfolge die Bevölkerung der verschiedenen Inseln vor sich ging, wo das Centrum, wo die ursprüngliche Quelle zu suchen ist, aus welcher die verschiedenen heutigen Stämme herausströmten, welche Phasen sie durchmachen mussten, um die heutige Gestalt zu erreichen, das Alles kann erst nach einer genauen Kenntniss einer jeden einzelnen Gruppe der Karolinen festgestellt werden, die ich mir zu verschaffen strebe.

7. Die Religion der Mortlocker.

Der Religionskultus der heutigen Karoliner besteht in einer Verehrung der Geister der verstorbenen Vorfahren. Die Religion ist demnach eine inviduelle Religion und gestaltet sich beispielsweise auf der Insel Tä wie folgt:

Tä hat vier verschiedene, respektive da der Stamm Sor sich in zwei Aeste theilt, fünf Stämme aufzuweisen, deren allerersten Führer die fünf Hauptgottheiten der Insel bilden. Diese Gottheiten sind:

Stamm:	Name des ersten Häuptlings:	sein Name als Gottheit:	Wohnort des Häuptlings, der zugleich der Priester ist:
Sópun	Matoylam	Sápịnfa	Pia
Inemarau	Moeto	Saupiong	Legụ
Sor Sauyan	Reybofịsz	Ulupuauụ	Enuk
Sor Apila	Pukang	Terielap	Lugalap
Uë́	Aža	Piol	Assuela.

Natürlich verehrt aber ein jeder bey-Vorsteher die Geister seiner Vorfahren und ruft dieselben in allen gewöhnlichen Angelegenheiten an, bevor er an die etwas kostspieligen Hauptgottheiten appellirt. Da der Geist eines jeden Verstorbenen einen »anụ« giebt, so müsste deren Zahl eine Legion sein, und alle Geister der verstorbenen Häuptlinge würden Hauptgottheiten bilden; in Wirklichkeit sind es aber nur die Geister der sich zur Lebzeit besonders ausgezeichnet habenden, die eine Verehrung geniessen. Der Häuptling bildet den Vermittler zwischen den Sterblichen und seinen göttlichen Ahnen, aber nicht direkt. Er kann dieselben anreden, aber nicht anrufen; dafür existirt ein besonderer Beschwörer. Der Beschwörer heisst »au-ua-ro-ar«; dieser ruft die Götter an, indem er sich, auf der Erde mit untergeschlagenen Füssen sitzend, die innere Seite der Schenkel mit den Händen reibt und sich so unter grässlichem Heulen und Wimmern in eine Ekstase hineinarbeitet. Der Häuptling stellt dann seine Fragen oder Bitten und beschliesst aus den unterbrochenen Ausrufungen des Beschwörers, was die Gottheiten bestimmt haben. Der Beruf eines auuaroar ist kein erblicher, sondern die Gottheit wählt sich denselben selbst. Ein Beschwörer gehört auch nicht einer speciellen Gottheit an, sondern ist im Stande alle Geister, die ihn anhören wollen, zu beschwören.

Ausser diesen so zu sagen Stammgottheiten, existiren noch verschiedene andere, so z. B. der See-Gott »anụset« (anụ = Geist, set = die See), welcher unter dem Namen »rassau« (Rassau, ein tapferer Sópun-Krieger von Kịtụ, wurde auf Lukunor erschlagen, und dann in der See begraben) besonders durch die Sópun's verehrt wird; ferner der Kriegsgott »arong«, verehrt in der Gestalt des Seefisches Caranx (Bastardmakrele), dessen Hülfe bei jedem Kriegszuge erbeten wurde. Ausserdem aber bevölkerte die Imagination der Insulaner die ganze sie umgebende Natur mit Geistern und Gottheiten, deren es eine Unzahl giebt. So waren die grossen Bäume im Innern der Insel von einem Gotte besessen, welcher nur gegen Kinder und junge Mädchen boshaft verfuhr, und so hatte ein jeder bey auf dem Strande einige alte dicke, von dem Schutzgeiste des Dorfes bewohnte Bäume, welche wenn sich ein Fahrzeug aus diesem Dorfe auf einer Seereise befand, mit der grössten Sorgfalt gegen feindlich gesinnte Nachbarn bewacht werden mussten, damit den Seefahrern kein Unglück zustosse. — »Inamak« ist eine weibliche Gottheit und wird besonders in Liebesangelegenheiten angerufen. Die Gottheit »lugeylang« (bedeutet »Mitte des Himmels«, lug = Mitte, ey = von, lang = Himmel) wird besonders von den Zimmerleuten, Künstlern u. d. g. geachtet. Beobachtet man einen »silelap« d. i. einen Zimmermann beim Canoebau, oder einen Insulaner beim Verfertigen eines Fischkorbes, so bemerkt man, dass er, mit einem kleinen Reisig den Umfang seines Werkes ausmessend, immer das Wort: lug! lug! . . . Mitte! Mitte! . . . wiederholt. Um Erklärung gefragt, bringt er es mit dem lugeylang in Verbindung. — Jede dieser Gottheiten hat ihren speciellen Priester, »wäetóa«, durch welchen man mit ihr verkehren kann.

Die Mortlocker sind wie alle Südsee-Insulaner abergläubisch und vor allen übernatürlichen Erscheinungen, Geistern u. s. w. sehr furchtsam. In der Nacht würde kein Mortlocker sein Haus allein verlassen, und für jedes Geräusch hat er eine Erklärung parat. Ebenfalls glauben die Mortlocker an Weissagen und haben zweierlei Weisen die Zukunft zu errathen, einmal mit Hülfe der auch auf Palau und Yap bekannten in Cocosblätter eingeknüpften Knoten, und dann mit Hülfe einer komplizirteren Methode, die aber nur den wirklichen Wahrsagern bekannt ist. Bei der letzteren bedient sich der Prophet eines Zeichen-Systems, welches er im Sande abbildet, und aus welchem er dann seine Offenbarungen hernimmt. Das System besteht aus einer Reihe von Punkten-Gruppen, die in einer gewissen Ordnung mittelst eines Stockes in den Sand eingestochen werden. Jede Gruppe hat einen eigenen Namen und eine eigene Bedeutung. Der Weissager wird gewöhnlich einen Tag vorher befragt; er sucht dann mit Hülfe der Cocosblätter den ersten Theil des Wahrsagens sogleich auszuführen; die Zahl der erhaltenen Knoten wendet er dann auf sein System an und kombinirt sich so eine Schluss-Antwort. Das System gestaltet sich wie folgt:

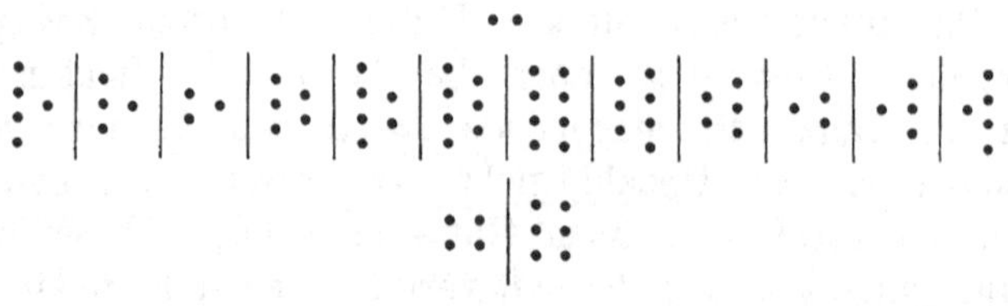

8. **Familienleben und dessen Erscheinungen.**

Die Stammesverfassung der Karoliner ist für das Begründen eines wirklichen Familienlebens nicht geeignet, denn die Kinder sind nur für die Mutter wirkliche Kinder, für den Vater sind sie nicht zu seinem Stamme gehörende Fremde. Im Falle eines Krieges zwischen zwei Stämmen stehen sich Vater und Sohn feindlich gegenüber.

Ein Mann, welcher zu heirathen wünscht, muss seine Frau ausserhalb des Stammes suchen. Seine Werbung ist mit keinen besonderen Schwierigkeiten verknüpft; ein Geschenk an den Vater ist nur eine Nebensache, da der Vater ohne den Willen der heirathsfähigen Tochter dieselbe nicht verheirathen kann; denn sie ist ja nicht von ihrem Vater, sondern von ihrer Mutter und deren Verwandten abhängig. Die Hauptpersonen sind also der Mutter Bruder, die Mutter selbst und die sómol-Frau (Frau des politischen Häuptlings) des Geburtsortes der Mutter, zu welchem die Tochter auch gehört. Die Verheirathung ist mit keiner Ceremonie verbunden. Die Sitte gab dem Manne mit seiner Frau auch alle ihre freien Schwestern, von welcher Freiheit aber nur die Häuptlinge Gebrauch machen. Sehr oft verheirathen die Häuptlinge ihre Kinder mit den Mitgliedern ihres eigenen bey's, wodurch sie denselben eine reiche Mitgift und deren Nachkommenschaft eine Zugehörigkeit zu demselben Stamme sichern. Dergleichen angebotene Ehen glücken aber nicht immer, da kein Zwang in dieser Hinsicht existirt. Die beiden zu einem Ehepaar bestimmten Kinder werden sich selbst überlassen, und sobald sie Neigung haben sich zu vereinigen, erhalten sie eine separate Hütte im Dorfe, im entgegengesetzten Falle gehen sie auseinander. — Der gewöhnliche Mann verbringt einen grossen Theil der ersten Zeit seiner Ehe in der Heimath seiner Frau; die älteren Leute und die Häuptlinge hingegen haben ihre Familien bei sich. Die Beziehung zu der Heimath der Mutter hört aber nie auf. Die etwas erwachsenen Kinder besuchen dieselbe sehr oft, die Söhne bearbeiten dort ihr Eigenthum und sind dort landespflichtig. So lange der Vater lebt, sind die Kinder in seinem

Stamme angesehen, nach seinem Tode sind sie sammt der Mutter Fremdlinge.

Das eheliche Leben lässt da, wo die Ehe aus eigener Wahl, wie in den meisten Fällen, geschlossen wurde, Gefühl und Einklang durchblicken. Die Kinder werden sehr geliebt, ihrer Erziehung aber fast gar keine Aufmerksamkeit gewidmet; sie wachsen auf wie sie wollen. Die Söhne lassen es ihre Schwestern hart fühlen, dass sie die Herren der Schöpfung sind. Die Ehefrau ist in der Familie ganz unabhängig; sie hat von dem Manne nichts zu befürchten, wohl aber unter der Tyrannei der verhätschelten Söhne zu leiden.

Das Eigenthum des Vaters gehört seiner Frau und deren Kindern. Nach den karolinischen Verhältnissen begreift das Eigenthum nur dasjenige bewegliche Eigenthum, Gelbwurz, Zeuge, Halsbänder, Gürtel, Schildpattschmuckstücke in sich, welches noch bei Lebzeiten des Vaters im Besitze der Familie ist. Verwickelte Erbschaftsprocesse giebt es daher nicht.

In der Familie sind die Frauen die bei weitem arbeitsamere Hälfte; sie kochen, spinnen und gehen für gewöhnlich auch in's flache Wasser, um zu fischen. Unter den Männern der Familie ist es der Vater selbst, welcher die Hauptarbeiten besorgt.

Von einem gemüthlichen Zusammenleben innerhalb der Familie ist wenig bemerkbar; nur die Eltern und die ganz kleinen Kinder sind beisammen. Die Geschwister spielen auch nur in der ersten Jugend zusammen. Sobald der Knabe aufhört nackt herumzulaufen, was im siebenten bis achten Jahr passirt, verbleibt er mehr in der männlichen Gesellschaft und spielt blos mit nicht stammverwandten Jugendgenossinnen. Trotzdem ist das Gefühl einer wirklichen Anhänglichkeit und Liebe den so künstlich zusammengruppirten Mitgliedern nicht fremd. Die Frau liebt den Mann ihrer Wahl und weint bitterlich bei einer nothwendigen Trennung. Die Schwester liebt die kleinsten ihrer Geschwister beinahe grossmütterlich; sie achtet die älteren Brüder und hat gewöhnlich einen Lieblingsbruder; für ihn bewahrt sie das beste Essen, ihm giebt sie den schönsten Schmuck und erfreut sich, so weit es die Stammesverfassung zulässt, seines vertrautesten Umganges und seiner Gegenliebe.

Für den Ehemann sind nicht die Eltern seiner Frau, sondern deren männliche Verwandten von Bedeutung. Der richtige Schwager »wa asay« und der Vorsteher desjenigen bey's, zu welchem die Frau gehört, der sich auch ihr Bruder »puin« nennt, sind die Hauptpersonen. Dieselben werden als die natürlichen Beschützer der verheiratheten Frau angesehen und verwahren das von dem Manne erhaltene Eigenthum derselben, welches eigentlich als Eigenthum des ganzen bey's betrachtet wird. Die Einwilligung dieser Personen, wird auch immer durch Geschenke vor dem Eingehen der Ehe eingeholt.

Eine Art Adoption zwischen Verwandten einerlei Stammes scheint vorzukommen.

Nähere Umstände bei Geburten u. dgl. konnte ich nicht genau erfahren. Die schwangeren Frauen werden mit besonderer Aufmerksamkeit behandelt. Sie pflegen dann recht launisch zu sein und mögen dem Manne recht sauer werden. Sehr früh tritt im Falle der Schwangerschaft die Trennung der beiden Ehehälften ein, und ihre Wiedervereinigung geschieht erst nach einer vorgeschriebenen Zeit. Die Frauen unterliegen während der Menstruation keinen Vorschriften.

Ein in der Schlacht gefallener Krieger wird in der See begraben, damit er mit dem tapferen Rassau, dem anuset (Seegott), sich vereinigt. Das Versenken in der See heisst »amofeu«. Der eines natürlichen Todes Gestorbene, wird in der Erde begraben (peyeney). Der Todte wird in den grösstmöglichsten Staat gekleidet, reichlich mit Gelbwurz eingeschmiert (o-uniy) und die Nase desselben mit Gelbwurz vollgepfropft. Die Verwandten trennen sich ungern von der Leiche und lassen sie möglichst lange über der Erde stehen. Während dieser Zeit wird gejammert und geheult. Wenn man endlich den in Matten (kiekey) eingebundenen Todten in ein flaches Grab (epey) eingesenkt hat, so wird über demselben ein Grabhaus (imen epey) errichtet, welches je nach den Mitteln der Verwandtschaft verschieden gross ist. Der Kopf der Begrabenen liegt nach Osten gerichtet. Um das Grabhaus herum werden einige Cocospalmen gepflanzt, und wenn das Grabhaus zerfällt, so wird kein neues aufgestellt. Das Land des Verstorbenen kommt unter ein Trauer-püaüu und die Familie hat einen anu (Geist) mehr erhalten. War der Todte ein Häuptling, so ist das püaüu, wie bereits erwähnt, sehr streng und erfolgt gleich nach dem Begräbnisse die Installation des Nachfolgers durch die nachbarlichen Häuptlinge desselben Stammes.

9. **Produkte der gewerblichen Thätigkeit.**

Als Haupterzeugnisse der mortlock'schen Arbeit sind zu betrachten: Häuser, Canoes, aus Pflanzenfasern gewobene Zeuge, Fischkörbe, Schmuckgegenstände der einheimischen Tracht, Geräthschaften und Waffen.

Was die Häuser anlangt, so erwähnte ich deren schon gelegentlich der Wohnungs-Verhältnisse; sie sind besser als diejenigen der Marshall-

Insulaner. Mit dem Aufbau der grossen fel's beschäftigen sich ausschliesslich die eigens dafür eingeübten Hausbauer, welche ebenso wie die Canoebauer »silelap« genannt werden.

Etwas eingehender muss ich über die mortlock'schen Fahrzeuge berichten, mit welchem die Central-Karoliner ihre bekannten Seereisen ausführen. Der Mortlocker nennt sein Fahrzeug im Allgemeinen »ua« und unterscheidet drei Formen desselben durch specielle Namen. Zwei desselben; der »messúk« und der »eažol« (spriche easchol) sind zum Segeln bestimmt, das dritte »liegak« ist ein langes, blos zum Paddlen bestimmtes Kriegscanoe, welches an den palau'schen »kabekel» erinnern könnte. Alle diese drei Fahrzeuge bestehen aus drei Theilen, nämlich dem richtigen Canoekörper »ua«, dem immer nach der Windseite gekehrtem Ausleger, »tam«, und der mit letzterem verbundenen Brücke »épep«. Diese Theile bilden das einfache Canoe, und in dieser Form wird es auf sämmtlichen Karolinen gefunden. Die einfachen Boote der Melanesier und die Doppelcanoes der Polynesier sind auf den Karolinen mit der einzigen Ausnahme von Yap, wo ein langes und flaches auf beiden Enden breites, Sampan-*) ähnliches Fahrzeug zur flachen Küstenfahrt benutzt wird, unbekannt. Auf Ponapé benutzen die Natives als handige Aushülfe die Seiten ihrer zerbrochenen Canoes und paddlen in denselben ohne »tam« ganz geschickt. Der dritte Theil des mortlock'schen Canoes, der »épep«, ist eine über die Leeseite des Fahrzeugs hinausragende Plattform, welche zur Noth ein Haus tragen kann. Wir finden diese Vorrichtung blos bei den für die Hoch-Seefahrten bestimmten Fahrzeugen der Insel Yap, der Central-Karolinen mit Einschluss der Ruk-Inseln, und dann bei den Fahrzeugen der Marshall-Insulaner. Die Canoes von Palau, Nukuor, Ponapé und Strong-Insel haben keinen »épep« und brauchen keinen, da sie keine wirklichen langen Seefahrten auszuführen haben und der Zweck des »épeps« nur der ist, mehr Raum über dem Wasser für Menschen und Güter zu schaffen.

Als Typus eines centralkarolinischen Hochsee-Fahrzeuges ist der »messúk« zu betrachten, welchen ich auf Yap, Uleai und den Mortlock-Inseln beobachtete. Man kann ihn leicht an dem doppelten Schnabel (kínpue) am Vorder- und Hintertheil erkennen. Da das Canoe hauptsächlich zum Kreutzen bestimmt ist, so muss es einen bedeutenden Tiefgang haben, und da Baumstämme von entsprechender Grösse fehlen, oder wenn vorhanden, für die Bearbeitung zu viel Schwierigkeiten und auch ein viel

---

*) Sampan = Chinesisches Fährboot.

zu plumpes und schwerfälliges Fahrzeug liefern würden, so werden die Canoes aus einzelnen Stücken, die je nach der Art des Canoes von bestimmt verschiedener Form sind, zusammengefügt. Die Befestignng geschieht durch Nähte, »lepársang«, welche einfache, doppelte und verkeilte sein können. Das Bindemittel ist der gewöhnliche »lul«, ein Bindefaden aus Cocosfaser gedreht. Die Fugen werden mit Kokosfaser, »peüel«, die dazu eigens bereitet »pan« heisst, ausgefüllt und dann mit dem klebrigen Safte der Brotfrucht »póles« ausgekittet. Obwohl diese Befestigung anfangs sehr stark ist, so kann sie doch das Fahrzeug nie dicht halten und ist dasselbe wie ein Sieb, in welchem während der Fahrt stets 2 Mann mit Wasserausschöpfen Beschäftigung finden. Nach einer jeden Reise sind alle Nähte gelockert und der Kitt ausgewaschen. Eine jede Reise verlangt eine gründliche Vorbereitung.

Die Hauptstücke des Canoes sind: das Kielstück »púllan«, die zwei Bugstücke »sópon« und die Seitenstücke »pápa«. Die Unterschiede in den verschiedenen Canoe-Arten beruhen hauptsächlich auf der Form der Bugstücke.

In einem messúk ist die Kielkante (žüü en kapel) gegen den Bug etwas ausgebogen und der Winkel zwischen dem letzteren und dem Kiele (»asolóngon«) stumpf. Die ganze Bugkante ist ebenso wie der Kiel scharf; der »sop« oder »linginsop« ist dünn, flach, dreiseitig und endet in zwei oben erwähnte »kínpue« (Schnäbel). Der Rand des Canoes ist mit einem schmalen Vorbrette »tino« bedeckt, welches das Ueberschlagen der See in dasselbe in bedeutendem Maasse verhindert.

Der sópon (Bug) des eažol endigt in einen kurzen vierseitigen quer abgeschnittenen sop; die ganze Bugkante ist breit und etwas konkav; der Kiel ist gerade, der asolóngon- (Kiel) Winkel nähert sich beinahe einem geraden Winkel und der obere Umfang entbehrt des Vorbrettes.

Beide Fahrzeuge, messúk und eažol sind je nach der Grösse, sicher auf hoher See; ihre Leistungen werden aber oft überschätzt. Die gewöhnlichen zwischen den einzelnen Inseln der Mortlock-Gruppe gebrauchten Segelcanoes, sind ca. 7—8 m lang, gegen 90 cm breit in der Mitte und ca. 1,30 m tief. Die für grosse Fahrten nach Námoluk, Lósop und Ruk bestimmten Fahrzeuge sind bedeutend grösser. Zieht man nun die bedeutende Tiefe bei der geringen Länge, die grosse Entfernung des Auslegers und die dadurch bedingte Länge der Zwischenbrücke, ferner die allgemeine Schwere der ganzen Einrichtung in Betracht, so fällt das Urtheil über solch' karolinisches Fahrzeug nicht günstig aus. Die Geschwindigkeit des bestsegelnden dieser Canoes übersteigt kaum 4 Seemeilen die Stunde, wie ich es aus den gebrauchten Reise-Zeiten nach den verschiedenen Inseln ausrechnete. Beim Kreuzen treiben diese Fahrzeuge ausserordentlich stark. Trotzdem aber erlauben die apatische Geduld und das von Kindheit an erworbene Vertrautsein mit der See dem Eingeborenen, damit Reisen auszuführen, welche ein mit allen Umständen vertrauter Weisser keinenfalls unternehmen würde.

Die innere Einrichtung dieser Fahrzeuge ist folgende: Das erste Querholz heisst »lenienafot« in dessen runder Aushöhlung der Fuss des Segelbaumes, des »afótafót, ruht. Das zweite Querholz heisst »uan gászir« und dient zum Befestigen eines der »solísop«, eines Taues, welche die Rolle der Wanten spielt und den Mast von der gegebenen Seite befestigt. Die übrigen drei Bretter sind eine Art Querbank zum eventuellen Sitzen für Ruderer. Die andere Hälfte des Fahrzeuges hat ganz dieselbe Einrichtung. Behufs Vergrösserung des Verdeckraums, ist an der rechten Seite der »fáraf« eine Plattform auf deren innerem Rande sich eine Einhöhlung für den Fuss des Mastes befindet, angebracht; während der Fahrt sitzen auf ihm die Leute oder werden Gegenstände gelagert. Zur Verbindung dieser Plattform mit dem Ausleger, dient eine Zwischenbrücke »sáran eláü« genannt.

Die Takelage des karolinischen Segelcanoes ist ganz dieselbe wie diejenige des palau'schen »káep«. Der Mast (aüüu) ist ein plumpes Stück Holz ohne besondere Bearbeitung; sein unteres zugespitztes Ende heisst »žap en auuu« und ruht beim Aufrichten in der kleinen Höhlung des fáraf. Am oberen Ende des Mastes ist ein separates Stück »tol« angebunden, in welchem sich ein Loch »len ien úrur« befindet, durch welches der »úrur«, das Fall des Segels, arbeitet. Der aufgerichtete Mast ist schräg nach vorne geneigt, ca. 45°, und wird nach vorne und hinten durch je eine Stagleine an den »uangászir« festgebunden. Von der Windseite wird der Mast durch ein dickes Tau, den »ealap« an den Ausleger befestigt; von der Leeseite wirkt blos die Schwere des vom Winde gefüllten Segels. Die Art und Weise, wie der »ealap« an den Ausleger durch eine doppelt laufende Schleife, die ein Verlängern oder Verkürzen ohne loszumachen erlaubt, befestigt wird, sowie auch die Knotenschleife des Fall an dem Maste, sind ganz dieselben wie ich sie auf den Palau-Inseln fand.

Das mortlock'sche Segel ist ein dreieckiges Matten-Flechtwerk, eingesetzt in zwei hölzerne Bäume, welche die beiden längsten Seiten des Dreiecks einnehmen. Die Länge des Vorderbaumes »žužufot« beträgt 6,70 m; er vertritt zugleich den richtigen Stag; ungefähr zwei Meter von seinem oberen Ende wird die Fallleine des Segels, der »úrur« befestigt und durch den »len ien úrur« des Mastkopfes durchgeführt. Der Unterbaum ist etwas länger, 7 m, und in seinem hintern Drittel wird die grosse Schoote befestigt. Diese Grossschoote »mol« ist ein doppeltes und geflochtenes, nicht gedrehtes Tau und wird nicht wie auf den Palau's an dem Ausleger, sondern über ein Kreuzstück in der Mitte des richtigen Canoes durchgeführt, was eigentlich grosse Nachtheile im Segelführen hervorruft. Die freie Seite des Segels ist 5,60 m lang. Die ganze Oberfläche des Segels ist somit ca. 17 qm, und hieraus erhellt schon, dass ein solches Segel für das plumpe und schwere Fahrzeug zu klein ist. Das Material des Segels sind gespaltene und sorgfältig zubereitete Pandanus-Blätter, und zwar werden diese erst in schmale und lange Zeuge geflochten und diese dann zusammengenäht. Das Nähmaterial ist dicker Coir- (Cocosfaser) Zwirn, womit das Segel in die Länge und Quere durchgesteppt wird. Die riesigen Stiche aber halten die Stücke kaum dicht zusammen und verliert das Segel in Folge dessen viel Wind.

Die dritte Art eines hiesigen Fahrzeuges ist der »liegak«, ein nur zum Paddlen bestimmtes und für Kriegszwecke angewandtes Canoe. Er ist 10 m lang, 65 cm breit und 60 cm tief. Die beiden Enden, sowie auch die hoch herausragende Vorrichtung zum Aufbewahren der Speere auf dem Ausleger, erinnern an die langen Canoes der Melanesier; der Bug allein ähnelt denjenigen der Canoes von Strong-Insel.

Nach den Berichten der Mortlocker, wird auf den Ruk-Inseln ein sehr grosses Segelfahrzeug, »eaŭ-ŭal« genannt, verfertigt, von welchem man mir indessen keinen genauen Begriff beibringen konnte. Da das »eažol« genannte Canoe nur auf den Mortlock-Inseln gebaut, und überall im Westen nur der messúk angewandt wird, so führt mich das zu der Annahme, dass die Mortlocker das Modell zu dem eažol von dem nukuor'schen Canoe nahmen. Es wäre das ein Moment mehr, welches für eine einstige Verbindung zwischen Nukuor und dem heutigen Mortlock sprechen würde. Ausser den mortlock'schen beiden Canoes und dem mir noch nicht näher bekannten »eaŭŭal« (eaŭal) der Ruk-Inseln, giebt es für die Karolinen nur noch zwei Formen von Hochsee-Canoes, diejenigen der Insel Yap und der Marshall-Gruppe.

Die mortlock'sche Webindustrie. Die mortlock'schen Zeuge

sind Gewebe aus den Fasern des Hibiscus, »gilifau« *) genannt, während auf den Nukuor- und Ruk-Inseln auch die Fasern einer Musa-Art benutzt werden. Die Musa-Fasern, obwohl nicht unbekannt, können hier jedoch wegen seltenen Vorkommens nie eine Rolle gespielt haben; als charakteristisch für die mortlock'schen Zeuge, muss man daher nur die ersteren annehmen. Die ganze Industrie ruht in den Händen der Frauen, von dem Vorbereiten des rohen Materials bis zum Verarbeiten desselben auf einem hiesigen Webstuhle, dem sogenannten »tor«. Die zum Weben bestimmte rohe Rinde des Hibiscus, muss erst einer Reihe Vorbereitungen unterliegen, bevor sie in der Gestalt von langen, möglichst gleichen, gebleichten oder schwarz gefärbten Fäden zur schliesslichen Verarbeitung gelangt. Die in einer nöthigen Länge zugeschnittenen Stücke der Rinde (von jungen Bäumen nur), werden erst sorgfältig von der Epidermis gereinigt und dann für einige Zeit in Wassergruben gelegt, wodurch die Rinde aufquillt und die schlammige Substanz sich leicht von den Fasern mittelst einer Arca-Muschel entfernen lässt. Nach sorgfältigem Waschen wird die Faser in der Sonne gebleicht, gespalten und ist damit zum Gebrauch fertig.

Die zu färbende Faser wird mit Kalk behandelt und dann in einer färbenden Lösung gekocht und schliesslich getrocknet. Der Farbstoff ist eine schwarze Schlammerde, die in den Tarofeldern auf den Ruk-Inseln gefunden und von dort her gebracht wird.

Die Produkte des mortlock'schen Webstuhles zerfallen in zwei Klassen: Zeuge für Männer aus gebleichten, und Zeuge für Frauen aus gebleichten und farbig gemusterten Hibiscus-Fasern. Die ersteren heissen, wenn sie in einzelnen Stücken von 1 bis 2 m Länge und 45—60 cm Breite als Männer-Hüftengürtel verwendet werden »palpal«, oder wenn zwei derselben längsseits zu einem Mantel mit einem Schlitz in der Mitte zusammengenäht sind »usz« **), die letzteren heissen »åroar« und werden je nach dem farbigen Muster wie folgt mit Special-Namen unterschieden:

»ližop«, gemustert aus zahlreichen fast gleich breiten schwarzen und weissen Längsstreifen; innerhalb der ersteren verläuft nahe am Aussenrande je eine weisse Linie;

»kaleman kis« (kleiner Kaleman), gemustert in derselben Weise

*) Auf den Samoa-Inseln heisst dieser Hibiscus »fau«. »gil« bedeutet auf den Karolinen Haut, Rinde; somit ist »gilifau« der Mortlocker eine Kombination mit einer polynesischen Wurzel.

**) »usz« ist abzuleiten von »uusz« oder uuz = Banane und wird früher wohl nur für Zeuge aus Bananenfasern angewandt worden sein.

wie der ližop, nur mit dem Unterschied, dass die weissen Längsstreifen kaum 1/3 so breit sind wie die schwarzen;

»kaleman lap« (grosser Kaleman) ganz wie der vorige, nur sind die weissen Längsstreifen bis oder selbst über halb so breit als die schwarzen;

»long long« gemustert aus breiten schwarzen nnd weissen Längsstreifen, deren erstere drei Mal so breit sind als die letzteren; innerhalb der schwarzen Längsstreifen sind lineare weisse, schwarz durchwobene Längsstreifen;

»patpat«, gemustert aus schwarzen und weissen Längsstreifen, deren erstere drei Mal so breit sind als die letzteren; die schwarzen Streifen haben nur an den Enden kurze weisse Längsstreifen;

»sook«, auf schwarzem Grunde sind viele schmale weisse Zackenstreifen vorhanden; dieses Muster stammt von der Insel Pulusuk *) und wurde von dort durch eine Frau nach Oneop (Lukunor Lagune der Mortlock-Inseln) gebracht, wo es besonders angewandt wird.

Frauenzeuge, welche von den Ruk-Inseln gebracht und »monomaž« genannt werden, zeigen eine viel künstlerischere Ausführung als diejenigen der Mortlock-Inseln; sie sind nicht nur reicher gemustert, sondern auch dick mit Gelbwurz bemalt uud oft aus gemischten Fasern (Hibiscus und Bananen) gefertigt. Zeuge aus Bananen-Fasern sind im Allgemeinen weit theurer als solche aus Hibiscus-Fasern, weil letztere fast immer ein rauhes Ansehen behalten.

Des mortlock'schen Mantels ist bereits gelegentlich der Besprechung der mortlock'schen Kleidung nähere Erwähnung gethan; hier will ich nur noch einmal betonen, dass derselbe blos von den Mortlock- und Ruk-Insulanern getragen wird, und zwar von ersteren ohne jede Verzierung, von letzteren unter geringen Beimischungen von schwarzen Mustern, oder ganz schwarz gefärbt und mit rothen Muschelringen verziert, oder gelb gefärbt. In einer »fižan« (sprich fischan) genannten Art, scheint man auf Mortlock die ruk'sche Weise des usz nachahmen zu wollen. Dieser »fižan« (weisse Hibiscusfaser mit je einem ausgezackten Längsstreifen an den Seiten) erinnert mich übrigens sehr an die Männer-Zeuge der Uleai-Insulaner, **) und da die hiesigen Weberinnen gerne fremde Muster nachmachen und eine Berührung mit den westlichen Inseln durch die Vermittelung der

---

*) Pulusuk oder Suk liegt unter 149° 23' O. L. von Gr. und 6° 40' N. Br.

**) Uleai-, Ulea-, Ulie- oder Wolea-Inseln unter 144° O. L. v. Gr. u. 7° 20' N. Br.

Insel Poloot*) besteht, so ist es möglich, dass dieses uleai'sche Muster auf diesem Wege via Ruk hier anlangte.

Die mortlock'schen Flechtarbeiten. Auf den Mortlocks finden wir von dieser Art Arbeit vor Allem die gewöhnlichen Sitz- oder Schlafmatten »kiekei«. **) Diese Matten, verglichen mit den nicht gerade vorzüglichen palau'schen Matten oder den samoanischen »papa's«, verdienen keinen Vorzug vor diesen. Die Matte ist sehr lose geflochten, steif und nur als gewöhnlichste Unterlage verwendbar. Man kennt hier keine anderen Matten. Aus demselben Material, d. i. Pandanus-Blättern, werden gewöhnliche Körbe, »saüefasz«, zum alltäglichen Gebrauch geflochten.

Solidere Gegenstände flechten die Mortlocker aus dem Coir (Cocosfaser) und sind diese ganz den nukuor'schen gleich;***) so z. B. der »potou«, welcher zum Bergen kleiner Werthgegenstände dient, ebenso, obwohl von anderer Gestalt, der »meyar«. Zu dieser Klasse müssen wir auch den »lakasaka«, den »maker« und den »aulol« rechnen. Lakasaka ist ein bürstenartiger Kranz, der, um das Haupthaar gebunden, den Hauptschmuck der mortlock'schen Haartracht ausmacht. Das Material ist Hibiscus- oder Musa-Faser. Dieser Haargürtel wird immer reichlich mit Gelbwurz eingetränkt. Der »maker« ist eine dünne aus Menschen-Haaren geflochtene Schnur, die, mehrfach zusammengelegt, zum Zusammenbinden der Haartracht dient. Der »aulol« ist die mortlock'sche Steinschleuder in oft sehr geschickter und fleissiger Ausführung.

Fischkörbe. Einen durchaus nicht untergeordneten Gegenstand der hiesigen Industrie bilden die Fischkörbe. Obgleich dieselben nicht aus Bambusrohr wie auf den Palau-Inseln, sondern aus weit schlechterem Material des Hibiscus verfertigt werden, so übertreffen sie doch an Güte diejenigen der Palau-Inseln. Die mortlock'schen »üü« sind bis 3 m lange und über 1,50 m breite Käfige, mit einer kleinen, auf einem der schmalen Enden befindlichen Eingangsöffnung, welche so eingerichtet ist, dass die Fische leicht hinein kommen, aber durch die biegsamen Reisige in derselben nicht mehr nach

*) Poloot-, Poloat-, Poluhot-, Mama- oder Uauak-Insel unter 149° 17' O. L. v. Gr. und 7° 20' N. Br. ist eine der Enderby-Inseln.

**) Dieser Name erinnert an das palau'sche »kiey« = bleiben, sitzen, beide aber wieder an das samoanische »tiai« = wegwerfen, »ta tia« = ausgestreckt, hingeworfen daliegen, »tie tie« = auf etwas sitzen.

***) Es ist interessant, in der Identität oder Aehnlichkeit der industriellen Erzeugnisse auch eine Andeutung der einstigen Beziehungen Nukuor's zu Mortlock wahrzunehmen. Zu solchen Aehnlichkeiten gehören der Webstuhl. die gewobenen Zeuge, die geflochtenen Coir-Taschen, die Kisten aus Brotfruchtholz, die Gestalt des eazol-Canoes, die Muschel-Aexte, die Tarohacke (aufel) u. s. w.

Aussen gelangen können. Das innere Gerüste besteht aus jungen Hibiscus-Stücken und dieses wird umflochten entweder mit Strängen der Cocosnusswurzeln oder mit den Rippen der seitlichen Blättchen der Cocosblätter.

Schmuckgegenstände. Unter den Schmuckgegenständen nehmen die Halsbänder aus den Schalen einer schwerzugänglichen Spondylus-Art, hier »feylam« genannt, den ersten Platz ein. Die Spondylus-Schale wird zu kleinen runden, in der Mitte durchbohrten Scheibchen geschliffen und dieselben auf Fäden aufgezogen. Ein solches Halsband heisst »ássang« und wird sehr hoch geschätzt. Es ist eine Specialität der Insulaner von Etal. Aus einer anderen Muschelart werden die reicheren, jetzt selten gewordenen Frauengürtel gemacht. Als gewöhnlichstes Material für Halsbänder und Leibgürtel dient die Schale einer reifen Cocosnuss. Dieselbe wird in kleine Stückchen zerschlagen, so durchbohrt, aufgezogen und dann geschliffen. Die so erhaltenen Perlen heissen: »sak« und werden aus denselben die verschiedensten Schmuckgegenstände zusammengesetzt. Der gewöhnlichste »mar«, d. i. Halsband, ist der »mar en sak«, ein ein- oder zweifach um den Hals gewundener Strang solcher sak-Perlen. Ganz ähnliche Perlen, aber aufgereihet auf biegsame weiche Fäden, dienen als Ohrgehänge. Lange Stränge von demselben sak, werden oft von den Mädchen kreuzweise über der Brust und den Rücken getragen. Eine höhere Stufe von Halsbändern bilden die doppeltgeflochtenen »sak's« und der breite kragenförmige »tete«, welche beide gewöhnlich mit Brustgehängen verbunden werden. Das wichtigste der Brustgehänge ist der »puož«, eine runde Schildpattplatte mit einem runden Loch in der Mitte; derselbe wird mit fast allen Arten Halsbändern kombinirt. Für kleine Kinder werden ganz dünne Schildpattkreise ohne Löcher, »lónier«, oder kleine eckig ausgebogene Schildpattstückchen, »liginier« genannt, als Brustgehänge benutzt.

Das Durchbohren der »sak« für die Frauengürtel (kinsak) ist ebenfalls eine Specialität der Etal-Insulaner; gewöhnliche sak-Perlen verstehen auch die Einwohner von Tä und Satóan zu machen. Das Schleifen derselben liegt den Frauen ob, während die Männer sie bohren und zu den verschiedenen Schmuckgegenständen zusammenreihen.

Dem Werthe nach rangiren hinter den vorerwähnten Schmuckgegenständen, Armspangen aus Schildpatt, »lókum« genannt, welche nächst dem »ássang« hier Geldes-Werth vertreten, aber heute mehr Gegenstand des interinsularen Handels, als der hiesigen Industrie geworden sind. Diese Armspangen werden blos von den Frauen auf dem Vorderarm getragen.

Die Armbänder für Männer, »róron« genannt, werden entweder aus »sak« verfertigt oder, wie die vom Norden gebrachten, aus Muschelplatten.

Kopfbänder sind bei den Mortlockern sehr selten. Ein solches, »lima« genannt, von sehr plumper Arbeit, schien mir nach einem ponapé'schen Muster gemacht zu sein.

Kämme »taf« und Haarnadeln »tịk«, gehören zu den Hauptgegenständen der mortlock'schen Toilette, bilden aber keinen ausgeprägteren Industriezweig, sondern werden von Jedermann gemacht. Von Kämmen kommen zwei Formen vor: »taf reuoy«, kennzeichnet sich durch einen flachen, und »taf sópot« durch einen rund ausgehöhlten Griff. Beide werden mit der Gelbwurz gefärbt und das Griffende mit Schnitzereien, Muschelschalen, Perlchen und Hahnfedern geschmückt. Bei Festlichkeiten und Tänzen werden an gewöhnliche Kämme besondere Schmucksachen befestigt, so z. B. der »abežeŭ«, eine Art Flügel von den Federn des Tachypetes (Fregattvogel), oder der »úra«, bei welchem die Flügel aus Holz nachgemacht sind. Die letztere Form wird nur auf der Insel Oneop verfertigt. Dergleichen Kämme dienen blos für specielle Tänze und kommen sonst nicht zum Vorschein.

Die Haarnadeln sind grosse, sich der Form unserer Nadeln nähernde, Stücke Orangen-Holz, welche die Frisur zusammen halten sollen, deren Hauptaufgabe aber ist, das durch zahlreiche Läuse verursachte Jucken durch einige Stiche zu dämpfen. Diese Stecher sollen also die nebenbei ziemlich langen Fingernägel des Mortlocker's vertreten, welche er, ohne die sorgfältig gehaltene Haartracht in Unordnung zu bringen, zum Kratzen nicht gebrauchen kann. Da diese Nadeln verschieden runde und ovale Köpfe haben und ausserdem mit einem Halsband, »ferek en tịk«, verbunden sind, damit sie nicht ausfallen, so tragen sie zur Verschönerung der Tracht nicht unwesentlich bei.*)

Einzelne Ohrringe giebt es auf den Mortlock-Inseln nicht, sondern nur zusammengesetzte Ohrgehänge, die meistentheils aus dem oben beschriebenen sak bestehen. Zum Tanze werden besondere hölzerne Ohrstücke verfertigt; eine Form derselben ist viereckig, geschnitzt

*) Im Journal des Museum Godeffroy, Heft IV Taf. 4, sind die Nummern 5—10 und 12—13 (Haarnadeln, Halsbänder, Frauengürtel, Beinspangen etc. irrthümlich als von Palau stammend abgebildet, während sie der mortlock'schen Industrie angehören.

und weiss und schwarz bemalt, sie heisst »soboža«; eine andere Form »ịrapar«, ist rund, konkav und wird gelb bemalt.

Geräthschaften. Die alten Fischhaken, »üä«, waren aus Schildpatt oder aus der harten Cocosschale gefertigt; sie sind heute sehr selten.

Als die wichtigsten einheimischen Geräthschaften sind die zum Ackerbau verwandten und die Muscheläxte zu betrachten. Zum Bebauen der Erde hat der Mortlocker den »anget en puél« und die »aufel«. Der erstere ist ein speerartiges Stück harten Cocosholzes mit einem scharfen und breiten flachen Ende, das wie ein Stichspaten zum Löchermachen beim Pflanzen oder zum Ausheben der Taro-Wurzeln gebraucht wird; der letztere ist eine axtförmige Hacke, deren Blatt aus dem Rücken der Schildkröte gemacht ist. Ihre Form ist fähig ihren Zweck zu verdecken, und man hat sie in Folge dessen irrthümlich für eine Axt gehalten; sie dient aber in der That zum Vorbereiten der weichen Erde.

Aexte aus der Schale der Tridacna gigas, »atenekiy« genannt, werden im Allgemeinen für gröbere, Aexte aus der zur Hälfte abgeschliffenen Schale der Terebra maculata, »si« genannt, für feinere Arbeiten verwandt.

Eine Nadel zum Durchnähen der die Häuserdächer bildenden Blätterbedeckung, heisst »tefasz« und wird aus Menschenknochen oder Holz bereitet.

Zum Aufbewahren ihrer Utensilien fertigen die Bewohner von Oneop recht zierliche Kisten aus Brotfruchtholz an, welche der Form nach sehr an die kleinen nukuor'schen Handkisten erinnern.

Waffen. Die jetzt noch vorhandenen Waffen der Mortlocker beweisen, dass die heute so friedliebenden Insulaner in ihren einstigen Kriegen durchaus nicht hinter den tapfersten Bewohnern der Südsee zurückgestanden haben. Als Beleg hierfür dienen die grossen Schlag- und Stichkeulen, welche nur im Süden und Westen der Südsee zu Hause sind. Bei der mortlock'schen Keule »üakke«, ist das Blatt beinahe eine Kopie desjenigen der samoanischen »pouivai«; nur der Schaft der mortlock'schen Waffe ist länger und sein oberes Ende zum Stossen bestimmt. Der »laga žam žam« und »laga poeiya« sind wieder Kopien des samoanischen »ua tongi«. Alle mortlock'schen Keulen werden aus hartem Holze der Rhizophoren-Arten verfertigt.

Als eine National-Waffe der Mortlocker muss man den »gŭrgŭr« betrachten. Es ist das ein Stab aus Orangenholz, gegen 2 m lang und 3 cm dick, welcher gegen die beiden Enden etwas ausgeschweift ist. Dieser Stab, der oft als unschuldige Stütze von alten Leuten getragen wird, ist die beliebteste Waffe, sowohl im Kriege, als auch um gewöhnliche Streitigkeiten zum Ausgleich zu bringen. Er wird gebraucht in der Art des Bajonettfechtens, indem die sich gegenüber stehenden Gegner ihn mit beiden Händen (die rechte Hand zu vorderst) halten und die gegenseitigen Schläge und Stösse zu pariren suchen. Der Name der Waffe stammt von dem Namen des Baumes »gŭrgŭr«, aus dessen Holz sie gemacht wird. *)

Für den Faustkampf haben die Mortlocker einen mit Haifischzähnen besetzten Handring und den »suk«. Dieser letztere vertritt unseren Dolch und wurde früher von den bei Nacht Umherschleichenden zum Schutz mitgeführt. Das eine stumpfe Ende des suk dient als Keule, an dem anderen werden einige Rochenstacheln befestigt, welche ihn zu einer höchst gefährlichen Stichwaffe machen.

An Speeren kann man zwei Hauptarten unterscheiden; die eine dient zum Werfen in die Ferne (žoburiy), die andere zum Werfen auf sehr kurze Distanzen (silekiy). Die »žoburiy-Speere« gehen immer verloren und werden deshalb aus werthlosem Material gemacht; ihr Schaft ist ein weiches leichtes Hibiscus-Holz, das der Werfer vor dem Wurfe zu der ihm genehmen Länge abbricht. Der Kopf dieses Speeres, aus hartem Cocosholz mit etlichen stumpfen Wiederhaken versehen, wird mit einem Bindfaden an den Schaft festgebunden. Diese Speere werden mit der Hand geworfen, indem der Zeigefinger der rechten Hand auf dem einen Ende ruht. — Die silekiy-Speere sind nur für ein sicheres Treffen bestimmt; sie werden aus solidem Material gefertigt, kostbar ausgeschmückt und oft stark an den Spitzen bewaffnet. Die einfachste Form dieser Art ist der »silek«, ein glatter, auf beiden Enden spitz zulaufender Speer aus hartem Holz; die gefährlichste ist der »mĕ́senapuṓsz« (von mĕ́sen = Gesicht und puṓsz = Kalk), an dessen Vorderende Rochenstacheln, Menschenknochensplitter oder Kiefer einer Belone-Art (Hornhechte) mittelst Bindfaden und Kalkkitt befestigt sind.

10. Ein Beitrag zur Kenntniss der Sprache der Mortlock-Inseln.

Ein so kurzer Aufenthalt auf den Mortlock-Inseln wie der meinige, konnte mir unmöglich Gelegenheit geben, erschöpfendes Material hinsichtlich der Sprache der Insulaner zu sammeln, und so muss auch dieser Theil meines Berichtes eben nur als ein oberflächlicher und für künftige Forschungen vorbereitender Versuch aufgefasst werden.

*) Auf den Palau-Inseln giebt es eine Citrus-Art, welche »gurgur« genannt wird.

Um allem Zweifel in Betreff der Aussprache der notirten einheimischen Wörter zu begegnen, habe ich in dieser Abhandlung die allgemeine Schreibweise des Lepsius'schen Standard-Alphabets angewandt.

1. Die Laute der mortlock'schen Sprache.

a. *Vokale.*

		a		
ẹ̱	e·	—	*o*	
i	—	i̯	u̯	*u*

Dieselben werden lang und kurz, mit oder ohne einen Accent gebraucht. Das ẹ̱ ist das deutsche »ä«, das i̯ des Lepsius'schen Alphabets ist das polnische »y«.

Die einzige Schwierigkeit, welche sich mir bot, bestand in der Wiedergabe desjenigen Vokallautes, für welches ich das Zeichen u̯ gebrauche. Es ist ein sehr hohl und tief klingender, zwischen i̯ und u eingeschlossener Laut, dessen Auffassen, wie man aus der Schreibweise der Namen Kí̯tu̯ und Onobuku̯ auf den Karten ersieht, schon den ersten Beobachtern nicht leicht war. Sie schrieben abwechselnd Kutu, Kytyk, Onobuky, Unepuk, woraus hervorgeht, dass sie zwischen dem y und u unsicher waren. Die Basis dieses Vokallautes scheint u zu sein, dann aber wieder manches Mal i̯. Beim Aussprechen werden die Lippen wie für diese beiden Vokale angeordnet, aber in beiden Fällen wird die Mundhöhle möglichst hohl gemacht, die Zunge möglichst eingezogen und deren Spitze an das Bändchen gepresst. Genau verfahrend, müsste man ein emphatisches i̯, wo der y Laut vorherrscht, und ein emphatisches u̯, wo ein u vorherrscht, unterscheiden. Indessen ist meine bisherige Erfahrung in der mortlock'schen Sprache keine solche, dass ich eine konsequente Durchführung der Abtönung dieser Laute in allen Wörtern vornehmen könnte und so benutze ich einstweilen blos das u̯.

Diese Vokale bilden sehr leicht Diphtonge und notire ich als solche: ā́u, ā́u̯, ḗu, ẹ̄́u̯, ṓu̯, ū́u,

ā́y, ẹ̱́y, ṓy, ū́y, (das y entspricht dem deutschen »j«).

b. *Konsonanten.*

k	*g*	ṅ	—	—	*y*		
t	—	*n*	{ š	ž	—	r – l	
			{ *s*				
p	*b*	*m*	*f*	—	—		

Der richtigen Aussprache dieser Konsonanten stellen sich gar keine Schwierigkeiten entgegen. Die aus dem Lepsius'schen Alphabet entlehnten Zeichen sind ṅ, š und ž. Das ṅ ist das deutsche nasale »ng«, das š ist das »sch« und das ž endlich ist das französische »j« (gelindes deutsches sch).

Ich bin noch im Zweifel, ob zu diesen Lauten nicht noch »θ« (Zischlaut mit vorangehendem d) hinzukommen sollte. Der Gebrauch dieses lispelnden »t« ist in den westlichen Dialekten sehr ausgeprägt, auf den Mortlocks aber weniger, was mehr von einer Eigenheit der

Sprecher abzuhängen scheint. Ebenso oft findet man das »r« mit dem »ž« verwechselt und das »s« mit dem »š«. So sprechen viele Mortlocker »kiš« (kisch), wir, anstatt kis; der Name der Insel Mož wird oft Mor ausgesprochen, aus welchem Grunde dieselbe auch auf den Karten Mor und Mors benannt wurde.

2. Einige grammatikalische Notizen. Die mortlock'sche Sprache hat dieselbe Eigenschaft wie alle karolinischen Sprachen, dass der grösste Theil der Hauptwörter nicht in der Ursprungsform, der Wurzel, gebraucht wird, sondern in den Fall eines Verhältnisses zu einer Person vesetzt wird, was dadurch geschieht, dass die Wurzel mit einem Suffix, der den Besitz andeutet, verbunden wird. Einige Beispiele werden es am besten beleuchten:

fel, ein grosses Haus,	im, ein kleines Haus,	pḗyi Hand,	pḗšey Fuss,
falḗy, mein grosses Haus,	imuḗy,	pṓum,	pešem,
falṓm, dein grosses Haus,	imóm,	pṓun,	pešen,
falḗn, sein grosses Haus,	íman,	pṓeš,	pešeš,
falắš, unser grosses Haus,	imắš,	pṓemi,	pešemi,
fálemi, euer grosses Haus,	ímomi,	pṓer,	pešer,
fáler, ihr grosses Haus,	ímüer,		

bṓti Nase,	mḗsey Gesicht, Auge,	žṓmey die Stirn,	ắuey der Mund,
bṓtum,	mḗsom,	žomom,	ắuom,
bṓtun,	mḗsen,	žomen,	ắuan,
bṓtoš,	mesắš,	žomaš,	ắuaš,
bṓtomi,	mḗsami,	žomemi,	ắuomi,
bṓti̯r,	mesḗr,	žomuḗr,	ắuer,

níy der Zahn,	tī́y die Brüste,	mắkarey Kopf,	sắliṅay das Ohr,
nim,	tūm,	makarom,	saliṅom,
nin,	tūn,	makaren,	saliṅan,
niš,	tī̯š,	mắkaraš,	saliṅaš,
nimiy,	tī̯mi,	makarami,	saliṅami,
nir,	tī́r,	makarḗr,	saliṅ́er,

say der Bauch,	puḗy der Nabel,	eti̯y das Kinn,	gílig die Haut,
sam,	puom,	etum,	gilum,
san,	puon,	eten,	gilun,
saš,	puaš,	etaš,	giliš,
sami,	puomi,	etemi,	gilimi,
sar,	puer,	eti̯r,	gilir,

žu̯i der Knochen,
žum,
žun,
žuž,
žumi,
zi̯r,

Beim Aussprechen übertragen die Insulaner den Nachdruck auf den Vokal des Suffixums. — Aus den Beispielen ist ersichtlich, dass die Sprache ein Singular und Plural besitzt mit je drei Personen; indessen kommt auch ein Exclusiv-Modus für die erste Person des Pluralis, so: fałáš = unser Haus (inclusive des Hörenden), falamim = unser Haus (exclusive des Hörenden), vor.

Diese Substantiv-Suffixa bilden eine Form der Pronomina possessiva, indessen besteht auch eine unabhängige Form derselben. So: anéy = mein, anúm = dein, anán = sein, anáš, anamím = unser, anamí = euer, anír = ihr; z. B. anum ik = deine Fische oder dein Fisch.

Einen regelmässigen Plural für die Substantiva und Adjectiva giebt es nicht; zum Ausdrücken der Vielheit wird gebraucht: núra, viel, und für den Grad bei den Adjectiven die Reduplication: eláp, gross, kis, klein, lapaláp, sehr gross, kisikís, sehr klein.

Das persönliche Fürwort ist: iyey, i, ṅaṅ = ich, meiner, mich; ṅok, yen = du, dich; anej, iy = er, sein; kis = wir incl.; amim = wir excl.; ir = sie; z. B.: ie fórey? wer hat es gemacht? i forey, ich mache; i me fórey, ich habe es gemacht; ie iná? wer ist da? ṅaṅ iey, ich hier.

Die Verba sind entweder ursprüngliche Wurzeln kombinirt mit direktiven Partikeln wie: uáto (samoanisch avátu heisst zubringen, geben), bringen; olá, weggehen; feytú, landeinwärts hinuntergehen; feyté, landeinwärts heraufkommen; feylá, hinweggehen (alle drei von fátat, zu Fuss gehen oder rudern mit der Paddle); oder bei den von Gegenständen abgeleiteten Verben werden Hülfspartikel angefügt, so: púsi, ein Loch, pusigíy, ein Loch bohren; sílek, ein Speer, silekíy, speeren.

Für die Zeiten dienen »me« für die Vergangenheit, »ibu« für die Zukunft. Bei der Konjugation wird ausser dem persönlichen Fürwort noch ein pronominales Præfixum angewandt; z. B.: ṅaṅ ioréy, ich sehe; ṅaṅ i sioréy, ich sehe nicht; ṅaṅ ióroṅ, ich höre, ṅaṅ isóroṅ, ich höre nicht; ṅaṅ i máṅa, ich esse, ṅaṅ mey máṅa, ich habe gegessen, ṅaṅ ibu bo máṅa, ich werde essen, maṅá! iss! sa magá! essen wir!

Gegenwart:
ṅaṅ i maṅa, ich esse,
yen o maṅa, du issest,
iy e maṅa, er isst,
kiš sa maṅa, wir essen (incl.),
amim aymaṅa, wir essen (excl.),
amim aumaṅa, ihr esset,
ir remaṅa, sie essen.

Vergangenheit:
ṅaṅ me i̦ maṅa,
yen me o maṅa,
iy me o maṅa u. s. w.

Zukunft:
ṅaṅ ibu bo maṅa,
yen ibu o maṅa,
iy ibu maṅa u. s. w.

Nachstehende Wörter mögen einen vorläufigen Beitrag zu einem mortlock'schen Vokabulär geben:

set, Salzwasser, die See,
ran (žan), Wasser, Süsswasser,
 rarắn, žažắn nass,
le matắu, die hohe See,
le ố̄nom, die von dem Riffe eingeschlossene Lagune,
ōž, das Korallenriff,
mōž, die Passage,
fắnu̦, Land im Allgemeinen, bearbeitetes Land, (samoanisch: fanúa),
ruk, hohes Land, hohe Inseln,
pí̦y, Sand,
puēl, schwarze Erde,
fắu̦, Stein im Allgemeinen,
fắu̦ žol, schwarzer Stein, von den Ruk-Inseln gebracht,
fắu̦ ắllaṅ, ein Korallenstein,
puṓž, Korallenkalk,
 puoží̦y, bekalken, mit Kalk einreiben (pi̦y-ož),
rắra, der Strand,
onắn, der mit Wasser bedeckte Theil des sandigen Strandes. (Samoa: óne = Sand).
uāluắl, der Busch, das Innere der Insel, der Wald, Pflanzen im Allgemeinen, besonders blättrige Kräuter. (Samoa: váo).
al, der Weg,
bey, ein Land im engeren Sinne, alle zu einem Dorfe gehörenden Ländereien,
kéy, das Dorf, Niederlassung,
feytḗ̦, kitḗ̦, (keytḗ̦), nach seiner Heimath gehen.

---

lḗ̦ṅ, der Himmel, das Firmament,
yāl, die Sonne,
fū̦, die Sterne,
ūt, Regen,
fi̦, Blitz,
rṓbulap, der Donner,

---

fe̦l, ein grosses Haus,
im, ein kleines Haus,
mesorṓ, ein Kochhaus,
um, der Backofen,
lē, in, das Innere,
lḗfe̦l, das Innere des Hauses,
lígen, aussen, das Aeussere,
 líginfe̦l, die äussere Umgebung des Hauses.

áramas, der Mensch,
man, ein Thier, ein Vogel,
moén, ein Mann,
róbot, eine Frau,
púluan, ein Ehemann oder die Ehefrau,
 púley, mein etc.,
 púluom, dein etc.,
 púluan, sein etc.,
pupúlli, heirathen,
naún, ein Kind,
 nḗyi, mein Kind,
 náum (nóum), dein Kind,
 náun, sein Kind,
manúkol, ein Säugling,
ukáu, ein kleiner Knabe,
líkau, ein kleines Mädchen,
átamoen, ein kleiner Knabe, der noch kein Jüngling ist, ca. 10 Jahre alt. (Samoanisch: áta = Bild, Schatten; áta alíi wird gebraucht für den leibhaftigen ältesten Sohn).
li̥ratáu, ein Mädchen in ähnlichem Alter wie der átamoen,
állual, ein Jüngling,
faápul, eine Jungfer,
óužóož, ein Knabe, der noch nackt herumgeht,
oélles, eine verheirathete Frau; wird unterschieden als:
oélles náu jéuman, Frau mit einem Kinde,
oélles náu rúoman, Frau mit zwei Kindern,
luélap, eine Greisin,
fóuet, alt, ein Greis, eine alte Frau,
uás, ein Schwager,
púi, eine Schwester,
púipúi, eine Schwester-Verwandtschaft, eine Stamm-Verwandtschaft, ein Stamm.
moṅáyan, der Bruder,
sáman, der Vater, (Samoanisch: táma),
ínan, die Mutter, (Samoanisch: tína).

---

amé, sterben, todt,
sómau̥, krank sein,
ósomau̥, eine schwangere Frau.
sáfey, Medizin,
epéy, ein Grab,
peyenéy, begraben,
ámofeu̥, die Leiche in der See versenken,
imen epéy, ein über dem Grabe aufgestelltes Grab,
ōuníy̥, mit der Gelbwurz nach dem Tode einsalben.

---

anáṅ, Arbeit, Beschäftigung, arbeiten,
 nú̥ra anáṅ, viel Arbeit,
fórey, fofórey, etwas machen, thun,
 ie fórey átainá, wer macht diese Sache da?
 ṅaṅ íbo fofórey áta iná, ich werde diese Sache da machen,
 ṅaṅ me i fórey, ich habe gemacht,
gilḙ, wissen,
sigilḙ, nicht wissen,

sō, nicht,
orẹ, sehen,
siorẹ, nicht sehen,
korŏṅ, hören, (Palau: orĕṅes; Ponapé: irŏṅ; Samoa: faalŏṅo),
ṅor, Gesang, singen (Palau: oṅerel, der Mund; ṅor, eine wichtige Sprache, eine Rede),
kapás, sprechen,
kéy, lachen (Samoa: āta áta),
ssāṅ, weinen (Samoa: táṅi),
meụr, schlafen (Samoa: mŏe),
iuĕi, sich hinlegen,
ụ́ta, aufstehen,
fátal, zu Fusse gehen, paddlen,
maṅa, essen (Samoa: maṅava, der Bauch),
ibŏun, trinken,
gafríek, lieben, mögen,
safríek, nicht lieben,
kabutĕk, nicht mögen,
iguŏt, nicht wollen,
žúpaṅ, nachlässig sein,
tútu, waschen, sich nass machen (Samoa: sŭsú, nass),
páriḳ, tanzen, Tanz,
púllụ, brechen,
foysáṅ, riechen (Samoa: soṅi),
ĕ́ṅotịy, Etwas auswringen,
abutị́y, abschleifen,
fŏtey, binden,
púsigiy, bohren,
púsi, ein Loch,
rofoná, lügen, lügenhaft, Lüge, Lügner,
rŏfeụ, wahr, Wahrheit,
ážak, hungrig sein,
árgerey, kratzen,
nnáu, husten, der Husten,
mmōs, sich übergeben, das Erbrechen,
áurūr, langsam sein, spazieren gehen,
úrur, an einem gesellschaftlichen Spiele, »úrur« genannt, theilnehmen.
pēs, ein natürliches Bedürfniss verrichten,
ser, Wasser abschlagen,
állou, die Exkremente (Samoa: alŏu Eiter, Jauche),
féē, den Coitus ausüben,
nŏtey, schraben,
níla, tödten,
ṅānnay, geben,
ṅānnay nan i yey, mir geben, wird verkürzt in:
ṅānanyĕ́y, mir geben,
ṅāneanŏ́k, dir geben,
ṅāneanĕ́y, ihm geben,
ṅāneanekáš, uns geben incl.,
ṅāneanekamím, uns geben excl.,
ṅāneanekaníi, euch geben,
ṅaneanị́r, ihnen geben,
šịorị́y, achten, gehorchen,
káṅay, wegnehmen (Samoa: táṅo oder káṅo, berühren),
i káṅay, ich nehme weg,
i sáṅay, ich nehme nicht weg,
i me ne káṅay, ich habe weggenommen,
i me ne sáṅay, ich habe nicht weggenommen,

ṅaṅ i bo bā́ṅay, ich werde wegnehmen,
yen bo okā́ṅay, du wirst wegnehmen,
niy bo ekā́ṅay, er wird wegnehmen,
ēno, bleiben (Samoa: nōfo, monṓfo),
ía enō ia? wo, wo bleibt, wo ist?
uā́ue, nehmen,
uā́la, wegnehmen,
uā́to, bringen (Samoa: avā́tu, ā́ve),
yā́rok, versehen, übersehen,
yayeṓrok, sich angewöhnen,
ā́yyek, Frage, fragen,
ṅaṅ íbu bo ā́yyek en nōk, ich will dich fragen,
aytịṅaney, bitten, ersuchen,
utuā́li, sehen, wahrnehmen wollen,
āki ā́ki, verlangen,
āki ā́ki lētịpey, Wunsch, Verlangen, wünschen,
mā́ssey, niesen,
asā́kisak, asā́ki, verwandt sein, Verwandtschaft, Familie,
fofṓrey anụ, einen Geist gut machen,
foreyanụ́, ein Zauberer,
ayež, böse sein, zürnen, Zorn,
sū́to, zuwerfen,
sū́la, abwerfen,
esū́to, zufliegen, vom Vogel,
esū́la, wegfliegen, vom Vogel,
mṓalež, verlieren,
tṓṅe, itṓṅe, sehr lieben, sich an annehmen.

ā́llam, gut, schön,
eṅā́u, schlecht,
elā́p, gross,
kis, klein,
fḗlikay, geschwind,
ā́kaymay, langsam,
pūš, leichtsinnig,
bū́rafeu̥, dumm,
mī́puōr, schief,
ṓnašar, gerade,
ēpas, trocken,
erarā́n (žažā̆n), nass,
mṓnson, aller, e, es,
pū́šịkar, heiss,
yā́boš, yā́boškar, heiss, schwitzen,
patakī̦́š, kalt,
sum, müde, müde sein,
ṅaṅ isum, ich bin müde,
yen uā́sum, du etc.,
iy eā́sum, er etc.,
kiš sā́sum, wir (inclusive) etc.,
amim ā́ysum, wir (exclusive) etc.,
ami ā́usum, ihr etc.,
ir rā́sum, sie etc.,
us, Art und Weise von Etwas, Sitte, Gebrauch,
rak, so,
usenrā́k, auf die Weise von ....
ū́sen ā́ramas, auf menschliche Weise ....
ū́sen rēuan, fremde, europäische Sitte,
arēuan, ein Fremder (ein Weisser),
re, ein Partikel der Zugehörigkeit,
rey, rem, ren, mir, ihm zugehörend, meine, deine, seine Sache, Gegenstand; mit Lokalitäts- u. Menschen-Namen:

re Uḗ, re Sṓpun, re Sor, re Bṓnon, re uan (ua = Schiff),

ṅa, ja,

eắp, nein,

sō̆, sī́o, nicht,

sor, sṓron, nicht mehr, nein,

ḗmon, genug,

ắros, beendigt, fertig,

sắman (soắman), kein, kein einziger,

yen a yen, dieser und dieser, etliche,

imū́, hier, das hier, dieser, e, es hier,

min, da, dieser, e, es da, jener, e, es,

ik imū́, diese Fische,

kan, Partikel der Quantität, unbestimmter, irgend ein, bischen,

yen sor utuắli fu̯ kan? du nicht siehst Stern irgend einen?

ṓžou, eine Wolke,

mā̆ram, der Mond,

asapuḗl, der Wind,

yā̆f, das Feuer,

ắtenyaf, der Rauch,

malmal, ein Sturm,

ā̆nu̯, Geist, Gottheit,

sō̆mol, der Häuptling,

tou, Krieg, kämpfen in der Nähe,

Anmắun, Krieg, kämpfen in der Entfernung,

nu̯, eine Cocospalme, junge Nuss,

žo, eine reife Cocosnuss,

mey, die Brotfrucht,

ū̆š, Banane,

uō̆š, Taro,

puḗu, Pteropus,

yež, Ratte,

ik, Fisch,

mā̆lek, Huhn.

---

melṓm, früher, weite Vergangenheit,

ū́tiey, gleich, später,

iṅeta? wenn?

ī́gana, heute,

nắnao, gestern,

lḗu̯, morgen,

kū́lanlē̆u̯, übermorgen,

kū́lannắnao, vorgestern,

ḗaran, die Morgendämmerung,

ắlloas, der Sonnenaufgang,

ēamaraṅatắ, die eine Hälfte des Vormittages,

lḗṅeylaṅ, der Mittag,

ayrṓpol, die zweite Hälfte des Vormittages,

ắuṓnēuuān, die Hälfte des Nachmittages,

āytū́eyset, vor dem Sonnenuntergange,

eắtup, der Sonnenuntergang,

le ran, der helle Tag,

le boṅ, die Nacht,

le fā̆f, der Abend, (Samoanisch: o le ắfiắfi),

lū̆genboṅ, die Mitternacht,

ū́numeyran, die Zeit vor dem Anbruch der Morgendämmerung,

le rā̆k, die Brotfruchternte, die Zeit derselben, die Jahreshälfte in welche dieselbe fällt,

le ḗffeṅ, der Norden, die Zeit der nördlichen Winde,

---

iyḗ? wer?

iyắ? wo?

mḗta? mētana? was?

iya ṓson? wie?

póta? warum?
iyéy, hier,
iná, dorten,
i len̓, oben,
i lel, unten,
kúlan, hinten, hinter,

---

mákar, der Kopf,
métan mákar, die Haare,
žómen, die Stirn,
mésen, das Gesicht,
fógen mésen, das Auge,
fáten, die Augenbrauen,
métan mésen, die Augenwimpern,
bótun, die Nase,
le bótun, das Nasenloch,
áuan, der Mund,
ten áuan, die Lippen,
nin, ein Zahn,
ausópen, die Wange,
salín̓an, das Ohr,
éten, das Kinn,
alésan, der Haarwuchs im Gesichte,
áuferey, die Schulter,
sákeren, Brust,
ligisákeren, der Rücken,
sápon póun, der Oberarm,
póun, der Vorderarm,
léman, die Hand (wird sehr wenig gebraucht und meistens durch das vorige Wort vertreten),
péšen, der Fuss,
kun, die Nägel,
afélefel póun, der Ellenbogen,
lémolun póun, die Ellenbogenbeuge,
puguéy, das Knie,
lémolun péšen, die Kniebeuge,
sān, der Leib,
abysān, der Unterleib,
puón, der Nabel,
puár, die regio pubis,
žun, Knochen,
gil, die Haut,
nša, Blut.

---

asópol, Perlen aus Glas oder Holz,
taf, ein Kamm, sich kämmen,
teyk, das Gelbwurzpulver,
ue, Cocosöl,
uēn, Bimmstein,
lep, die rothe Ockererde,
yiŭ, ein Schleifstein,
mĕže, ein Bohrer,
žik, ein kleiner Korb,
aténekiy, eine Axt aus der Tridacna-Schale,
séle, eine Meisselaxt aus der Tridacna,
si, eine solche aus der Terebra-Schale,
ítan, der Name,
ia ítan? wie ist der Name?
ron, Frau, Weib, Ehefrau,
fen, Frau, z. B. fenan Bónon, eine Frau von Bónon,
uk, Schweif, Schwanz, uk en ik, ein Fischschwanz,
lug, die Mitte,
lúgenepan, in der Mitte,
sap, sápon, theilen, halb, die Hälfte,
tut, die Brüste,
méson tut, die Brustwarze (Samoa: mátasūsu),
fásan̓, ein Nest,

sókul, ein Ei,
oloufáto, einschöpfen,
asaráloṅ, einschenken,
arẹ, oder
ma, und,
ma, von,
ibole íya? wohin?
uóyte mea? woher?
pṓšopoš, weiss,
šṓšol, schwarz, blau, grün,
lípar, roth,
yátok, verwünschen,
mallụ́gala, vergessen,
ogoráto, im Gedächtniss behalten.

---

uā, ein Canoe,
uā sḗrek, ein Segelcanoe,
uā fātal, ein Rudercanoe,
áuụ, der Mast,
fātel, eine Paddle,
ṹmmey, kreuzen, an dem Winde segeln,
murịmur, vor dem Winde segeln, steuern (da man blos vor dem Winde steuert),
nụ́menuá, das Wasser aus dem Canoe ausschöpfen,
assáue, vom Winde abhalten,
faṅịte, an den Wind holen,
onṓnto, gerade aus segeln,
ffel, in einem runden Bogen segeln,
šel, ein vom Winde nach dem Lee geschehenes Umwerfen des Fahrzeuges,
tá́mežap, ein Umwerfen auf die Ausleger-Seite,
tam, der Ausleger bei dem Canoe.

---

man, ein Aux. part. bei den Zahlwörtern,
efítou? wie viel? (Samoa: efíya),
efítouman? wieviel?
yḗu (aman), ein,
rụ (ruoman), zwei,
elu, drei,
rā́nu, fa, vier,
limau, fünf,
ṓnou, sechs,
físu, sieben,
uā́lu, acht,
tuṓu, neun,
ṅol, zehn,
rụe, zwanzig,
ḗlik, dreissig,
fē, vierzig,
limẹ, funfzig,
onẹ, sechszig,
fíyk, siebenzig,
uā́lik, achtzig,
tuẹ, neunzig,
yeubū́kị, hundert,
efítourak? wievielfach?
jéurak, einfach,
rūorak, zweifach u. s. w.,
afítourak? wievielte?
aruourak, der zweite,
a elu, der dritte,
a rānu, der vierte,
a limau, der fünfte u. s. w.

11. Die Seefahrten der Mortlocker.

Die Mortlocker, der südöstlichste Stamm der central-karolinischen Völker, sind noch heute Seefahrer und unterhalten noch immer, ihrer Abstammung getreu, eine Verbindung mit ihrer einstigen Heimath, mit den in nordwestlicher Richtung 150 Seemeilen entfernten Ruk-Inseln. Sie haben unter sich einen Theil der den meisten karolinischen Völkern eigenen Kenntniss der Himmelskörper bewahrt, vermöge welcher sie sowohl die spurlosen Wasserstrassen des ihre Heimath umgebenden Oceans durchfahren, als auch die Zeit bestimmen können. Diese Kenntniss, die heute jedenfalls nur als ein Nachklang aus der Vergangenheit bezeichnet zu werden verdient, besitzt jedoch nicht ein jeder Insulaner, sondern wird von einigen wenigen sehr eifersüchtig bewahrt, bildet deren Wissenschaft, ist eine Quelle des Ansehens, Einflusses und sogar Nutzens, und wird nur ganz besonders Ausgewählten (Sternkennern), die man »palláuu̥« nennt, mitgetheilt. Bei der den uncivilisirten Völkern eigenen Eifersucht, mit welcher dieselben jeden Vortheil für sich allein zu behalten trachten, ist die Stellung eines Sternkenners eine hervorragende. Deshalb sucht auch jeder einzelne Staat seine eigenen palláuu̥ zu haben, um von denjenigen der nachbarlichen Stämme unabhängig sein zu können. Die Kenntnisse dieser Sternkenner können nur auf dem Wege der mündlichen Ueberlieferung übertragen werden; gewöhnlich ist es der Sohn oder ein besonders fähiger und vielversprechender Verwandter, welcher sich von den frühesten Zeiten bei dem Sternkenner aufgehalten und während einer Reihe von Jahren in die Kunst des Schifführens eineingeweiht wurde, den die Kunst gelehrt wird. Trotzdem nahm wohl mancher dieser Weisen seine Geheimnisse mit in's Grab und von den überlieferten hat das Gedächtniss nicht immer das Ganze behalten. So wissen die heutigen Sternkenner Namen von Sterngruppen, welche sie auf dem Himmelsgewölbe nicht nachweisen können; sie wissen auch, dass ihre Vorfahren den Seeweg nach dem Osten und dem Süden kannten. Die Tradition erwähnt Seybóllus als den letzten palláuu̥ von Lukunór, welcher die Canoes nach Nukuór (Nukuwor, Nuguoro, Monteverde Insel (3° 55′ N. Br. 155° O. L.) zu führen verstand.

Die heutigen Seefahrten der Mortlocker beschränken sich, abgesehen von den Fahrten zwischen den drei Gruppen ihrer Heimath, welche alle von einander in Sicht liegen, auf Reisen nach den Nắmoluk-Inseln, nach den Lósop- (d'Urville-) Inseln (gewöhnlich über Nắmoluk), und von Lósop nach den Ruk-Inseln. Nắmoluk liegt 35 Seemeilen NW von der nördlichen Passage der Satóan-Lagune entfernt, die Lósop-

Inseln 65 Seemeilen NWzW$^1/_2$W von Námoluk, die Ruk-Inseln circa 50 Seemeilen WzN von Lósop; somit beträgt die geringste Hochseefahrt der Mortlocker 35, die grösste 65 Seemeilen. Eine direkte Fahrt von Mortlock nach Lósop wird nie unternommen; sind die Námoluker zeitweilig feindlich gesinnt, so dass es nicht räthlich scheint daselbst zu landen, somit die Möglichkeit sich auszuruhen und gestärkt weiter zu gehen genommen ist, so wird Námoluk immer in Sicht gelaufen und von dort der neue Kurs angenommen. Die abzusegelnden Distancen sind keinenfalls sehr gross, und zieht man noch den regelmässigen NO-Passat, der für alle drei Reisen immer einen freien Wind gewährt, in Betracht, so wird man geneigt sein, diese Seereisen zu unterschätzen. Und doch müssen wir bei gebührender Berücksichtigung der Verhältnisse dem einfachen karolinischen Canoeführer, welcher ohne Kompass und ohne irgend welches Instrument sich dem Ocean mit seinen Strömungen, dem Himmel mit seinen Winden anvertraut, eine grössere Bewunderung zollen, als dem tüchtig geschulten weissen Seefahrer, welcher nur so lange ein solcher ist, so lange ihn sein Chronometer, Sextant und Kompass nicht im Stiche lassen.

Bei den Seefahrten der Mortlocker ist der palláuu̦ die wichtigste Person; da nur er den Zusammenhang der Erscheinungen der Elemente mit der Jahreszeit durch Erfahrung kennen gelernt hat, so bestimmt er die Zeit der Reise. Er ist also der Kalender der Insulaner. Sobald auf See, leitet er das Fahrzeug nach gewissen Sternen, aber nicht blind und ohne Berechnung, sondern je nach dem Winde und dem Strome verschiedene, das Gelingen der Reise beeinflussende, Kursänderungen vornehmend. Er ist also Sternkenner und Seeführer. Hat trotz der grössten Vorsicht das Fahrzeug getrieben und ist das gesuchte Land verfehlt worden, oder hat ein Sturm die braven Segler verschlagen, so berechnet der palláuu̦ vermittelst seiner Kenntniss aller zur Karolinen-Gruppe gehörigen Inseln und deren Leitsterne, die Möglichkeit eine derselben zu erreichen. Demnach sehen wir in dem palláuu̦ drei Eigenschaften vereinigt, nämlich die eines Astronomen, eines Navigateurs und eines Geographen. In Folgendem wollen wir versuchen, die Gelehrsamkeit eines palláuu̦ innerhalb dieser drei Wissenschaften zu verfolgen und zwar indem wir erstens über die *Zeitbestimmung*, zweitens über die *Schiffsführung auf hoher See* und drittens über die *geographischen Kenntnisse* berichten.

1. *Die Zeitbestimmung der Mortlocker.* Der Mortlocker nennt den hellen Theil des Tages »ran«, den dunkeln »bon«. Den

Anfang des ersteren mit der Morgendämmerung »éaran« nehmend, sieht er sein Ende im Anfange des »le fāf« des Abends, wo »yāf«, das Feuer, die Tageshelle vertreten muss. Der verschiedene Stand der Sonne giebt ihm die Tageseintheilungen: »ḗaran« die Morgendämmerung, »ā́lloas« der Sonnenaufgang, »ēamaraṅatā́« bis 9 oder 10^{h} A. M., »ayrṓpol« zwischen 9 und 12^{h} A. M., »léṅḗylaṅ« der Mittag, »ā́uṓnēuuān« bis ca. 3—4^{h} P. M., »āytū́eyset« bis ca. 6^{h} P. M., »eā́tup« der Sonnenuntergang. Die Nacht wird nur in drei Theile getheilt: der Abend »le fāf«, die Mitternacht »lū́genboṅ«, und die Zeit vor der Morgendämmerung »ū́numeyran«.

Der mehr der Wahrnehmung der Insulaner zugängliche Mond mit seiner immer wechselnden Gestalt, gab denselben das Mittel, die auf einander folgenden Nächte zu unterscheiden, und so entstand die Eintheilung in Monate »māram«. Die Monate fangen an mit dem Neumond; der erste Tag jeden Monates heisst »sikā́uru« (von »so« nicht und »ṓrey« sehen). Der Monat hat 30 Tage und die Namen derselben sind beinahe gleichlautend mit den auf den Uleai- (Wolea-) Inseln gebräuchlichen, welche Chamisso (Reise um die Welt, Leipzig 1852. Zweiter Theil p. 90) notirt hat. Sie heissen:

Die Namen der Tage des Monates auf den Mortlock-Inseln.

1. sikā́uru,	11. arobū́ki,	21. ṓsseleṅ,
2. ḗlleṅ,	12. olṓpue,	22. ḗffanak,
3. mesḗlleṅ,	13. olomā́u̯,	23. sā́pas,
4. mesoā́n,	14. ḗmmaš,	24. ū́mmala,
5. mesefī́u,	15. ḗu̯r,	25. ā́ra,
6. meseuā́l,	16. nḗti̯u,	26. rṓmanfel,
7. mesetṓu,	17. kī́nney,	27. arṓfi̯u,
8. ruṓboṅ,	18. ū́mmala,	28. eū́u̯,
9. ḗpey,	19. sā́pas,	29. ḗffen,
10. emā́tal,	20. ḗffanak,	30. ežef.

Die einzelnen Monate haben ihre Namen von besonders in die Augen fallenden Sternbildern erhalten, und zwar jeder von demjenigen, welches zur Zeit des Morgens über dem Horizonte aufsteigt oder welches beim Anbruche der Nacht unter denselben steigt. Da indessen die Imagination der Insulaner viel mehr Sternbilder benannt hatte, als Monate da sind, so gehen gewöhnlich mehrere derselben auf einen

Monat und sein Name wird entweder von dem Hauptsterne abgeleitet, oder bleibt unentschieden, d. h. man benennt ihn zu verschiedenen Zeiten verschieden.

Die Monate des mortlock'schen Jahres:

1. již, von dem Sternbilde des grossen Löwen,
2. sorópuel, von αβγδε des Sternbildes des Raben,
3. aramóy, von dem Arcturus,
4. túmur, von dem α Antares (Skorpion),
5. méyžịk, von νξο Herculis,
6. méeylap, von dem Sternbilde des Adlers,
7. sóta (sépey-pịńensóta), von den Sternbildern α im Equuleus (sóta), dem αβγδ Delphini (sépey) und dem Sternbilde des Schwanes (pịńensóta),
8. lă, von dem Pegasus,
9. kụ, von dem Aries,
10. mériker, von den Plejaden,
11. úun-élluel, von dem Aldebaran und dem Orion,
12. man, von dem Sirius, fängt aber erst mit dem Untergange des Procyon an.

Das erste Halbjahr heisst nach den vorherrschenden starken nördlichen Winden »le éffeṅ«, von éffeṅ der Norden; das zweite Halbjahr mit Windstillen oder westlichen Winden, in welchem der Fischfang innerhalb der Lagune besonders günstig ist und die Brotfrucht reift, heisst »le răk«, nach der Brotfruchterndte (răk), dem Hauptmoment des wirthschaftlichen Lebens, benannt.

Ohne eine richtige Ahnung von dem Wesen der Gestirne zu haben, aber der Regelmässigkeit derselben sowohl wie auch derjenigen der klimatischen und atmosphärischen Erscheinungen bewusst, bringt man beide mit einander in Zusammenhang. So ist der túmur ein Stern, der starken Nordwind mit sich führt; der Aufgang des kụ und des úun kündigt ein Abschwächen der Winde an. Die Zeit wenn der túmur (α Scorpii) Abends untergeht, ist die Zeit der südwestlichen Winde und gelegentlich des gefürchteten »malmal« (Sturm). Der Aufgang der Plejaden wird als gute Zeit begrüsst, und vergeht ihre Zeit ohne besondere Stürme, so erwartet man auch in den nächsten Monaten nur gutes Wetter. — Während der le éffeṅ Zeit herrscht zwischen den

Inseln ein starker östlicher Strom, während der e rāk Zeit dagegen ist derselbe erst schwach und wird dann westlich.

Auf diese Erfahrung gestützt, kann der pallā́uu̯ sich die Zeit für eine Reise nach Nā́moluk oder Lṓsop wählen. Er wird nicht die Zeit der Windstille wählen, weil er dann sicher entweder mit dem Strome nach dem Westen treiben würde oder gegen die westlichen Winde nicht ankommen könnte. Für den Anfang der le ḗffeṅ Zeit erwartet er sehr starken Passat und lässt ihn lieber verstreichen, bis derselbe in seiner zweiten Hälfte gleichmässig und schwach ist.

Die mortlock'schen Sternbilder sind:

1. fú̯samakit, *α* Urs. minoris,
2. ṓla, Ursa major,
3. ā́ramoy, *α* Bootes (Arcturus),
4. žeu, Corona borealis,
5. mḗeyži̯k, *νξο* Herculei,
6. mṓel, *αεδβγ* Lyrae,
7. mḗeylap, *αβγ* Aquilae,
8. sḗpi̯y, *αβγδ* Delphini,
9. sṓta, *α* Equulei,
10. pī́ṅensōta, *αγνξ* Cygni,
11. lā, *α* Andromedae auch *βημ* Pegasi,
12. mḗriker, die Plejaden,
13. ku̯, Aries,
14. ū́un, Aldebaran,
15. ḗffeṅ en ū́un, *αβ* Aurigae,
16. ḗlluel, Orion,
17. mā́ṅan kī̯́tu̯, *αβ* Geminorum,
18. mān, Sirius,
19. pṓun mān, Procyon,
20. ī́iž, *αηγξ* Leonis,
21. ī́nnelikak, *νπο* und der das Viereck ausfüllende Stern fünfter Grösse Virginis.
22. ā́pi̯n sorṓpuel, *α* Virginis,
23. sorṓpuel, *αβδγε*, Corvi,
24. eṓnmas, *αβδϑ* Crateris,

25. túmur, α Scorpii,
26. mésažeu, $\beta\varepsilon\gamma\delta$ Leporis und χ Centauri,
27. uéyaṅ, $o\pi\delta\beta\omega\nu$ Scorpii,
28. fáluaš, $\alpha\beta$ Centauri,
29. ténup, das südliche Kreuz nahe am östlichen Horizonte, wird unterschieden als mážemeniyás, aiónouan, mažemeulótou, je nach seinem Stande.
30. méeylap en éffeṅ,
31. uken ik,
32. sorópuel en éffeṅ,
33. pešéylam,

(30.–33.) hatte keine Gelegenheit, dieselben identifiziren zu können.

2. Schiffsführung auf hoher See. Der mortlock'sche pallauu stellt sich die Welt als eine lange Reihe von zerstreuten Inseln vor, welche von der See umgeben ist. Die Sterne kreisen von einem Ende dieser Welt über dem Himmelsgewölbe nach dem andern, wo sie sich in die See versenken um unterwärts nach dem ersteren zurückzukehren. Er theilt sich diese Welt durch zwei gegen einander vertikale Richtungen. Die eine bildet die Längsaxe und hat ihre beiden Enden in den Gegenden, wo die Sterne auf- und untergingen, die andere ist die richtige Meridionalrichtung. Diese erste Längsaxe heisst »onošárlo« von »ónošar« gerade; ihr Ende, wo der »apuéte«, der Aufgang der Gestirne, stattfindet, heisst »étúu«; ihr Zeichen auf dem »lúa«, dem Horizonte, ist der Punkt des Aufganges des Sternbildes »méeylap«, des Adlers unserer Sternbilder. Das entgegengesetzte Ende, wo der »atúrula«, der Untergang der Sterne, stattfindet, heisst »lótou« und wird durch den Untergang des »méeylap« angedeutet. Die Meridianaxe heisst »iyás ebóṅok« von »eboṅok« kreuzweise, und hat ihr eines Ende in dem »fúsamakít« dem α ursae minoris, ihr anderes in dem »auónouan« genannten Stande des südlichen Kreuzes; das eine heisst éffeṅ, das letztere »yer«. Somit haben wir einen karolinischen Aequator, einen Meridian und die vier Kardinalpunkte der Welt, die letzteren genau mit den unserigen stimmend. — Die durch die Sterne auf der von dem »iyás ebóṅok« nach Osten gelegenen Seite durchlaufenen Bahnen, heissen »iyás en feáten« oder féyten; die westlichen Bahnen dagegen »feátol«, von átolon, tólon, atúrula. — Die Richtungen nach den Stellen, wo diese Kreise den Horizont schneiden, geben die

Rumben *) des karolinischen Kompasses und der karolinischen Windrose. Die erstere hat 32 Rumben und sie wird gebildet durch die Aufgangspunkte von 15 Sternen im Osten und deren Untergang im Westen. Nimmt man also die West-Ost-Linie als den ersten Vertikal, so werden die zwischen den Kardinalpunkten befindlichen Weltgegenden durch die Amplitude von sieben nördlichen und eben so vielen südlichen Sternbildern bestimmt.

Die östliche Kompasshälfte wird durch den Aufgangspunkt folgender Sterne gebildet:

N, der fú̯samakit, α urs. minoris,
NzO, » mĕ́eylap en ĕffeṅ (der nördliche mĕ́eylap),
NNO, » ó̆la, ursa major,
NOzN, das Sternbild u̯ken ik,
NO, » » mŏ́el, die Leier, nämlich αεδβ und γ Lyrae,
NOzO, » » mĕriker, die Plejaden,
ONO, » » ŭ́un, die Hyaden, der Aldebaran,
OzN, » » pŏ́un măn me ĕ́ffeṅ,
O, » » mĕ́eylap, αβγ Aquilae,
OzS, » » pŏ́un măn me yer,
OSO, » » ĕlluel, die sieben Hauptsterne des Orion,
SOzO, » » pešĕ́ylam,
SO, » » sorŏ́puel, αβγδε Corvi,
SOzS, » » tŭ́mur, α Scorpii,
SSO, » » mĕsažeu, βεγδ Leporis und χ Centauri,
SzO, » » tĕnup oder fắlu̯laš, das südliche Kreuz im Aufgehen,
S, » » aiŏ́nouan, das südliche Kreuz im Meridian.

Von den hier erwähnten Sternen, ist die Kenntniss des pešĕ́ylam eingegangen. Das Sternbild soll einer flachen Hand (pĕšen = Fuss, lima = Hand) ähnlich gewesen sein, einzelne Sterne fingerartig angeordnet; heute weiss Niemand das Sternbild zu zeigen. Nach den Ueberlieferungen muss es zwischen dem Orion und dem der Amplitude des Corvus liegen. Der Untergang aller dieser Sterne bildet die Striche der westlichen Hälfte des mortlock'schen Kompasses.

Für gewöhnlich genügen dem palláu̯ die acht Hauptrichtungen, die auch im alltäglichen Leben verstanden werden. Diese sind:

*) Rumb = Windstrich auf dem Kompass.

1. éffeṅ, der Norden.
2. iyás en me éffeṅ (ein nördlicher Osten), Nord-Osten.
3. étúu, der Osten.
4. iyás en me yer (ein südlicher Osten), Süd-Osten.
5. yer, der Süden.
6. feátol en me yer (südlicher Westen), Süd-Westen.
7. lótou, der Westen.
8. feátol en me éffeṅ (nördlicher Westen), Nord-Westen.

Ebenso ist die mortlock'sche Windrose viel spärlicher eingetheilt und scheint es, dass der immer praktische Insulaner nur denjenigen Winden von jeher besondere Aufmerksamkeit schenkte, die sein Leben besonders beeinflussen konnten.

Die Windrose unterscheidet von den nördlichen Winden den »éffeṅelap« zwischen NzW und NzO, den »éffeṅnesosón« zwischen NzW und NWzN und den »éffeṅenaiyás« von NzO bis NOzN. Die Winde der beiden Striche um NO und NW behalten den Namen »étúuéffeṅ« und »lótouéffeṅ«. Von NOzO bis SOzO ist die Region der östlichen Winde, von welchen der richtige östliche »étúuemméy« heisst und seine mehr nördlichen Abweichungen als solche d. i. als »lemmaž en étúu« bezeichnet werden. Die von SO und SW kommenden Winde heissen »ẹtuuyer« und »lótóuar«. Die vier südlichen Striche gehören dem südlichen Winde, der sich auf yérenesón, yéreláp und yéreniyás vertheilt. Die westlichen Winde werden eben wie die östlichen weniger deutlich unterschieden, der Hauptwind heisst hier »lótóueláp« und der WNW-Wind »lotóutou«.

Auf diese Unterscheidung der Winde sich stützend, wird der palláuụ nur sehr vorsichtig eine Reise mit einem nördlichen Winde antreten. Geht er z. B. nach Námoluk, so wird er nie mit »éffeṅeláp« gehen, da er trotz der Strömung in der See, die ihn nach Osten trägt, dennoch die Inseln verfehlen würde.

Ausser dem Winde muss der palláuụ auch den Strom kennen. Für uns ist eine augenblickliche Bestimmung der Strömung auf hoher See eine Unmöglichkeit; wir nehmen erst nach einiger Zeit auf Basis der Differenzen der Log-Berechnung eine Strömung an. Der karolinische Schiffsführer aber kennt ṇicht nur die Strömung und unterscheidet ihre Dünung, sondern er benutzt sie auch als Wegweiser und steuert nach ihr.*) Er unterscheidet eine Wind-Dünung »näenéffen«, die immer von der Richtung des Windes abhängt, und eine stetige, lange, durch den Strom verursachte Dünung »nālápelap«. Diese letztere ist die Hauptsache, da sie in der Richtung des »onošárlo« (Längsaxe) verläuft. Sein Fahrzeug und diese Dünung kreuzen sich unter einem gewissen Winkel und danach weiss er schon, ob er den richtigen Kurs steuert. Am Tage also steuert der palláuu̯ nach dem Wind, der Sonne und der Strom-Dünung, und für eine kurze Seereise wie nach Nắmoluk ist dieses genügend. Das Fahrzeug verlässt Mortlock möglichst früh des Morgens und segelt so lange in der lótouëffen- (NW) Richtung, bis es gegen 4 Uhr Nachmittags Nắmoluk in Sicht erhält. Tritt dieser Fall nicht ein und die Reise bot keine besondere Unregelmässigkeiten dar, so sind die Seefahrer sicher, dass sie die Inseln verfehlt haben, und es beginnt nun für den palláuu̯ die Nachtarbeit. Er kehrt ruhig um und steuert jetzt nach seinem Himmelskompass, d. i. nach den verschiedene Striche vorstellenden Sternen, falls diese sichtbar sind. Ein verspätetes mortlock'sches Canoe steuert für Nắmoluk nach dem Sternbilde der Leier. Das von Nắmoluk nach Mortlock segelnde Fahrzeug, steuert nach dem Antares des tŭmur (Skorpionsherz) als Hauptkurs. Diejenigen Fahrzeuge aber, die nach der südlichen Lagune, resp. nach den Inseln Ki̯tu̯, Tä, Satóan und Mož wollen, steuern nach einiger Zeit zwischen dem tŭmur und dem mĕsažeu, diejenigen, welche nach dem mehr nördlichen Etal und Lukunŏr wollen, steuern zwischen dem tŭmur und dem sorópuel.

Auf der Reise nach Ruk wird vorerst die Insel Nắmoluk angelaufen, dieselbe dann um Mittagszeit verlassen, um die ganze Nacht nach dem »óla«, dem grossen Bären, zu steuern. Mit Tagesanbruch erreicht man gewöhnlich Lósop. Ist der Wind östlicher, so hält man ein wenig östlicher von dem Polarstern, und nach einigen Stunden direkt auf denselben zu. Die Distanz von 65 Seemeilen wird

*) Die Marshall-Insulaner (und wahrscheinlich auch die Karoliner) fertigen für ihre Seereisen Segelkarten an, welche aus dünnen Bambusrohr-Stäben zusammengesetzt, und auf welchen kleine Muscheln befestigt sind, die die Lage der Inseln andeuten. Die Rohrstäbe sind unter verschiedenen Winkeln zusammengefügt (gebunden), deren Richtung die durch die Meeres-Strömungen verursachte Dünung bezeichnen sollen, während wiederum gebogene Stäbe den zu segelnden, vom Winde bedingten Kurs vorstellen. Das Museum Godeffroy besitzt fünf verschiedene derartige Segelkarten, welche ich demnächst zu beschreiben gedenke. Eine solche Karte hat Hernsheim kürzlich in seiner Schrift »Beitrag zur Sprache der Marshall-Inseln« abgebildet. L. F.

gewöhnlich in 18 Stunden zurückgelegt, was eine Durchschnittsgeschwindigkeit des Fahrzeuges von 3 bis 4 Seemeilen per Stunde vorstellt. Die Weiterreise von Lṓsop nach Ruk ist beinahe der leichteste Theil der ganzen Reise. In der Entfernung von 10 Seemeilen NWzW $^1/_2$W von Lṓsop liegen die Nḗmma-Inseln. von welchen das Fahrzeug gerade mit der Stromdünung nach dem Westen steuert. In den ersten Stunden des Nachmittags erscheint die Spitze der Insel Tōl (Ton) und etwas später die Insel Uman (Umol), welch' letztere als Landmarke dient. Die Fahrzeuge laufen gegen die südöstliche Ecke des ruk'schen Riffes, wo sie eine Anzahl Koralleninseln und einige zwischen denselben eingeschlossene Passagen finden. Erlaubt das Wetter nicht die Spitzen Tōl's und Uman's zu sehen, so läuft das Fahrzeug so lange West, bis es auf Falụpịi Lagune (Royalist In.) trifft, von wo es dann die Salát-Passage leicht anffindet. In der Nacht sind für Ruk von Lṓsop aus die Plejaden als Leitstern zu betrachten.

Die Rückreise von den Ruk-Inseln ist schwieriger, da die Nḗmma-Inseln sehr niedrig sind. Die Fahrzeuge durchlaufen die Entfernung in 10 bis 12 Stunden, und verlassen Ruk entweder früh Morgens, wo sie die Spitzen der Berge von Tōl bis über die Hälfte des Weges in Sicht behalten können, oder des Abends, wo sie dann nach dem Orion und dem Corvus steuern. Die weitere Rückreise nach Nā́moluk richtet sich nach dem Centaurus und dem südlichen Kreuz.

Ausser den vorerwähnten Reisen führen die Mortlocker keine anderen aus. Von Ruk, ihrer traditionellen Heimath, beziehen sie auf dem Wege des Tauschhandels alle Bedürfnisse an Gelbwurz, Schleifsteinen und sonstigen Produkten. Hier treffen sie oft mit einem pallā́uụ der westlicheren Inselgruppen zusammen und ziehen bei diesen über den dortigen interinsularen Seeverkehr Erkundigungen ein.

3. Die geographischen Kenntnisse der Mortlocker. Die Mortlocker theilen sich ihre Welt ein in den Himmel, »lẹn«, die See, »set«, und die Erde »fā́nụfan«. Die äussere tiefe See heisst »lḗmatau«, die innere Lagune »leṓnom«. Dieses letztere Wort, an das samoanische »ṓne« = Sand erinnernd, kommt oft in der geographischen Nomenklatur der Karolinen vor, so z. B. Nāmoluk, von leōnom en, namon, nam, en, luk, die Mitte, bedeutet eine Lagune, die sich zwischen zwei anderen Lagunen auf der Mitte des Weges befindet; Nāmonuíte̜ (Nā́monuíto der Karten), von uoytẹ, kleine, noch unbewohnte Insel,

bedeutet die Lagune der leeren Inseln; Nămonepeĕffeṅ (Namolipiafane der Karten) von namon en fen ĕffeṅ, bedeutet Lagune, die nach dem ĕffeṅ, dem Norden, gelegen ist, also die nördliche Lagune.

Die Lagune wird eingeschlossen von einem Riffkranz, der »ož« oder »or« heisst, dessen zerrissene, herausragende, aber in der ganzen Masse des Riffs fest eingebetteten Blöcke als »pĕrou«, dessen lose, bewegliche Blöcke als »făų, făų ăllaṅ« unterschieden werden. Dies giebt uns wieder Anhalt für das Verstehen etlicher Inselnamen, so z. B. bedeutet Lugenor, Lugunož, Lukunor ein auf der Mitte des Riffs gelegenes Land. Dieser Name bezog sich früher nur auf eine einzelne Insel der heute Lukunor benannten Lagune. Ein Riff, das sich auf der Mitte des Weges zwischen zwei Ländern befindet, würde »oženluk« heissen, und wirklich finden wir auch ein ŏžaluk mitten zwischen Ruk, Mortlock und Pŏnape, was als Beweis dafür dienen kann, dass Pŏnape früher den östlichen Central-Karolinern bekannt war. »Făų«, Stein, und »yĕu«, ein, wird ein einzelnes Eiland bedeuten, und finden sich zwei »Făųyeu« unter den Karolinen, die Faiu der Karten. Das »Lamotrek« der Karten, ist Namožek, und würde eine Lagune bedeuten mit einem kleinen Riff; das »Faroilep« scheint von Faš, Pandanus, und elăp, gross, zu stammen, bedeutet demnach Insel der grossen Pandanus-Früchte.

Das Land, »fănųfan«, wird unterschieden als ein hohes Land, »fănų rukiruk«, mit Bergen, »tol«, und deren Spitzen, »moṅomŏṅen tol« (in Samoa bedeutet moṅomŏṅo einen Pfropfen), und als ein Land auf den Korallenriffen, »fănų«. In dem Namen der Ruk-Inseln, finden wir blos deren Beschaffenheit bezeichnet, denn ein »ruk« ist ein Felsenland.

Das Wort fănų̆ (Samoa: fanŭa) dient nicht blos zum Zusammensetzen vieler Lokalitätsnamen, sondern man trifft es auch oft in veränderter Form, so z. B. im Westen des Archipels als Falų̆, im Osten als »Fanănų« (ănų Geist), »Fanapĭy« (pįy Saṅd), »Fanų̆en«, »Fanųăš«, »Fanųer«, »Falų̆pįy«, »Falųlų̆š« (lųš = Kokos im Westen der Carolinen), »Falelăp« (elăp gross) etc.

Ich habe in Vorstehendem absichtlich die geographische Nomenklatur der karolinischen Seefahrer etwas eingehender behandelt, weil dieselbe, wenn erschöpfend bekannt, mit der Zeit ein werthvolles Material für die heute so verwickelt erscheinenden Verhältnisse der Karolinen liefern wird.

Es bleibt mir noch zu erwähnen übrig, was die Mortlocker von ihren Nachbarn und deren Länder wissen, obwohl ich gestehen muss, dass mich die erhaltenen Auskünfte nicht ganz zufriedenstellten. Sie waren mir trotz ihrer Magerkeit willkommen, da wir von den inneren Verhältnissen der Ruk-Inseln beinahe gar nichts wissen. Aus denselben ergiebt sich, dass die Ruk-Inseln das einzige Land sind, welches die Mortlocker vornehmlich besuchen, dass die ruk'schen Völkerschaften ebenfalls keinen einheitlichen Staat, sondern Stämme wie auf den Mortlock-Inseln bilden, nur mit dem Unterschiede, dass dieselben auf Ruk zahlreicher sind und sich gegenseitig bitter bekämpfen. Von den mir namhaft gemachten Stämmen, finden wir beispielsweise die Sór, Sōpun, Ué̄ der Mortlock's wieder, was als ein neuer Beleg für die Stammesverwandtschaft zwischen Ruk und Mortlock dienen muss. Es fehlt mir leider das Material, um die Vertheilung der einzelnen Stämme auf die verschiedenen Inseln bezeichnen zu können.

In Betreff der Benennung der einzelnen Ruk-Inseln habe ich von den mortlock'schen Geographen erfahren, dass die auf den Karten mit Ruk bezeichnete Insel eigentlich »Fefan« heisst, ferner dass Umol der Dumont d'Urville'schen Karte, Uman, und Moen, Uṓla heissen soll. Moen ist blos einer der Plätze auf der Insel. Die mit Dublon auf den Karten bezeichnete Insel, heisst in einheimischer Sprache Tṓloas, und Tol (Ton) heisst Faitu̧k. Ṫśi̧s ist richtig notirt.

Uman ist eine hohe, von dichten Rhizophoren-Wäldern umgebene Insel, zu deren am Ufer zerstreut liegenden Dörfern, sehr lange und gewundene Kanäle führen. Die Insel soll sehr schön, aber in Folge der feindlichen Gesinnung der sie bewohnenden Stämme ganz vernachlässigt sein, so dass kein Landbau getrieben wird und die Einwohner oft Hunger leiden. Der Hauptplatz der Insel ist Illik.

Auf der Insel Uṓla giebt es 13 unabhängige Plätze, von denen Mḗži̧ti̧u als Hauptplatz angesehen wird. Von Mḗži̧ti̧u stammen die heutigen Mortlocker her. Die Tradition lässt den Stamm Ažau, welcher Mḗži̧ti̧u bewohnt, von Ažau (Kusaie, Ualan- oder Strong-Insel) kommen. Mḗži̧ti̧u liegt im NW der Insel, und die anderen Plätze westlich herum gehend heissen: Irras, Mōel (Moen), Uižāp, Leyéuga, Apenup, Pēyti̧u, Uni̧pi̧s, Mēseyran, Sōpuk, Pēlia, Pelieysāla und Túluk. Die ersten vier und Apenup sind vereinigt gegen alle die anderen. — Im SO von Uman, zwischen der Insel und dem Hauptriff, soll eine bedeutende Anzahl kleiner Felseninseln liegen, die aber unbewohnt sind und blos der Früchte wegen zeitweilig besucht werden.

Die im SO der Haupt-Ruk-Gruppe auf dem Riff gelegenen kleinen Riffinseln (Cuop-Inseln nach Dumont d'Urville), sind den Mortlockern gut bekannt, weil sie dort die Ruk-Inseln anlaufen. Sie heissen von Norden nach Süden gehend: Féynịf (Chassant), Sálat, Uput (Caplin), Nottụ (Boisduval), Pónnes, Fanál, Udidan (Jacquinot), Uijec, Méseyong und Ottä.

Zwischen Féynịf und Sálat befindet sich eine Canoe-Passage, durch welche die südlichen Seefahrer in die Ruk-Lagune gelangen, sie nennen sie »mož ey sálat«. Auf Sálat selbst verbleiben die Seefahrer einige Zeit, bevor sie das Innere der Gruppe aufsuchen. — Zwischen Uput und Nottụ ist eine andere kleine Passage, und zwischen der letzteren Insel und Pónnes soll eine Schiffspassage sein, die den besonderen Namen le urúy führt.

Die zunächst nach dem Süden liegenden Royalist-Islands der Dumont d'Urville'schen Karte, sind eine von Ruk abgetrennte Lagune, die von den Eingeborenen des Fischfanges wegen besucht und Falụpịi genannt wird. Die westliche Insel heisst auch Fálụpịi (Givry), die südliche Ipis (South I.).

Ueber die übrigen Inseln der Ruk-Gruppe konnte ich keine genaueren Aufschlüsse erhalten und müssen dieselben bis zu meiner bevorstehenden Reise nach dort ausbleiben.

Ebenso wie Mortlock mit Ruk hauptsächlich durch die Vermittelung von Méžịtịu in Verbindung steht, sollen die Einwohner von Pis (im Norden der Ruk-Gruppe auf dem Riff gelegen) mit Pisaraž (der südöstlichsten Insel der Namonuito-Gruppe) *), und die Einwohner von Faleu (Falalu), der nordwestlichsten auf dem Ruk-Riff belegenen Insel, mit Namonepeéffen **) in Verbindung stehen, d. h. die Einwohner dieser letzteren Lagunen kommen nach Ruk, um ihren Bedarf an Gelbwurz, Matten, Farbstoffen und dergleichen gegen eigene mitgebrachte Produkte einzutauschen.

Vom Westen her sind es die Póloot-Insulaner ***), die gelegentlich nach Ruk gehen, um da ihre in Sáypan (zu den Ladronen gehörig) eingehandelten grossen Messer mit Vortheil zu verkaufen. Deren Reise dauert bis 4 Tage gerade gen Osten, indem sie in der Nacht nach dem Sternbilde des Adlers steuern.

---

*) Ca. 100 engl. Meilen in nordwestlicher Richtung von Ruk belegen.

**) Namolipiafane-Inseln der F. Lütke'schen Karte; zu den Hall-Inseln gehörig.

***) Enderby-Inseln der englischen Admiralitätskarten, 7° 20′ N.Br. u. 149° 20′ O.L. v. Gr.

Von der Seereise der Pólooter nach Sáypan, wissen die Mortlocker nur, dass dieselbe über einen Monat in Anspruch nimmt, dass sie über die Inseln Satóan (Satawal oder Tucker-Insel, 7° 22′ N. Br. und 147° 7′ O. L. v. Gr.) und Fáuyeu*) führt, und dass von der letzteren Insel ab acht Tage und ebenso viele Nächte nach dem Polarstern gesteuert wird.

Die mortlock'schen palláuu's haben eine ziemliche Kenntniss wenigstens der Namen und der ungefähren Lage aller Inseln der Karolinen. Sie wissen, dass die Palau-Inseln, welche sie »Pállu« nennen, hinter Yap liegen; sie legen sogar hinter Palau noch ein paar fabelhafte Länder, die sich auf die Philippinen beziehen mögen, so ein »Nuku po rou«, das ganz aus erhobenem Korallenstein (peróu) bestehen und voll Vögel sein soll, und dann ein »Fanu kíol«, in welchem Lande eine grosse Eidechse (kíol) sich befinden soll, die oft den angekommenen Seefahrern den Garaus macht. Sie sprechen auch von einem Kurs, den sie onnošar (gerade) durch die ganzen Karolinen, gegen den Wind ankreuzend machen würden, falls sie nach Westen verschlagen werden sollten. Darnach würden sie von Palau nach Sórol, dann nach Unney (Uneay, Wolea), Ifaluk, Ellot (Elato), Satóan (Satawal), Póloot (Enderby I.), Ruk, Némma, Lósop, Ožaluk, Inažik (Raven I.), Fónopey (Pónape), Mukil, Pínilap und endlich nach Ažau (Strong-Insel) gehen. Das ist der »feniyás onnošárlo« i. e. die Aequatorialaxe der karolinischen Welt, und auf die Karte angewandt, weist sie auf Inseln, deren geographische Breite beinahe eine gleiche ist. Mit vollständigem Bewusstsein haben sie die nördlicheren Inseln, Yap (die sie Eáp nennen), Núlu, Ullútu, Feys, Faróulap, Europig, Fáuyeu, Unumeroáu, Púkollot, Sook und ihre eigene Heimath, sowie auch die Nukuor- und Pigiram- (Greenwich-) Inseln von diesem Striche ausgeschlossen, wodurch sie eine gewisse Kenntniss der relativen Lage derselben beweisen.

Da ich während meiner Anwesenheit auf den Mortlock-Inseln im März 1877 die Gelegenheit hatte, eine Flotille von fünf Canoes, die von den Lósop-Inseln herunterkam, zu sehen, so versuchte ich mit dem Häuptlinge derselben, »Puéla«, ein freundliches Verhältniss anzuknüpfen. Nach seinen Mittheilungen besteht die Lósop-Lagune aus 11 Inseln und hat 500 Einwohner. Die auf ihr vertretenen Stämme

---

*) West-Faiu 8° 3′ N. Br. u. 146° 50′ O. L. v. Gr.

sind: Sór, Massála, Mañkatamák. Die von Lósop geschlagene Némma-Insel hat kaum 60 kampffähige Männer und ist bewohnt durch die Sópun-, Sór- und Uē-Stämme. Nach von derselben Quelle eingezogenen Erkundigungen, sind auf Pōloot die Stämme: Sór, Pōel, Sōuyēffeñ, Sōuálley, Sōupōloot, auf der Insel Pis die Stämme: Sōumož, Sór, Eynáñeytau, auf der Insel Fanánu̯ die Stämme: Sór und Sópun vertreten.

Die dicht bei den Mortlock's gelegenen Námoluk-Inseln sind durch die Uē-, Sór-, Sópun- und Uína-Stämme bewohnt.

Da die auf den Karten notirten Namen der einzelnen Theile der Mortlock-Gruppe nicht genau mit den mir von den Eingeborenen genannten stimmen, so will ich der Vollständigkeit dieser Skizze wegen dieselben hier notiren.

Die Eingeborenen haben keinen Gesammtnamen für die drei Gruppen der Mortlock-Inseln, was auch dadurch bewiesen wird, dass dieselben sich gerne des europäischen Namens bedienen. Die südliche Lagune hat auch keinen Gesammtnamen, sondern jede der Inseln geht unter ihrem eigenen Namen. In der karolinischen Seemannssprache heisst sie »Námoneyer« von »namon« Lagune und »yer« Süden. Sie zerfällt in vier Inselstaaten, welche unter sich die kleinen Inseln vertheilt haben.

Zu der Insel Tä gehören: Uoytä im Westen von Tä, und Aliar im Westen der südöstlichen Passage.

Zu der Insel Satóan gehören alle die östlichen Inseln bis Fáu̯ši̯k, unter anderen: Fátegat, Meañes, Leátau, Eual, Pēšenmalau, Piēlisiop, Mesáueš, Rōnfar, Fónonlap, Fōnonkis, Rōalap (Zóalap), Pílisiup, Donákos, Fáu̯bukera, Alōñfanu̯, Fau̯tane, Alláñelmesēnak, Lēmoylap, Fáu̯ši̯k.

Zu der Insel Mož gehören im Osten: Onínak, Lealañ, Fānu̯aik, Fárafay, Sáuropen, Pūrunyap, Máuši̯k, Sáñorol, Fáu̯a, — und im Westen: Efáren, Allañaži̯k, Lemōsul, Apíson, Mērioñ und Pi̯gēro. *)

Zu Ki̯tu̯ gehören: Piēnma, Ounire und Onóbuku̯.

Die nordöstliche, auf den Karten Lukunor genannte Lagune, hat auch keinen politischen Gesammtnamen und wird blos von den Seefahrern »Námonenayás« genannt. Die auf den Karten notirten Namen sind nicht immer mit den der Eingeborenen übereinstimmend. So

*) Der Verfasser widerspricht sich hier, indem er auf pg. 244 die Inseln Merion und Pigero vom Staate Moz ausschliesst. L. F.

soll Pyguyniane Kúrum heissen, Piasa ist Pia, Siapunor ist Saponor, Ouneape ist Oneop u. s. w.

Die Etal-Lagune wird auch Nā́monemei̯r und Nā́monesosō̆n genannt. Der letztere Name bezieht sich auf ihre Lage; sie ist die westliche, Lukunor die östliche, Satō̆an die südliche Lagune. Die einzelnen Inseln heissen: Etal, Iyek, Zi̯n, Fanú̯numan, Píen, Nú̯efoš, Fanā́nu̯, Yḗu, Allaṅenú̯ma, Allaṅenú̯ma, Pis, Allā́ṅeysou, Allā́ṅenmēlis, Pā́raṅ, Uḗŭ, Unu̯n.

Die Inseln der Nā́moluk-Lagune sind: Nā́moluk, Lṓugan, Toinom, Imaf und Amos.

Städtebilder aus West- und Central-Afrika

von

Ed. Robert Flegel.

(Hierzu Tafel 5 bis 8.)

Einleitung.

Unter vorstehendem Titel beabsichtige ich in diesen Mittheilungen diejenigen Hauptorte West- und Central-Afrikas zu schildern, welche ich während meines vierjährigen Aufenthaltes an der Westküste und im Innern dieses Kontinentes kennen zu lernen Gelegenheit fand.

Ich beginne diese Reihe der »Städtebilder« mit dem Besuch Wukaris, der Hauptstadt des durch seine einstige politische Bedeutung hervorragenden Landes Korórofa, welche Stadt im Juli 1879 von dem Leiter der *Henry-Venn*-Expedition, Mr. *J. H. Ashkroft*, dessen erstem Assistenten Mr. *James Kirk* und mir zum ersten Male von Weissen betreten wurde, und gedenke sodann Muri, den Vorort der *Fulde*-Niederlassungen am mittleren Benuë, Jola, die Hauptstadt Adamauas, ferner Lagos, Epe und die Palmölmärkte an der Victoria-Lagune, Lokodja und Eggan (den Elfenbeinmarkt für West-Central-Afrika) folgen zu lassen.

Die ersten drei der genannten Städte sind central-afrikanische Emporien und im Stromgebiete des Benuë gelegen, jenem von Dr. *Heinrich Barth* 1851 entdeckten östlichen grossen Arm des Niger, welcher irrthümlich von den Gebrüdern *Lander*, *Allen* und *Oldfield* und anderen Reisenden für einen Abfluss des Tsad-Sees angesehen und daher uns zuerst unter dem Namen Tschadda bekannt wurde. Dr. *Heinrich Barth*, den die Stadt Hamburg zu ihren Bürgern zu zählen stolz sein darf, entdeckte nicht nur diesen Strom, bezeichnete ihn nicht nur zuerst mit seinem wahren Namen und wies ihm den rechten Platz im hydrographischen System des Sudan an, sondern er erkannte auch sofort die hohe Bedeutung dieses Binnenwassers als Schlüssel zum Herzen Afrikas, als die von der Natur für den Welthandel geebnete Strasse in den so lange verschlossen gewesenen Sudan, der uns, wenn erst fleissige Hände seine fruchtbaren Gefilde bebauen, beide Indien ersetzen kann und das Land ist, welches die Vorsehung in ihrer weisen Oekonomie zur Befriedigung der stetig wachsenden Bedürfnisse für kommende Geschlechter aufgespart hat. Durch die Art der Auffassung seiner Entdeckung des schiffbaren Benuëstromes *) und durch die hohe Begeisterung **), mit der ihn diese erfüllte, hat Barth bewiesen, dass er ein Kind Hamburgs, des deutschen Centralpunktes für den Welthandel ist, und dass er über seine gelehrten Studien den offenen Sinn für das praktische Leben nicht verloren hatte. Leider aber ist weder von Seiten Hamburgs noch überhaupt Deutschlands diese seine wichtigste Entdeckung weiter verfolgt und auszunützen versucht worden. Der deutsche Kauf-

---

*) In Barth's Reisen und Entdeckungen in Nord- und Central-Afrika Bd. II. pg. 558 heisst es: »Lange schaute ich mit stillem Entzücken auf den Fluss; es war einer der glücklichsten Augenblicke meines Lebens. Am Ufer eines grossen schiffbaren Stromes geboren, in einem Handelsplatze voll rüstiger Energie und Lebenskraft, hatte ich von meiner Kindheit an eine lebendige Vorliebe für Fluss-Scenerie, und obwohl manche Jahre meines Lebens in zu ausschliessliches Studium des Alterthums versenkt, hatte ich nie diesen angeborenen Trieb verloren und sobald ich das väterliche Haus verliess und unabhängiger Herr meiner Handlungen wurde, fing ich an Reisen mit dem Studium zu vereinen und auf Reisen zu studiren, wo es denn mein grösstes Behagen war, fliessende Gewässer von ihren Quellen herab zu verfolgen, um zu sehen, wie sie zu Bächen anschwellen, den Bächen zu folgen und ihr Anschwellen zu Flüssen wahrzunehmen, bis sie zuletzt im Ocean verschwinden.

So war es, als ich nach meiner Wanderung durch die Gestadeländer des Mittelmeeres die abenteuerliche Laufbahn betrat, auf der ich damals begriffen war, der Gegenstand meines lebendigsten Strebens gewesen, Licht auf die natürlichen Lebensadern und das hydrographische Netz der unbekannten Gegenden Central-Afrikas zu werfen. Der grosse östliche Arm des Niger nahm vor Allem meine Aufmerksamkeit in Anspruch. Lange Zeit war ich in gänzlicher Ungewissheit gewesen, ob der Fluss, von welchem mir die Reisenden in Adamaua erzählten, die obere Fortsetzung des von den Herren *William Allen*, *Laird* und *Oldfield* in seinem unteren Laufe niedergelegten Flusses sei. — Später in Folge der deutlichen Angaben, die ich von meinem Freunde *Ahmedu Bel Midjub* erhalten, hatte ich diesen Punkt wenigstens schon im Geiste entschieden; nun aber konnte ich selbst als Augenzeuge über die Richtung und Natur dieses grossen Binnenwassers sprechen. Da war also die feste Hoffnung begründet, dass längs dieser Naturstrasse Europäischer Handel und Einfluss in das Innere dieses Kontinents eindringen werden.«

**) Kapitel XIV. des 2. Bandes ist unter dem Einflusse einer solchen Begeisterung geschrieben, und es entsprang diese sich in demselben Grade nicht in Barth's 5 Bände umfassenden Werke wiederfindende Begeisterung gewiss zum grössten Theil aus der Liebe zu seiner am Welthandel betheiligten Vaterstadt, welcher er durch diese Entdeckung einen grossen Dienst geleistet zu haben glaubte.

mann betreibt seinen Handel noch immer *ausschliesslich* an der ungesunden, jährlich zahlreiche Menschenopfer fordernden Küste, während die *reichen* und *gesunden* Länder des Inneren, zu denen uns *Barth* den Weg gezeigt hat, brach liegen. — England, obwohl damals in Kriege verwickelt, sandte 1854 auf Anregung eines anderen deutschen Gelehrten, *August Petermann's*, noch während sich *Heinrich Barth* im Innern des dunklen Kontinentes befand, die »*Pleiad*« unter Leitung des Marine-Arztes Dr. *Baikie* ab, um diese Entdeckung, welche den Beginn einer neuen Aera für den so lange verschlossenen Erdtheil verhiess, zu verfolgen. *Baikie's* Expedition lieferte bekanntlich den Beweis, dass die Entdeckung des deutschen Reisenden in der That hochwichtig für den seither unzugänglich gehaltenen Kontinent sei und stellte fest, dass der Benuë, einschliesslich des unteren Niger, eine sehr brauchbare Wasserstrasse von mindestens 1100 km Länge (der Länge des Rheins von dessen Mündung bis tief hinein in die Schweiz entsprechend) bildet (Petermann's Mittheilungen 1855). Bald darauf (1856) schloss die englische Regierung mit dem unternehmenden Rheder *Laird* einen Kontrakt ab, demzufolge in fünf auf einander folgenden Jahren ein Schiff den Niger und Benuë befahren sollte behufs genauer kartographischer Aufnahme *) dieser Ströme, Anknüpfung von Handelsverbindungen und Errichtung von Missionsstationen. Solche bestehen denn auch seit jener Zeit in: Akassa und Brass (Mündung des Nun und des Rio Bento), N'doni, Osámare, Alenso, Onitsha, Assaba, Igbokeing, Lokodja. Igbegbe, Eggan und Schonga. In Folge des Scheiterns des Dampfers »*Dayspring*«, des ersten laut oben erwähntem Kontrakt abgesandten Schiffes, bei Rabba — ein für die Sache sehr beklagenswerthes Unglück, — wurde der Kontrakt nicht eingehalten und *Barth's* Entdeckung schien der Vergessenheit anheim fallen zu sollen. Dass im Jahre 1878 in London das Missionsschiff »*Henry Venn*« ausgerüstet und mit der bedeutungsvollen Aufgabe betraut wurde, den Benuë wieder jährlich zu befahren, das haben wir dem seit vielen Jahren für die Regeneration Afrikas mit regem Eifer thätigen Sekretär der Church Missionary Society Mr. *Edw. Hutchinson* zu verdanken.

Durch einen Zufall, von dem ich mit Freuden Gebrauch machte, ward mir Gelegenheit geboten, den »*Henry Venn*« auf der vom Glück begünstigten Expedition im Jahre 1879 in das Innere zu begleiten. Dieselbe verliess am 8. Juli des genannten Jahres — an demselben Datum, an welchem vor 25 Jahren auch die »*Pleiad*« ihre Benuë-

*) Was für den Niger durch Lieutenant *Glover* geschehen ist.

Expedition antrat — Lokodja, und es gelang ihr nicht nur den von Dr. *Baikie* erreichten fernsten Ort, sondern auch die Konfluenz mit dem Faro zu passiren und noch ca. 60 km über diesen Punkt hinaus vorzudringen.

So sehen wir die englische Flagge auch hier wiederholt im Dienste der Wissenschaft und humaner, civilisatorischer Bestrebungen sowohl, als auch, um neue Absatzgebiete für die produktive Landesindustrie aufzufinden, auf diesem Strome wehen. Ob wohl je ein *deutsches* Schiff zu gleichen Zwecken und um das Andenken des deutschen grossen Reisenden zu ehren, sich hier zeigen wird? Weit besser als durch Denkmäler aus Erz und Marmor ehrt eine Nation ihre grossen Männer, eine Stadt ihre hervorragenden Mitbürger, wenn sie durch Eingehen auf deren Bestrebungen und Pläne mit der lebendigen That antwortet, und hierdurch schafft sie sich zugleich Ruhm und Nutzen, da dieselben doch nur das Gemeinwohl zum Ziele haben. Ein *Cato*, der sein »Ceterum censeo« immer und immer wieder spricht, und zwar mit dem Nachsatz: dass die *deutsche* Nation verpflichtet sei, Entdeckungen und Erfindungen der *Deutschen* in Deutschland anzuerkennen und für das Vaterland auszunützen! fehlt uns.

Bei der Schilderung von Lagos und Epe habe ich eines anderen Wasserweges zu erwähnen, welcher mit dem Niger-Benuë in direkter Verbindung steht, der Victoria-Lagune. Dieselbe hat gleichfalls eine nicht zu unterschätzende Bedeutung als zukünftige Verkehrsstrasse für den Handel Westafrikas.

Lokodja und Eggan werden mich dann zum Schlusse wieder zurückführen an die Hauptader dieses grossen Wassersystems, an den sagenberühmten Niger.

I. Wukari.

Am 17. Juli 1879 überschritt die Ashkroft'sche Expedition die Grenze Korórofas bei Angpa, und in Abúsi — beide Orte liegen am linken südlichen Ufer des Benuë — lernte ich das Volk der *Djuku* *), welche hier zwar noch Manches mit den westlichen Nachbarstämmen, namentlich mit den *Agatú*, gemein haben, auch deren Sprache meist geläufig sprechen, was weiter ostwärts nicht der Fall ist, in ihrem eigenen Lande kennen. — Am folgenden Tage passirten wir bei Osamudu diese Sprachgrenze. Vom 19.—21. Juli Mittags ankerten

---

*) *Djuku* nennt sich das Volk selbst; Korórofa ist der Name der *Haussa* für Land und Volk. Angpa, Akpa oder Apa wird dasselbe von den im Westen wohnenden Völkern, von den *Domas, Igbiras, Igaras* etc. benannt.

wir bei dem 79 m hohen Berge Iquä, dem Mount Herbert*) *Baikie's*, um Holz zu fällen und Sonntagsrast zu halten. Etwas unterhalb dieses Berges liegt die Ortschaft Anyischi, gleich oberhalb auf einer Insel ein kleines Dorf Anufo oder Arufo. Von ersterer führt nach *Baikie* der Weg über Akwona, Arufo und Afiai in 3 Tagereisen nach Wukari, nach meinem Gewährsmann aber führt derselbe gegenwärtig über den kleinen Fluss Kogi-o-Kari (?) nach Anzufa oder Danzufa am Ufer des Benuë, dem besten Landungsplatze für Arufo's Antimongruben**), und von da über Jebo nach Wukari. Ueberall wo wir hier eine Ortschaft passirten, wurden wir gewöhnlich von den am Ufer stehenden Eingeborenen mit einem gellenden aa — aa angeschrieen, das ganz so klang, wie wenn Kinder diesen Vokal bei offenem Munde ausstossen und sich dabei schnell und fortgesetzt mit der Handfläche auf den Mund schlagen.

Hier und da für kurze Zeit haltend, um mit den Eingeborenen zu verkehren und dieselben an den fremden Anblick des Dampfschiffes und unserer weissen Gesichter zn gewöhnen, drangen wir langsam weiter nach Osten vor. Da wir uns ungefähr auf der Höhe Wukaris befinden mussten, hielt ich während der Fahrt mit Hülfe der von *B. Hassenstein* entworfenen, sehr brauchbaren Karte: die Flussgebiete des Benuë, Alt-Calaber und Camerun***), beständig Ausschau vom Sonnendache des Dampfers. Am 23. Juli früh Morgens, als wir wieder der aufgehenden Sonne entgegen dampften, mehrten sich die Anzeichen, dass wir uns einer stark bevölkerten Gegend näherten. Grosse Fallnetze zum Fischen sah man hier und da an den Ufern aufgestellt; Landungsplätze — d. h. 6—8 Quadratfuss grosse, von Gras gesäuberte Flächen des abschüssigen Ufers —, von denen schmale Fusspfade in den Busch oder in das 3—3½ m hohe Gras hineinführten, vereinzelte Hütten und kleine von Kulturland umgebene Weiler, wurden namentlich am linken Ufer immer häufiger. Am rechten Ufer passirten wir alsdann eine aus halb verfallenen Hütten bestehende, verlassene Ortschaft, das, wie ich später erfuhr, zu Baikie's Zeit am linken Ufer gelegene, erst kürzlich verlassene Gankera. Kurz nach 7^{h} A. M. liefen wir dem Fuldeort Gandiko vorbei und ½ Stunde später ankerten wir

---

*) Auf der May'schen Karte 400' (122 m) hoch angegeben.

**) In Arufo finden sich Antimon und Bleierze, goldhaltiger Kupferkies, veilchenblauer Flussspath und Quarzkrystalle in Drusen (also vielleicht auch farbige Quarzkrystalle, edle Steine, als Amethyst, Citrin, Topas). Gesteinsproben habe ich Hrn. Dr. Beyrich in Berlin übergeben, von dem ich bald Näheres hierüber zu hören hoffe.

***) Petermann's Mittheilungen, Tafel 6, Jahrgang 1863.

bei dem ebenfalls am linken Ufer des Benuë belegenen Ibi. Hier kam ich zum ersten Male mit den *Fuldes* oder *Fulfuldes*, wie sie sich selbst nennen, diesem intelligenten, so bedeutsam in der Geschichte Central-Afrikas auftretenden Volke in Berührung. Wenn sich dieselben hier auch stark mit den Eingeborenen vermischt haben, was ihre meist dunkle Hautfarbe bestätigt, so unterscheiden sie sich doch so bedeutend von der heidnischen Bevölkerung, haben sie sich so viel nationale Eigenthümlichkeiten bewahrt, dass sie das grösste Interesse jedes Reisenden in Anspruch nehmen müssen.

Ich wurde, wie gewöhnlich, auch hier zunächst an's Land geschickt, um den *Sariki* (König) zu begrüssen, ihm einige Geschenke vom *Sariki-n-Zirigin hàyaki* (König des Dampfschiffes) zu überbringen und ihm den Zweck unseres Kommens begreiflich zu machen. Diese Mission übernahm ich um so lieber, als mir dadurch Gelegenheit geboten wurde, überall etwas über Land und Leute der von uns durchzogenen Gebiete zu erkunden.

Die Erzählungen des Herrn, jetzigen Bischofs, *S. Crowther* und Dr. *Baikies* über die Eifersucht des *Fulde*-Häuptlings von Zhibu (Jebu) und die Schwierigkeiten, welche ihnen von diesem absichtlich in den Weg gelegt wurden, um den Besuch Wukari's ihrerseits zu verhindern — was ja auch vollständig gelang —, hiessen mich mit der grössten Vorsicht nach dieser Richtung hin vorgehen, um so mehr, als auch an Bord ein Besuch der Stadt erst für die Rückreise in Aussicht genommen worden war. Zu meiner Freude fand ich aber bald nicht nur meine Vorsicht und Befürchtungen unbegründet, sondern sogar offenes Entgegenkommen und grosse Bereitwilligkeit meine Wissbegierde in Bezug auf die Entfernung und Grösse Wukari's, den Weg dahin etc. zu befriedigen. Es dauerte nicht lange, so befand ich mich mit Sr. Majestät, dem *Sariki* von Ibi, in ein lebhaftes Gespräch über die Geographie Korórofas vertieft. Ich breitete meine Karte des Benuë vor ihm aus und begann zu erklären und Fragen an diese Erklärungen zu knüpfen. Als Resultat meiner Bemühungen ergab sich, dass der Kogi-n-Kalem meinen Zuhörern unbekannt war, und dass ihrer Aussage nach überhaupt kein Fluss so nahe bei Wukari gelegen sei, was sich auch auf unserm Wege dahin bestätigte. Der alte halbblinde König *Abdulrahamani*, d. h. »der Knecht des Allbarmherzigen«, hob das Schaffell, welches seine Throndecke bildete, ein wenig auf, und zeichnete mir mit dem Finger höchsteigenhändig das hydrographische System der Umgegend folgender Gestalt in den Sand:

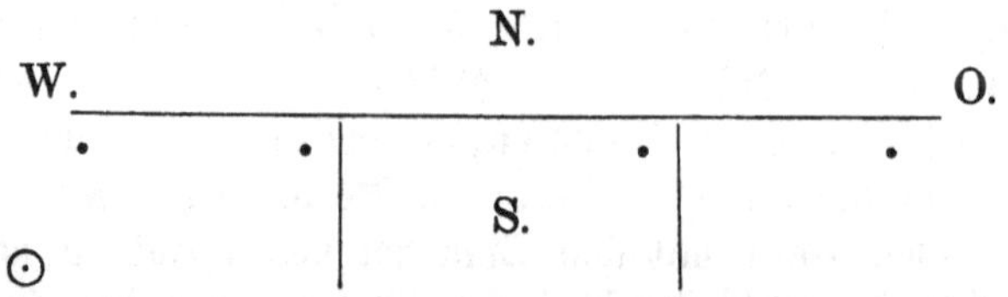

Die gerade, von Ost nach Westen laufende Linie sollte den Benuë, von den beiden von Süden her darauf senkrecht zulaufenden sollte der westliche den Kogi-n-Wukari, der östliche den Taraba vorstellen. Dann machte er Punkte für Ortschaften in die Winkel und nannte denjenigen westlich vom Kogi-n-Wukari »Jebu«, denjenigen westlich vom Taraba »Sendirde« und den östlich von diesem Flusse »Gassol«. Für Ibi machte er ferner auf meinen Wunsch noch einen Punkt am Westende der horizontalen Linie, und SSW von diesem bezeichnete er mir die Lage Wukari's auf gleiche Weise; er fügte hinzu, dass ich diese Stadt noch vor Sonnenuntergang zu Fuss erreichen könnte, wenn ich gleich aufbräche (die Uhr zeigte 9. 45. A. M.). Der weisshaarige, sehr lebhafte Haussa-Dolmetscher des *Sariki* und *Galadima* (d. h. Zweiter des Reichs) verbesserte darauf das Kartenbild im Sande dahin, dass er die beiden Linien, welche den Kogi-n-Wukari und Taraba vorstellen sollten, nicht senkrecht, sondern schräge und zwar etwa von SSW her auf den Benuë zulaufen liess, was der in lebhaftem Interesse und in sehr anständiger Weise die lange Unterhaltung verfolgende Zuhörerkreis mit lautem Beifall anerkannte; auch fügte der *Galadima* noch einige Ortsnamen an diesen Flüssen hinzu, so dass ich schliesslich folgendes Bild erhielt:

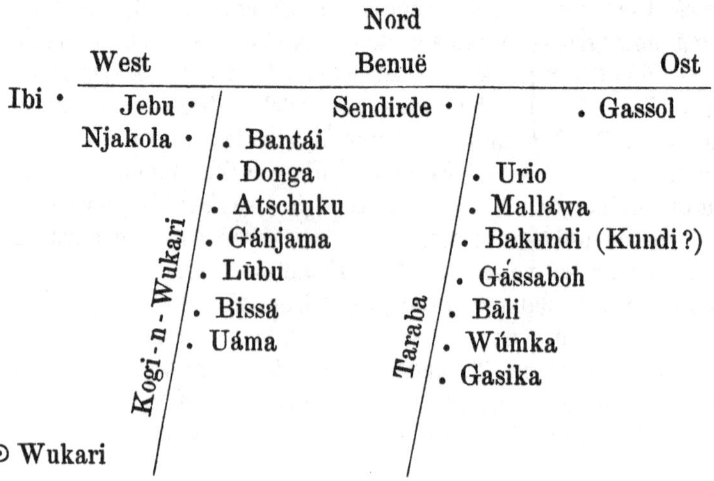

Dass Sendirde am linken Ufer des Taraba liegt, ist richtig; in Betreff der übrigen Ortschaften am Taraba kann ich nur für die Reihenfolge eintreten, während es mir unklar blieb, wie sie sich auf die beiden Ufer vertheilen. Für die Vertheilung der Ortschaften am Kogi-n-Wukari glaube ich obiges Schema als richtig annehmen zu dürfen. Jebu am Kogi-n-Wukari und die vier nördlichsten Orte am Taraba sind von *Fulde's*, alle übrigen bezeichneten Orte sind von *Baibai's*, den *Diing's* der *Djuku's* bewohnt.

Nachdem ich diese interessanten Angaben, welche mir später von verschiedenen Personen weiter oberhalb am Flusse, z. B. in Lau und Jebu, bestätigt wurden, gehörig zu Papier gebracht hatte, erkundigte ich mich nach Pferden und Trägern für einen eventuellen Besuch Wukari's. Letztere wurden mir in beliebiger Anzahl zur Verfügung gestellt; an Pferden war aber in ganz Ibi nur die gerade trächtige Mähre des Königs vorhanden. Da wir alle gute Fussgänger waren, konnte das kein Hinderniss für uns sein und so eilte ich denn an Bord zurück, um die frohe Botschaft zu überbringen. — Herr *Ashkroft* war, wie immer, schnell entschlossen, die Tour zu unternehmen; wir hielten nur noch ein frugales Mahl und trafen dann die nöthigen Vorbereitungen zum Aufbruch. Schon um 11 h 15 m verliessen wir vollständig gerüstet für den Marsch das Schiff; bereits um 11 h 30 m — eine bemerkenswerthe Schnelligkeit für Afrika — hatten die Träger ihre leichte Last auf den Köpfen und unsere kleine Karawane, bestehend aus 3 Weissen, 1 schwarzen Diener, 1 Dolmetscher und 5 Trägern aus Ibi, zog zum Südthore dieser Stadt hinaus und neuen von Europäern seither unbetretenen Gebieten entgegen.

Unser Weg führte in südlicher Richtung in Schlangenwindungen, bald etwas westlich, bald etwas östlich abweichend, für ca. ½ Stunde durch Mais-, Dawa- und Arachis-Felder hin. Dann kamen wir an ein kleines fliessendes Wasser, welches bei etwa 1 m Tiefe in der Mitte ca. 2,5 m Breite hatte; die Ufer dieses Flüsschens waren etwa 2 m über dem Spiegel des Wassers gelegen. Es floss langsam in der Richtung von West nach Ost hin und war sehr schmutzig. Unsere Fuldeträger nannten es »öa« *). Wir kreuzten es in Nord-Süd-Richtung. Die Landschaft, durch welche wir, nachdem die zu Ibi gehörenden üppigen Kornfelder hinter uns lagen, marschirten, war eine sehr einförmige und blieb, bis wir die zu Wukari gehörenden Kulturen erreichten, unverändert dieselbe. Die sanftgewellte steinige,

---

*) Sehr möglich, dass die Leute, die wussten, dass ich ein wenig Haussa verstand, rua, das Haussawort für Wasser sagten oder sagen wollten.

auf den Höhen nur mit leichter Humusschicht bedeckte Ebene war meist mit verhältnissmässig spärlichem Graswuchs mit lanzenförmigen Blättern und einigen wenigen Blumen bekleidet; auf derselben standen zerstreut niedriges Buschwerk, oft mit essbaren Früchten *), und krummästige vielverzweigte Bäume, darunter viele junge Stämme der Bassia Parkii und manche andere, unseren Obstbäumen an Gestalt ähnliche Bäume. Ueberhaupt war die ganze Landschaft mit einem grossen, aber verwilderten Obstgarten Deutschlands am besten zu vergleichen. Die Hitze war sehr lästig und um 1^{h} 30^{m} P. M. entschlossen wir uns, kurze Rast unter einem grösseren schattigen Baume zu halten; eine enorme Anzahl kleiner lästiger Fliegen trieb uns jedoch bald wieder aus der comfortablen Lage auf und weiter. Gegen 2^{h} führte der Weg sehr sanft abwärts; zwanzig Minuten später wurde es feucht und bald darauf erreichten wir eine weite ebene Senkung zwischen den 21—24 m hohen von West nach Ost laufenden Hügeln, auf welcher etwa 0,30^{m} hohes Wasser stand. Hier war es lebendig von Taubengegirr und zahlreichen Vogelstimmen; der Ort ist Menschen und Thieren wohlbekannt, und soll hier während des grössten Theils des Jahres Wasser wenigstens durch Graben zu erhalten sein. Das oben erwähnte Flüsschen scheint ein Abfluss aus diesen Thalsenkungen, deren es mehrere auf diesem Wege nach Wukari giebt und wo zur Regenzeit sich sehr reichlich Wasser ansammelt, zu sein, und ist keineswegs vergleichbar mit dem Kogi-n-Kalem der *Petermann*'schen Karten. Auch wir hielten kurze Rast und benutzten das Wasser zum Kochen. Hunger und Müdigkeit liessen uns trotz der kleinen Fliegen, die hier nicht minder lästig waren, ruhig etwa eine Stunde aushalten. — Weiter südlich führte der Weg eben so sanft bergan, wie er uns früher abwärts geführt hatte. Kurz nach 4^{h} hatten wir zum zweiten Male das »ōa« bezeichnete Flüsschen zu kreuzen, an dieser Stelle zwischen etwa 1 m hohen Ufern bei kaum 0,6 m Tiefe, in der Mitte langsam hinfliessend. Gegen 5^{h} Abends, nachdem der Weg andauernd unmerklich aufwärts geführt hatte, sahen wir hier und da Felsen aus der Humusschicht hervortreten, die, sobald der Weg wieder abwärts führte, verschwanden. Unsere Ibiträger begannen jetzt zur Eile zu mahnen, indem sie immer wiederholten, dass wir nicht mehr weit vom Ziele entfernt seien. Die Sonne sank indessen am Horizont hinab,

*) Namentlich die gelbe pfirsichgrosse Sukujá der *Fulde*, Gonda der *Haussa*, für welches Wort Fr. Schön in seinem Haussa Vokabulär Papaw (Carica papaya), ein melonenartige Früchte tragender Baum, aufführt, mit welchem der hier gemeinte Strauch nicht die entfernteste Aehnlichkeit hat.

ohne dass wir Wukari zu Gesicht bekamen, und wir verloren den Glauben an die Wahrheit ihrer Worte. Da das Land sich wieder senkte und wir von Zeit zu Zeit Tauben girren hörten, marschirten wir noch etwa eine halbe Stunde weiter, hoffend bald ein Farmdorf für die Nacht zu erreichen. Schliesslich sahen wir uns genöthigt den Marsch zu sistiren, weil es zu dunkeln begann und wir später so leicht keinen guten Lagerplatz hätten auswählen können. Wir suchten und fanden bald einen trockenen Platz und ein paar abgestorbene Bäume, um ein Feuer anzuzünden. Der Abend war schön, sternenhell und trocken. Wir breiteten unsere Decken aus und schliefen bald fest ein. Die Nacht verging ruhig, nur soll gegen Morgen zweimal der Schrei eines Leoparden gehört worden sein. Mit dem ersten Tagesschimmer waren wir wieder munter, so dass wir schon um 5 ^{h} 45 ^{m} unsern Marsch fortsetzen konnten.

Kurz nach 6 ^{h} erreichten wir wieder eine Thalsenkung mit stehendem Wasser, woselbst wir 15 Minuten Halt machten, um unsere Trinkbecher zu füllen. Um 7 ^{h} 15 ^{m} begegneten uns 5 Frauen und einige Männer, welche, von Wukari kommend, den Ort mit Tagesgrauen verlassen hatten; dann passirten wir einen Kreuzweg, welcher nach Aussage unserer Träger ebenfalls a u f U m w e g e n nach Wukari führe. Dieses wurde mir auf dem Rückwege als eine Unwahrheit klar, welche die Berührung eines Farmortes, in welchem der Bruder des Königs von Wukari als Haupt residirte, hatte bezwecken sollen, und wo wir der Form wegen so lange verweilen mussten, bis einer unserer Träger unseren Besuch angemeldet und aus der Stadt zurückgekehrt war. Um 7 ^{h} 50 ^{m} erreichten wir die ersten zu Wukari gehörigen Kulturen und um 8 ^{h} 30 ^{m} das erwähnte Dorf, welches aus ca. 25 Hütten bestand, die theils aus dem Lehm des Bodens, theils aus in die Erde gerammten Pfählen, welche mit strohgeflochtenen Matten bekleidet waren, errichtet sind. Die letztere Bauart ist namentlich für Farmdörfer am Niger und Benuë überall häufig, nur unterschieden sich die Hütten hier durch ein sehr weit überhängendes Strohdach, das meist ca. 0,40 m, oft nur 0,20 m von der Erde, welche die Hütte trug, abstand. In der Mitte des Ortes stand eine grosse, geräumige und halb offene Hütte, in welcher mehrere Frauen mit Zubereitung von Speisen beschäftigt waren. — Die Felder waren mit einer gewissen Sorgfalt bestellt und namentlich fielen mir hier die Vogelscheuchen auf, welche ich im Korórofa-Gebiet überhaupt zuerst bemerkt hatte. Es waren mitten im Felde kleine Warten errichtet, zu denen Schnüre von den im und am Felde stehenden Bäumen führten; sobald sich nun Vögel auf diese setzten, was namentlich die hier sehr zahlreichen

Tauben *) zu thun pflegen, verscheuchte sie der Wächter durch plötzliches Zerren an den biegsamen Aesten. Da, wo diese Methode nicht ausreichte, standen kleine Kinder mit langen biegsamen Gerten auf den Warten, an deren Ende sie ein Stück gutgekneteten Lehmes backten und dieses unter vielem Lärm und Geschrei nach den ungebetenen Gästen schleuderten, manchen dabei durch einen geschickten Wurf tödtend. Diese Anstalten mögen hier auch sehr nothwendig sein, da ausser den vielen Tauben immer kleine Vögel zu Schaaren über die Felder hin und her fliegen und, wo Wald in der Nähe ist, noch die Guineahühner (Perlhühner) den Feldern häufige Besuche abstatten. Erdnüsse (Arachis hypogea), Mais, das Däwe-Korn der *Haussa* (ägyptisches Korn) und manche andere Pflanze wurde hier kultivirt. So umrankten die Hütten verschiedene Arten Cucurbitaceen, und in den Gärten standen mit Früchten schwer beladen der Melonenbaum (Carica papaya), Papaw der Engländer und die mir von der Küste her bekannte Okropflanze (Hibiscus), eine Malvacee, deren schleimige Früchte ein angenehmes und gesundes Gemüse sind.

Wir machten es uns inzwischen bequem; während die Bewohner der Ortschaft uns sprachlos staunend umstanden, liessen wir uns einen Kaffee kochen und von der Sonne, die mittlerweile höher gestiegen war, uns die thaufeuchten Kleider trocknen. Nachdem wir uns an Speise und Trank gelabt, kehrte auch der Bote von Wukari zurück, und gegen 11 ^{h} brachen wir nach der Stadt auf, geführt von dem Aeltesten des Ortes, dem Bruder des Königs. Um 11 ^{h} 20 ^{m} mussten wir angesichts der Stadt wiederum Halt machen bei der verfallenen Fetieschhütte (siehe Plan), bis ein Bote des Königs die Gitaru, eine kleine handliche Streitaxt der *Fulde* namentlich (siehe Tafel 8 No. 5 u. 6) über der Schulter, ankam und uns ersuchte ihm zu folgen. 11 ^{h} 37 ^{m} hielten wir, begafft von zahlreichem Volk, auf deren Gesichtern sich ebenfalls sprachloses Staunen spiegelte, im Gänsemarsch unsern feierlichen Einzug in die vielbesprochene Hauptstadt Korórofas, da das enge Thor der ersten Umwallung nicht zweien Personen zu gleicher Zeit den Eintritt erlaubte. Nachdem wir die zweite Lehm-Umwallung der Stadt passirt, wurde uns abermals bedeutet Halt zu machen — dieses Mal unter einem schattigen Baume — und der Dinge zu warten,

*) Es kommen in dieser Gegend ausschliesslich Lachtauben vor, während weiter im Osten bei Muri und in dem Bassama-Gebiet Tauben in allen Farben, welche unseren gezüchteten Tauben ähnlich sind, vorkommen und auch als Haustauben dort gehalten werden. Wir kauften eine grosse Anzahl, die körbeweise an Bord gebracht wurden, theils für unseren Mittagstisch, theils für das Missionshaus in Lokodja. Es waren hübsche Arten darunter, mit Federkämmen und stark befiederten Füssen.

die da kommen würden. Wenige Minuten später wurden wir nach einem zweiten Baume in der Nähe der Hütten geführt, wo uns nach einiger Zeit geduldigen Wartens der Galadima des Reiches, *Agadu*, ein wohlgenährter und jovial aussehender Mann von ca. 40—45 Jahren, begrüsste. Er kam im feierlichen Ernste mit langsamen Schritten

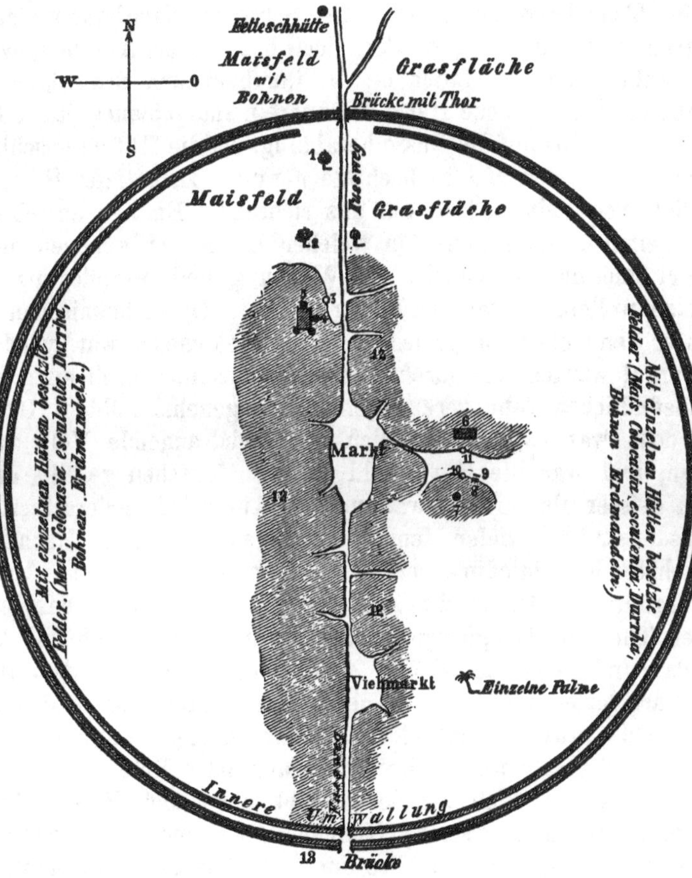

Ungefährer Plan von Wukari.

1. = Baum, wo die Ashkroft'sche Expedition Halt machen musste. — 2. = Baum, wo die Expedition vom Galadima empfangen wurde. — 3. = Thorweg zu des Galadima Häuserkomplex. — 4. = Erste Wohnung der Expedition. — 5. = Zweite Wohnung der Expedition. — 6. = Wohnung des Königs. — 7. = Weiberhaus des Königs. — 8. = Audienzbank des Königs. — 9. = Sitz der Mitglieder der Expedition während der Audienz. — 10. und 11. = Thorweg. — 12. = Hüttenkomplexe, jeder für sich mit Mud umwallt. — 13. = Aeussere Umwallung mit Graben.

auf uns zu, gefolgt von einem Musikanten, welcher einem mandolinenartig aussehenden Instrumente, dessen Pferdehaarseiten aber mit einem Bogen gestrichen wurden, nicht üble, wenn auch etwas melancholische und sich häufig wiederholende Töne entlockte. Das Instrument war aus einem Flaschenkürbis gefertigt, mit einer Blase überzogen und mit einem Griff versehen, auf welchem der Musikus lebhaft fingerirte, um seine Töne hervorzubringen. Der Schwarm Neugieriger rings um uns herum war sehr laut geworden, doch brachte das Ansehen, welches der Galadima augenscheinlich besass, ihn bald zum Schweigen. Alsdann setzte sich der hohe Herr, der nur ein indigoblaues Stück Baumwollenzeug, das bis auf die Füsse herabhing, um die Hüften geschlungen trug, vor uns nieder und beobachtete geraume Zeit tiefes Schweigen, den Blick von Zeit zu Zeit auf uns richtend. Endlich entschloss er sich zu einer kurzen Rede, in welcher er uns willkommen hiess in Wukari und uns versprach, für Wohnung und Verpflegung Sorge tragen zu wollen. Unter den Klängen der in Djuku heimischen Fidel, schritt er dann eben so gemessen wie er gekommen war, wieder ab. Bald darauf wurden wir durch einen Muhamedaner nach einer in der Nähe befindlichen sehr geräumigen und angenehm kühlen Hütte geführt, doch war es nicht möglich das nachdrängende Volk zurückzuhalten, und war die Hütte bald so mit Menschen gefüllt, dass es drinnen heisser als draussen war, und der Aufenthalt in derselben durch die Ausdünstung so vieler Menschen unangenehm wurde. Nach kurzer Zeit kehrte der Galadima zurück, ebenso wie das erste Mal mit Musikbegleitung. Er machte ein wenig Luft dadurch, dass er den grössten Theil der Neugierigen unter Schelten hinaustrieb und theilte uns sodann mit, dass der König *Agudamada* gerade von dem Besuch seiner Farmdörfer aus der Umgegend zurückgekehrt sei und uns, da er sehr müde, morgen erst in öffentlicher Audienz empfangen wolle. Herr *Ashkroft* fragte nach Milch und Jams oder Reis; ihm ward zur Antwort, dass die Kuh gerade gekalbt habe und Reis und Jams leider nicht vorhanden seien; Hühner, Eier und Korn wurde uns dagegen versprochen, auch stellte der Galadima uns einen Mann vor, der für alle unsere Bedürfnisse sorgen sollte. Alsdann wurde uns durch den Galadima eine sehr kleine dunkle Hütte mit defektem Strohdach zur Wohnung angewiesen (siehe Plan von Wukari No. 4), freilich mit dem Bemerken, dass er in Kürze uns eine bessere einräumen werde. Hier reinigten wir uns zunächst von Staub, hoffend, dass inzwischen die versprochenen essbaren Gegenstände — unser Vorrath war sehr zusammengeschmolzen und sollte noch für die Rückreise reichen — eintreffen und die neue Wohnung hergerichtet sein werde.

Wir beendeten unsere Waschung und warteten noch eine Zeit lang geduldig, ohne dass uns irgend etwas zu essen gebracht wurde; alsdann schickte Herr *Ashkroft* ein Paar von unsern Leuten auf den Markt um Esswaaren einzukaufen. Inzwischen besuchten uns der Galadima und der Sariki des Marktes von Wukari mit leeren Händen, um auf's Neue nach unseren Bedürfnissen zu fragen, die wir ihnen mit den kurzen Worten begreiflich zu machen suchten: Gebt uns etwas zu essen und eine bessere Wohnung. Die Herren empfahlen sich wieder mit dem Versprechen, unsere Wünsche zu erfüllen; doch verging eine Stunde nach der andern, ohne dass sich Jemand blicken liess. — Unsere Boten kamen vom Markte gleichfalls mit fast leeren Händen zurück. Der eine hatte etwas Reis aufgetrieben, der andere brachte einen mächtigen Kürbis mit. Um das unbehagliche Mahnen des Magens zu befriedigen, mussten wir unsern geringen mitgebrachten Vorrath angreifen. Abends um 5^h 30^m etwa, sandte der König als Geschenk einen mächtigen Topf Bier, woran unsere Leute sich labten. Mit Dunkelwerden besuchte uns der *Mallam baba*, ein geachteter Muhamedaner des Ortes, der Nächste im Range nach dem Galadima, und suchte uns zu längerem Aufenthalte zu veranlassen zum Zwecke des Handels. Bei dieser Unterredung sassen wir auf Stühlen etwas unbequemer Façon, deren einer auf Tafel 7 Fig. 5f abgebildet ist. Ein schnell aufziehendes Unwetter erlöste uns indessen bald von diesen Sitzen, und da der Galadima zur Hand war, bedeuteten wir ihm, dass wir und unsere Sachen nass werden würden, wenn er uns nicht sofort eine andere Wohnung schaffe. Dies begriff der gute Mann denn auch und half augenblicklich, indem er eine seiner Frauen mit ihren Habseligkeiten ausquartirte und uns den Raum zur Verfügung stellte. Glücklich kam auch noch Alles trocken unter Dach, bevor das Unwetter losbrach.

Es ist auffallend, wie ungastlich sich diese sonst recht freundlichen und höflichen Menschen gegen uns betrugen; der Grund mag grösstentheils in der Ueberraschung, welche unsere für sie wunderbare Erscheinung bot, und vielleicht auch in einer zu hohen vorgefassten Meinung über unser Wesen, zu suchen sein. Es waren nämlich die seltsamsten Gerüchte über uns in der Stadt verbreitet, und das am meisten geglaubte war wohl, dass wir aus dem Reiche der Abgeschiedenen zurückgekehrte, ihrer alten Heimath einen Besuch abstattende *Djuku's* seien. Bevor wir die Stadt erreicht hatten, soll da selbst die Nachricht kursirt haben, dass weisse Männer in einem grossen eisernen Hause (unser Dampfschiff) von Ibi über Land nach ihrer Stadt kämen. Die meisten Djuku's wollten nun wissen, dass es keine weissen Menschen gebe, und wir Geister ihrer verstorbenen Vorfahren seien. Einige muhamedanische Grosssprecher behaupteten, dass weisse Menschen etwas ganz Gewöhnliches seien und wir lange noch nicht so weiss wären, wie diejenigen Weissen, welche sie Gelegenheit gehabt hätten an der Küste zu sehen. Die Leute, obwohl sie logen und wahrscheinlich nie an der Küste gewesen waren, hatten gewissermassen Recht, denn keiner von uns konnte sich eines besonders zarten Teints rühmen. Einige riethen, man solle uns ja nicht in die Stadt hinein lassen, Andere waren entgegengesetzter Meinung, da wir nur Gutes brächten, Stadt und Land und der König nur Vortheil davon haben würden. Der König soll einmal über das andere ausgerufen, haben: »Was, mein Vater und Grossvater, die über Wukari geherrscht haben und grosse Männer waren, haben keine Weissen gesehen und ich soll welche sehen!« Schliesslich wurde denn die Entscheidung dem Gott *Ifa* oder *Aku*, der unter dem ersten Namen in Akuländern (Yoruba etc.) bekannt ist, anheimgegeben und derselbe angerufen seine Meinung zu offenbaren, und zwar auf ganz ähnliche Weise wie an der Küste, nämlich durch von Priesterhand geworfene schwarze und weisse Steine, aus deren Lage alsdann der Orakelspruch vom Priester verkündet wird. Derselbe lautete dieses Mal also: Wir seien in der That weisse Menschen und würden dem Könige Dinge zeigen und zum Geschenk bringen, die er nie zuvor gesehen.

Die Stadt Wukari hat das Charakteristische mit allen heidnischen Negerortschaften des centralen Westafrika — im Gegensatz zu den Fuldestädten namentlich — gemein, dass ihre runden Hütten innerhalb der beiden Lehmwälle in grösseren und kleineren je für sich umfriedeten Gruppen dicht gedrängt beisammen stehen. Die *Fulde's* bauen ihre Hütten freistehend, jeder Haushalt ist für sich getrennt von dem andern, während in den heidnischen Ortschaften die Menschen in grösseren Familien unter einem Oberhaupte beisammen zu wohnen scheinen und sich als solche von einander trennen. Die Hütten der *Fulde's* sind meist freundlich, inmitten grüner Kornfelder und von Gemüsegärten umgeben, gelegen; die Strassen in ihren Ortschaften sind meist eben und sauber, während diejenigen heidnischer Negerortschaften wenig oder gar kein Grün in der Nähe haben, aber sich desto mehr durch Unreinlichkeit auszeichnen. Hierdurch, sowie auch durch das gedrängte Zusammenleben, entsteht die widerliche Atmosphäre, welche Negerortschaften — diejenigen der *Fulde's*, welche ich kennen gelernt habe, ausgenommen — im Allgemeinen anzuhaften pflegt. — Wukari ist, wie der Plan zeigt, von einer doppelten Lehmmauer umgeben; vor der äusseren befindet sich ein unbedeutender grasverwachsener Graben, über welchen ein aus Erde aufgeworfener Weg nach der Stadt hineinführt. Das Nordthor in der ersten äusseren Lehmmauer, besteht aus einem galgenförmigen Holzgerüst, welches so schmal ist, dass nur eine Person zur Zeit hindurch kann. Die zweite innere Mauer ist im Norden nicht ganz ausgeführt, d. h. sie schliesst sich nicht wie jene vollständig, sondern lässt eine weite Oeffnung dem Eingang gegenüber frei. Gleich hinter derselben befinden sich einige kleine Kornfelder und Anpflanzungen von Erdmandeln und Bohnen, an welche sich die Häusergruppen anschliessen. Westlich von der circa $1\frac{1}{2}$ km langen gerade durch die Stadt von Nord nach Süd führenden Strasse, liegt zunächst der ausgedehnte Hüttenkomplex des Galadima, dessen Gäste wir waren. Etwas südlicher führt eine schmutzige und krumme Strasse gen Osten auf einen freien Platz, an dem die Wohnung des Königs gelegen ist. Zwei lehmumwallte Hüttengruppen stehen hier einander gegenüber, deren nördliche in ihrer Mitte das einzige grössere und oblonge Gebäude mit flachem Dache, die gegenwärtige Wohnung des Königs *Agudamada* (wahrscheinlich von einem muhamedanischen Baumeister erbaut), deren südliche, eine rund angelegte, aber alle übrigen Hütten der Stadt an Grösse überragende Hütte, des Königs Weiberhaus, birgt. Das Kegeldach der letzteren ziert ein Straussenei, das Zeichen der Fruchtbarkeit. Vor dieser Hüttengruppe, an der äusseren Seite der sie umschliessenden Lehmmauer, ist eine erhöhte Lehmbank mit Sitz errichtet, welche den Thron des Königs bei öffentlichen Sitzungen bildet. Derselbe war bei der Audienz, die *Agudamada* uns gewährte, mit Leopardenfellen bedeckt, über welche eine Fussdecke europäischer Arbeit ausgebreitet war, die einen Tiger in fast natürlicher Grösse auf grünem, Pflanzen vorstellendem Hintergrunde zeigte. Rand und Ecken dieses Teppichs waren mit braunen Arabesken verziert.

An der Hauptstrasse weiter nach Süden hin, etwa in der Mitte der Stadt, liegt der Markt, ein unregelmässiger freier Platz, der seine grösste Ausdehnung von Nord nach Süd hat. Derselbe war recht unbedeutend für den Ort beschickt, trotzdem aber bewegte sich um die Mittagsstunde eine grosse Volksmenge auf ihm auf und nieder. Ausser Feld- und Gartenfrüchten war nur noch etwas Antimonerz, erdiges Salz (ein Landesprodukt in Mattsäcken von circa 25 kg), einige Perlen verschiedener Art, wenige Stücke Zeug, unter diesen namentlich ein Theil unserer Geschenke, eine Tobe, ein Paar Sklavenfesseln (Tafel No. 6), Metallnadeln zum Haarschmuck für Frauen und einige Handvoll Pulver zum Kauf ausgestellt.

Der Werthmesser hier ist ein kleines ca. 9 cm hohes und 7 cm breites mit erdigem Salz gefülltes Strohgeflecht (Tafel No. 8). Fünf solcher Salzfässchen haben den Werth einer Messingstange. *) Bei Dánzufa lernte ich noch ein Eisengeld kennen (Tafel No. 8), das in Korórofa gilt; es ist eine eiserne Erdhacke ohne Stiel.

Alle etwa vorkommenden Streitigkeiten zwischen Käufer und Verkäufer zu schlichten, Auskunft über die zum Verkauf ausgestellten Gegenstände zu geben, liegt einem Beamten ob, welcher wieder den Titel *Sariki*, »König des Marktes«, führt. Derselbe hat auch jene Salzsäckchen, ohne die man nichts auf dem Markte kaufen kann, abzugeben. Durch diese Einrichtung scheint eine Art Abgabe für jeden Tausch bezahlt zu werden, welche dem Könige zufällt.

Etwas weiter südlich, ebenfalls an der Hauptstrasse, liegt der Viehplatz; es mögen, nach der Ausdehnung desselben zu urtheilen, doch mindestens 100 Stück Grossvieh zur Stadt gehören. Dieselben waren zur Zeit wohl ausserhalb der Umwallungen auf der Weide. Milch aufzutreiben wollte uns trotz wiederholter Versuche nicht gelingen, nur eine kleine Schale voll, erhielten wir als Geschenk vom Könige zugeschickt.

Am Südthore hat die innere Lehmmauer ein Thor, ähnlich wie das oben beschriebene, und die äussere Mauer nur eine breite Oeffnung. Die Hüttengruppen treten hier ziemlich nahe an die innere Mauer heran und es liegen keine Felder, wie an der Nord-, Ost- und Westseite, dazwischen. Der Weg vom Nord- bis zum Südthore, nimmt bei gemächlichem Schritt 25 Minuten Zeit in Anspruch.

Im Osten der Stadt, 2 Stunden entfernt, soll früher Wukari gestanden haben; daselbst finden sich noch die Ruinen der alten Stadt, die auch Okare**) hiess, und die Fetieschhäuser, (namentlich dasjenige des Gottes Ifa), welche von den Priestern, welche nach Verlegung der Stadt nicht fortziehen wollten, erhalten wurden.

Im Süden, ganz nahe der Stadt, soll eine Felsengrotte sich bebefinden, die das ganze Jahr hindurch Wasser hält. In dieser Grotte soll sich ein grosses Krokodil aufhalten, das von den *Djuku's* verehrt wird. Ob demselben auch Opfer gebracht werden, konnte mein Gewährsmann — ein *Haussa* der erst wenige Monate in dieser Gegend sich aufhielt — nicht sagen, wie denn beide Erzählungen überhaupt fraglich bleiben, da ich dieselben nur aus dem Munde dieses Fremden habe.

Vom Südthore aus sahen wir in eine weite sanft gewellte Ebene hin-

*) Als Brassrode im Handel bekannt.

**) Okare oder Okale nennen die Mitschis die Stadt.

ein, deren Horizont von hohen zackigen Bergen begrenzt war. Die Entfernung bis an den Fuss derselben soll zwei starke Tagereisen betragen, und man soll von Wukari über Marekaṅ (eine Tagereise) nach Takuṅ (früher am Fusse, jetzt auf den Bergen gelegen) gelangen, einem Orte, der dreimal so gross sein soll wie die Hauptstadt Korórofas und von *Diings* bewohnt ist. Die Eingeborenen nannten mir den Namen Sampiéni für jene Berge, was wohl zugleich die Landschaft bezeichnen mag, da man nicht häufig Sonderbezeichnungen für Berge findet. Das diese Berge bewohnende Volk, die *Diings* (*Baibais)*, bezeichnete man mir als Kanïbalen und sollen dieselben in 9 grösseren Ortschaften beisammen wohnen, die wie folgt heissen: 1) Marakam (ob nicht identisch mit dem oben genannten Marekaṅ, bleibt fraglich), kleiner als Wukari; 2) Schūna; 3) Pambaing; 4) Pambu, = ½ von W; 5) Bika, an Grösse Wukari gleich; 6) Lissau; 7) Alimbu; 8) Kunabä, = ½ von W; 9) Súkiu.

Hieraus geht hervor, dass das Reich Korórofa gegenwärtig von sehr beschränkter Ausdehnung ist und sich vom Ufer des Benuë — den man als Nordgrenze ansehen kann, obwohl noch südlich vom Fluss *Fuldeorte* (Ibi, Gankera, Jebu) liegen — nach Süden hin über ca. 175 km erstreckt. Die Ausdehnung Korórofa's von Westen nach Osten ist noch geringer, selbst wenn man bei Akpa (8° 43′ O. L.) die Westgrenze*) zieht, da schon am Kogi-n-Wukari (9° 55′) sowie am Taraba nur Fulde- und Baibaiorte sich finden.

Die kleineren Ortschaften des Landes haben alle ihren Häuptling, der sich Sariki (König) nennt. In Wukari steht diesem im Range am nächsten der *Galadima*, diesem folgt der *Mallam baba* und hierauf der erste und dann der zweite *Madaki*, welche Titel sie von den *Fulde's* entlehnt haben. Der *Mallam baba* ist Muhamedaner, deren gegenwärtige Stellung hier noch von Korórofas einstiger Bedeutung spricht, da dieselben nur wie geduldete Fremde behandelt werden und ein bescheidenes Betragen zeigen sehr im Gegensatz zu anderen Orten.

Die Häuser, deren Inneres ich zu sehen Gelegenheit fand, zeichneten sich nicht sehr zu ihrem Vortheile aus. Sie waren klein, wie die meisten der Stadt, ca. 4 m im Durchmesser, bei 1,4 m Mauerhöhe, und trugen ein kegelförmiges Dach aus Rohrgeflecht, gedeckt mit Stroh, auf dessen Spitze gewöhnlich 4—5 scharfendige Rohrstäbchen von

---

*) Nach Baikie und Crowther liegt dieselbe hinter Abintshi — wohl identisch mit meinem Abusi, das zu Korórofa gehört – und fällt mit meiner Sprachgrenze zusammen. Da Akpa soviel wie Djuku bedeutet im Munde der westlichen Völker, und da der Ort sowie dessen Bewohner mir als Akpa bezeichnet wurden, glaube ich die Grenze hier ziehen zu müssen.

0,30 m bis 0,50 m Länge aufgepflanzt waren, um die Geier fernzuhalten und so dasselbe vor schneller Zerstörung durch die scharfen Klauen derselben zu schützen. Eine 0,90—1,20 m hohe und ca. 0,60 m breite Oeffnung bildet den Eingang, welcher durch eine Matte von Aussen verhängt oder auch durch eine Rohrthür von Innen geschlossen werden kann. Ein gutes Drittheil der Hütte, nimmt ein ca. 0,50 m hohes, 2 m langes und 1,10 m breites Lehmbett ein. Der Thür gegenüber befindet sich gewöhnlich ein kleines Gestell aus roh zusammengefügten und zusammengebundenen Stöcken, zur Aufnahme des kleinen Hausraths bestimmt, oft aber auch wird letzterer vom Dache in den Raum hinabhängend aufbewahrt.

Die Stellung der Frau ist ein sicheres Zeichen für die Kulturstufe und den Grad der Intelligenz eines Volkes. Da, wo sich die Geschlechter durch nichts Anderes als durch die Sexualorgane von einander unterscheiden, und wo man bei den meisten Individuen aus den Gesichtszügen, der Körperbildung, der Kleidung und dem Gebahren, nur schwer auf das Geschlecht schliessen kann, da fehlt jede Intelligenz, da vegitiren beide Geschlechter neben einander und sorgt jedes Individuum für sich zumeist Bei der nächsten Stufe tritt das Weib vollständig in den Hintergrund als rechtlose Magd, und der Mann nimmt Alles für sich in Anspruch, selbst Eitelkeit und Putzsucht. Auf dieser Stufe stehen die meisten Negervölker am Benuë und auch die Bewohner Korórofas.

Tafel 5 u. 6 zeigen in wie verschiedenen phantastischen Formen Knaben und Männer ihre Haare zu bringen wissen, während die Frauen und Mädchen, wenn sie nicht die Haartracht der *Fulde's* nachahmen, gar keine Sorgfalt darauf verwenden d. h. keine Zeit finden sie darauf zu verwenden. Auch der Ohrschmuck und die Haarnadeln auf Tafel 5, werden ausschliesslich fast nur von Männern getragen. Der weiter in der Civilisation vorgerückte Eingeborene Afrikas verlangt von der Frau nicht nur, dass sie ihn bediene, sondern auch, dass sie ihm gefalle. Diesen Standpunkt nehmen die *Fulde's* ein. Sie überlassen es meist den Frauen, das Haar in künstliche (hier oft kleidsame) Formen zu flechten und Ohrringe und Spangen zu tragen. Auf dieser Stufe zeichnet sich die Frau durch zartere Form, durch Weiblichkeit und Anmuth im Wesen und Betragen aus.

Die Zahl der Kinder war in Koróröfa, ebenso wie in den meisten heidnischen Gebieten, auffallend grösser als bei den *Fulde's.* In Wukari trugen viele ein kleines tellerförmiges Hütchen aus Strohgeflecht, das nur halb den Kopf bedeckte und durch ein Band in der Art eines Cerevis-Käppchens gehalten wurde (Taf. 8 No. 4). Ein Spielzeug, das auch unseren Kleinen wohlbekannt ist, die Klapper, aus Rohrstäbchen gefertigt und mit hartem kugeligen Samen gefüllt, sah ich hier häufig.

Da Ceremonien und Heimlichkeiten dem minder intelligenten Neger Lebensbedürfniss sind, wie wir schon oft erfahren hatten, so liess Herr *Ashkroft* spät am Abend des Tages, bevor wir vom Könige empfangen werden sollten den Galadima rufen, um mit demselben über die Art und Weise der Ueberreichung der für den König bestimmten Geschenke zu sprechen. Es schmeichelte dem einflussreichen Mann der Stadt, das Vertrauen des Weissen zu besitzen und mit demselben, den er wie einen Halbgott über sich sah, ein Geheimniss zu besprechen. Der Anblick der Geschenke erfreute ihn augenscheinlich; auch bekam er schon zu wissen, was auf seinen Antheil fiel. Nach reiflicher Ueberlegung entschied er sich dafür, dass die Geschenke für den König früh vor Sonnenaufgang durch ihn und einen Vertrauensmann des Königs heimlich abgeholt werden sollten. Herr *Ashkroft* genehmigte dies und wie verabredet, wurde es auch ausgeführt.

Die Morgenstunden verbrachten wir wieder bei schmaler Kost, da nichts Geniessbares aufzutreiben war. Gegen 7^h ertönte Trommelschlag und lautes Getute auf Ochsenhörnern vor unserer Hütte. Dann erschien der *Galadima*, um uns zur Audienz abzuholen. Unter neuen Ceremonien sollten wir wieder vor den Hütten unter dem Baume abgesetzt werden und der grossen Ereignisse warten. Das verbat sich aber Herr *Ashkroft* ganz entschieden und mit Erfolg. Wir blieben in unserer Hütte und der *Galadima* eilte um die Grossen der Stadt zu versammeln, die, wie er sagte, uns zum Könige geleiten sollten. Als er zurückkehrte und die Vorbereitungen für den festlichen Empfang für beendet erklärte, folgten wir ihm, umschwärmt von einer grossen Zahl lärmender Kinder und Männer. Die Schönen der Stadt guckten neugierig über die Umfassungsmauern hinweg nach uns aus. Vor dem oben beschriebenen Gebäude, dessen Strohdach ein Straussenei zierte, wurden wir angewiesen Halt zu machen. Der Thron für den König war hergerichtet, doch keine Sitze für uns, und es war daher gut, dass wir Decken mitgenommen hatten. Die Zeit wurde uns sehr lang, da wir hier abermals etwa ¼ Stunde, umgeben von einer lärmenden Menge, in der Sonne stehend warten mussten. Diese Situation wurde um so unangenehmer, als einer der Träger von Ibi uns rieth, zu gehen und auch die Stadt bald zu verlassen, da der König von Wukari sehr stolz sei und wohl gar nicht kommen werde. Schon beriethen wir mit einander, ob diesem Rath Gehör gegeben werden solle, als uns im Rücken der Herrscher Korórofas erschien. Der Mantel, den er trug, scheint das Abzeichen der Häuptlingswürde in Koróroфa zu sein, denn wo wir in diesem Reiche landeten, trug jedes Mal bei der öffentlichen Begrüssung der erste Häuptling des Ortes einen solchen, so in Abusi, Anyischi, Dánzufa, Wukari. Derartige Mäntel unterschieden sich nur durch die grössere oder geringere Anzahl der aufgenähten rothen Dreiecke, und vielleicht ist diese abhängig von dem Range des Häuptlings, denn es war der Mantel des Königs von Wukari am reichsten mit dieser eigenartigen Verzierung bedeckt und nächst diesem derjenige des ersten Häuptlings von Abusi, welches gleichfalls ein recht bedeutender Ort ist. Dieser Mantel (Tafel 8 No. 1) ist gefertigt aus indigoblaugefärbtem Baumwollenstoff, mit handgrossen rothen Flanelldreiecken benäht, welche wiederum von weissem Zeuge umrandet sind und aus gleichartigem Stoff drei Sterne im Felde tragen. Tafel 8 Fig. 3 giebt die Rückenansicht eines Mantels, den der Gesandte des Chiefs von Dánzufa trug, welcher dadurch von den anderen abweicht, dass er statt der drei weissen Sterne ein auf die Ecke gestelltes Quadrat in jedem rothen Dreiecksfelde zeigt.

Der König *Agudamada* war von kleiner, aber korpulenter Gestalt; sein fettglänzendes rundes Gesicht und die heimtückischen kleinen Augen machten keinen guten Eindruck auf mich. Er schritt langsam, verstohlen ein paar Mal nach uns hinschielend, geleitet vom *Galadima* und *Mallam baba*, an uns vorüber. Ihm folgte ein Sklave, welcher ein rundes tellerförmiges Strohgeflecht vom circa 0,60 m Durchmesser zum Schutz gegen die Strahlen der Sonne über ihn hielt. Nachdem er sich auf seinen oben beschriebenen Thron gesetzt, liessen auch wir uns ihm gegenüber auf die mitgebrachten Decken nieder und der *Mallam baba* begann zuerst zu sprechen. Derselbe richtete die bei solchen Gelegenheiten üblichen Höflichkeitsfragen nach unserem Wohlbefinden, der gehabten Nachtruhe, der Ermüdung durch die Reise und andere mehr an uns. Als wir alle diese Fragen unsererseits einzeln, für jede dankend, zur Zufriedenheit der Anwesenden beantwortet hatten, waren wir nach afrikanischem Ceremoniell verpflichtet, dieselben nun an den König zu richten. Darauf nahm der *Galadima* das Wort und sagte in längerer Rede Vieles zu unserem Lobe und dass der König und das Volk sehr erfreut seien, Weisse in ihrer Stadt zu sehen. Er schloss seine Ansprache mit der Bemerkung, dass, da wir so sehr reich und mächtig, so überaus weise seien, und alle Dinge, die uns vor Augen kämen, besser zu begreifen und zu beurtheilen verständen als sie, er nichts über das Land und die Stadt Wukari noch über deren Bewohner, die wir ja mit all' ihren guten und schlechten Seiten zu sehen Gelegenheit gehabt, zu sagen wünsche.

Herr *Ashkroft* bedankte sich sodann für den freundlichen Empfang (?), gab nochmals Auskunft über das Woher und Wohin, den Zweck der Reise etc. und betonte, dass die Weissen Freunde der Schwarzen seien und einen friedlichen Verkehr mit denselben zu unterhalten strebten. Der König nickte häufig wie zustimmend zu diesen Worten und sprach alsdann in sehr phrasenhaftem Wortschwall gleichfalls zu unserem Lobe und von seiner Achtung vor unserer Macht und Weisheit, knüpfte aber hieran zum Schluss umfangreiche Mittheilungen über seine eigene Bedeutung und die Ausdehnung seiner Macht und seines Reiches, denen zufolge die Grenzen auf den Karten von West-Central-Afrika vollständig umgestaltet werden müssten und meine oben mitgetheilte Anschauung über die Ausdehnung und gegenwärtige Bedeutung Korórofas eine Majestätsbeleidigung ist. Im Westen erstreckt sich nach des Königs *Agudamada's* Aussage seine Macht und diejenige Korórofa's bis nach Idda und Lokodja, im Norden bis Garo-n-Bautschi; die östlichsten Ortschaften, welche ihm unterthänig zu sein er sich entsann, waren Kundi (oder Muri) und Jola, und im Süden ständen unter seinem Scepter alle *Düngs* in den Bergen.

Ich glaube, dass dieser Aufschneiderei, neben der Absicht vielleicht uns mit seiner Bedeutung zu schrecken und so von etwaigen heimlichen Unternehmungen gegen ihn abzuhalten, die Macht der Tradition zu Grunde liegt, da Korórofa vor der *Fulde*-Invasion jedenfalls von viel grösserer Ausdehnung als heute und politisch bedeutender war. Durch die wiederholten Kämpfe hat das Land und auch die Hauptstadt sehr gelitten, wenngleich letztere alle Angriffe bis jetzt siegreich zurückgeschlagen hat.

Wir hatten den König bei der Audienz um Pferde für die Rückreise ersucht und die Zusicherung derselben erhalten, selbst wenn er das seine hergeben müsse. — Bald nach der Rückkehr in unsere Wohnung, sandte uns der König einen kleinen einjährigen Ochsen mit Fetthöcker, welcher derjenigen allgemein in Central-Afrika verbreiteten Rasse anzugehören schien, welche *Schweinfurth* im Osten bei den *Bongos* etc. antraf. Am nächsten Morgen hatten wir doch noch Schwierigkeiten drei Pferde zu erhalten, und als wir sie laut uns gemachter Anzeige bereit glaubten, waren sie ungesattelt. Als endlich auch für Bezahlung und gute Worte drei muhamedanische Sättel aufgetrieben waren, trabten wir um $8^{h}\,30^{m}$ statt 5^{h} früh aus der Stadt. Unsere Karavane hatte sich verdoppelt und es begleiteten uns ausser je einem Burschen für die drei Pferde, zwei Boten des Königs von Wukari an *Abdulrahamani* von Ibi, ein Trommelschläger als Ehrengeleite, der Treiber des Ochseleins, zwei Weiber und ein Knabe.

Mein Rösslein war ein so elendes, abgenutztes Thier, dass es trotz seines guten Willens, nachdem wir etwa 3/4 des Weges zurückgelegt hatten, nicht weiter konnte und sich daher einfach mit mir in's Gras legte. Mich jammerte das arme Vieh und so marschirte ich denn wie der Schwabenritter, der mit Kaiser Rothbart lobesam vom heiligen Land gezogen kam, das Rösslein hinter mir bescheiden am Zügel geführt. Durch diese Handlung gewann ich das Herz des ergrauten Pferdejungen und profitirte von ihm mit Hülfe meines Haussa in der Djukusprache folgende Vokabularien.

Wörtersammlung, mit Hülfe des Haussa erfragt: *)

1. zū,
2. piẹna,
3. zāra,
4. nẹna,
5. zóna,
6. ẹsinži,
7. símpia,
8. ẹsinsá,
9. ẹsingó,
10. ẹsẹ,
11. ẹsẹ so mi zū,
12. ẹsẹ so mi piẹ́na,
13. » » » zāra,
14. » » » nẹna,
15. » » » zóna,
16. ẹsẹ so mi ẹsinží,
17. » » » símpia,
18. » » » ẹsinsá,
19. » » » ẹsingó,
20. adisúṅ,
21. adisúṅ so mi zū etc.,
30. adisúṅ kïasẹ́,
40. ádẹpapiẹ́na oder dẹpapiẹ́na,
50. ádẹpapiẹ́na so mẹ zúẹ, **)
60. dẹ́pazāra, dẹ́pasāra oder adẹ́pasāra,
70. adẹ́pasāra so mẹ zúẹ,
80. dẹ́paniẹ́na, ādẹpaniẹ́na,
90. ádẹpaniẹ́na so mẹ zuẹ,
100. ádẹpasóna.

Deutsch:	Haussa:	Djuku:
Mann,	mútum,	ápa oder ába,
Frau,	matše,	ábi,
ich,	na,	ápa bawíṅ,

*) e = e in Weh. ẹ = dem flüchtigen e in deutschen Vor- und Nachsilben, z. B. in begraben. ṅ zeigt Nasalität an. o = o in Mond. ọ = o in Sonne. s = dem deutschen s in Sonne, Sohn. š = sch. z = dem deutschen s in Rose.

**) Die Bildung von 50, 70 und 90 ist auffällig und mag fehlerhaft sein; mir ist das erst später aufgefallen, als es nicht mehr festzustellen war; wahrscheinlicher würde die Bildungsweise sein, wenn 50, 70 und 90 durch Anhängung von kïasẹ gebildet würden, und 51, 71, 91 durch weitere Anhängung von »so me zu«.

Deutsch:	Haussa:	Djuku:
du,	ka, ki,	ápa so̱hó̱, abi so̱hó,
er,	ya, ta,	ápa aná, abi aná,
wir,	mu,	kátakáta babawari,
ihr,	ku,	káta babawári,
sie,	su,	aï babawári,
Mutter,	ūwa,	ajo̱,
Vater,	ōba,	atá,
Sohn,	dan,	aṅún,
Tochter,	dia,	aše̱,
meine Mutter,	uwāta,	ajo̱ mi,
mein Vater,	ubāna,	atá mi,
dein Vater,	ubāka,	ato̱ (?),
sein Vater,	ubasa,	atawa (?),
unser Vater,	ubāmu,	atai baribaribari,
mein Sohn,	dāna,	aṅún,
dein Sohn,	dānka,	aṅúnni,
sein Sohn,	dānsa,	aṅúnna adjedji (?),
unser Sohn,	dānmu,	aṅún adjedji (?) baribaribari,
Hand,	hānu,	awo̱,
der Daumen,	—	aïowa kála,
Zeigefinger,	—	adje̱dje̱wo̱,
Mittelfinger,	—	ake̱wa,
Goldfinger,	—	ate̱wo̱wo̱,
der kleine Finger,	—	aṅge̱wo̱wo̱,
Fingernagel,	—	áke̱wa,
Gesicht,	fuska,	aso̱, aiso̱,
Barthaar,	—	kugaši ašidu,
Haupthaar,	—	aǵi aši,
Augenbrauen,	—	ake̱so̱,
das Haar unter den Armen,	—	aso̱wo̱,
das Haar an den Sexual-Organen,	—	awiū,
das Bein,	—	abe̱,
der Fuss,	—	atatabe̱,
Nase,	—	aštine̱, šine̱,

Deutsch:	Haussa:	Djuku:
Lippen,	—	ani,
Brust, Brüste,	—	ami, amiki,
Kuh, Kühe,	sánia, snu,	aná,
Pferd,	dōki,	awi,
Wasser,	rūa,	sapé̱,
Erde, Welt,	dunia,	quarállafa,
Nacht,	dēre,	nana,
Geist,	fatalūa,	siṅšape̱,
See,	gulbi,	búka,
Baum,	itátše,	ahiṅ,
klein,	kadān,	watiti,
gross,	babá,	ake̱hé̱,
der grosse Baum,	—	ahíṅ ake̱hé̱,
der kleine Baum,	—	ahíṅ watiti,
weisser Mann, Europäer,	mutúm farúfarú,	apiu (?),
ein Licht anzünden,	fūra wūta,	quáfiú,
nimm dich in Acht,	yi hankali,	fóda, fó̱da,
Elephant,	gīwa,	fōma,
Elfenbein,	hakōrin gīwa,	ažo weni
Ohr,	kune,	asó,
Regen,	tsasafa,	asú rita,
Rauch,	hāyaki,	úbi,
Land,	kása,	adjé̱,
das Land der Djukus,	(Korórofa),	adjé̱ djúku,
kommen,ankommen,	záka,	ambodzé̱,
schwitzen,	zúfu,	abïétu,
Farm,	gōna,	adá,
Mund,	bāki,	anú,
Eisen,	kárife,	akáṅ,
Kraft,	kárifi,	bagba, babagba,
Geld,	kúrdi,	bāǵi, bāáǵi,
sterben,	mútu,	fúra, ufúra,
Volk,	mutáne,	apiú,
das Volk der Djukus,	mutane korórofa,	apiú djúku,
Fleisch,	nāma,	awué̱,

Deutsch:	Haussa:	Djuku:
wie viel?	nawá,	fúra,
wie viel Leute?	—	apá, apina fúra?
König,	sariki,	akú wápa,
verkaufen,	saida,	kitikedjina,
Magen,	tšiki,	afi, afi tutu,
Name,	süna,	apadjiku,
dein Name,	su̱nanka,	apadjikú so̱ho̱,
sich niedersetzen,	zamna,	sidji,
Löwe,	zāki,	sé̱ huṅ, asé̱ huṅ,
Gottessegen,	alberka,	sido kittie̱,
ein Gott der Djuku's (ob der höchste?),	—	sido,
Thier,	bisa,	ne̱hi adó,
Fisch,	kifi,	adjé̱
Vogel,	zunsúa,	anǵi,
lachen, Gelächter,	dāria,	udjúǵo,
schön,	keāo,	abia, (?)
ein schönes Mädchen,	yarinia da keāo,	kusasa tagašin,
schreien, klagen,	kūka,	kŭkŭta kašin,
fallen, auf die Erde fallen,	ya fādi kásá,	koko kedji,
Messer,	wūka,	apó, idapó,
Erzählung,	tasūnia,	asī́, asī sū́ra,
Schmid,	makeri,	bákude̱be̱,
Kameel,	rākumi,	awuhúe̱,
kaufen,	sai	šašíga, bišašíga,
wahr, es ist wahr, Wahrheit,	gáskia,	waramati,
Haut, Rinde,	fāta,	gaho̱,
Religion,	adīni,	tšido̱,
Frieden, Glück,	dādi,	sipo̱.

Erläuterungen zu Tafel 5—8.

Tafel 5. 1—12. Haartrachten aus Korórofa. — Haartrachten der *Djuku's*, wie ich sie in Abusi, Anyischi, Dánzufa und Wukari nur in noch weit zahlreicher variirender Zusammenstellung dieser Formen häufig sah. Die Formen 1—4 bemerkte ich ausschliesslich bei Männern; 1 bald mit mehr, bald mit weniger, auch ganz ohne die seitlichen kleinen Rosetten mit der Doppelflechte; 2 u. 3 oft theilweise, oft ganz bis auf den Haarbüschel und die Flechten rasirt; 4 häufig auch ohne seitliche Doppelflechte über dem Ohr, welche Form alsdann genau der von den Frauen an der Sklavenküste, bei Lagos und im Jorubalande getragenen gleicht; 5—9 bei Knaben, und zwar 5—7 meist bei älteren Knaben, 8 u. 9 bei männlichen Kindern bis zu 7 oder 8 Jahren. 8. Zeigt auf der Haut den Nachwuchs des Haares. 10. Haartracht der Frauen. 11 u. 12. Haartrachten kleiner Mädchen. Es ist auffallend, wie sehr wenig Fleiss die Frauen Koróрofas auf ihr Haar verwenden, im Vergleich zu den Männern. 10. Ist nur eine Nachahmung der Haartracht der *Fulde*-Frauen und scheint demnach in Koróгofa gar keine originale Haartracht für das weibliche Geschlecht zu existiren. Figur a, b, c, d. Ohrschmuck, welcher gleichfalls fast ausschliesslich von den Männern getragen wird; a ist aus Knochen geschnitzt; der dunkle Kreis in der Mitte ist eine Höhlung, in welche rothe Fäden oder Zeugstückchen gestopft werden, um Farbenwechsel zu erzeugen; b ist aus einem gelblichen Holz geschnitten; c drei längliche Perlen (blau, roth, blau) auf einem Holz- oder Rohrstäbchen; d ein circa 8--9 cm langes, nach unten spitz zulaufendes Eisenstäbchen. Figur e u. f. Haarnadeln; e eine Fischrippe, die ganz allgemein von beiden Geschlechtern in Koróгofa im Haar getragen wird, wie Figur 2, 4, 6, 7 u. 9 zeigen; f ist aus Kupfer gefertigt und sah ich diese Nadel bei einem *Mitschi*.

Tafel 6. 1-5. *Mitschi*-Haartrachten für Männer. Die *Mitschis* bemalen Gesicht und Oberkörper mit allerlei Zeichen in schwarzer Farbe, um dadurch Furcht einzuflössen; bei Kopf 2 ist dies durch zwei über die Backen hinlaufende Streifen, bei Kopf 4 durch die schwarzen Tupfen auf der rasirten Kopfhaut erstrebt worden. 6. Eiserne Fussfessel für Sklaven (Markt in Wukari). Da dieselbe nur einen sehr kleinen Schritt erlaubt, zieht sie der oder die Gefesselte vermittelst eines Seiles, das in der Hand gehalten wird, beim Gehen bis zur Wade hinauf. 7 u. 8. Daumenringe, ersterer aus Elfenbein, letzterer aus Knochen. 9. Braun glasirte Schale aus feinem grauen Thon (*Mitschi*-Arbeit). 10. Unglasirter kleiner Wasserkrug mit Deckel (*Mitschi*-Arbeit). 11. Pfeife, überall in ähnlicher Form am mittleren Benuë in Gebrauch, mit Rohrstiel. 12. Vorderansicht des Pfeifenkopfs. 13. Geschnitzter Holzstiel einer Pfeife.

Tafel 7. 1. Paddle der *Djuku's*, stehend gehandhabt. 1 a bis f. Verzierung des oberen Endes derselben. Diese Paddle unterscheidet sich von der am unteren Benuë gebrauchten durch eine kleinere, mehr längliche und unten spitz zulaufende Schaufel, sowie durch die Art der Verzierung. 2 a. Vordertheil eines *Djuku*-Canoes. 2 b, 2 c. Hintertheil desselben. Der im ersteren befestigte Stab dient zum Befestigen des Canoes am Landungsplatze, wo derselbe zu diesem Zwecke senkrecht in die Erde getrieben wird. 3 a, 3 b. Vorder- und Hintertheil eines Canoes, wie weiter oberhalb (bei Amak) im Gebrauch. 4 a, 4 b. Speerhalter im Vordertheil der Canoe, aufrecht stehend, um die Eisenspitzen vor dem Nasswerden zu bewahren; 4 a für Jagd- und Kriegscanoes; die untere Abtheilung ist für vergiftete, die obere für nicht vergiftete zur Jagd verwandte Speere bestimmt; in der Gabel liegen die für den nächsten Gebrauch bestimmten Speere bereit. 5 a, 5 c. Aus Holz geschnitzte Stühle (aus einem Stück), wie sie bei den *Mitschi's*, 5 b, d, e, f, wie sie bei den *Djuku's* geformt werden.

Tafel 8. 1. Mantel des Königs von Wukari. 2. Dessen Hut, Strohgeflecht mit abwechselnd schwarzen Kreisen und Quadraten, je drei in einander, geziert. 3. Rückenansicht des Mantels eines Chiefs in Dánzufa. 4. Kleines flaches strohgeflochtenes Hütchen mit einer kurzen aufrecht stehenden Spitze in der Mitte und nach oben umgebogenem Rande, von Kindern in Wukari getragen. 5 u. 6. Gitaru (*Fulde*-Wort), Streitaxt, am ganzen mittleren Benuë, namentlich bei den *Fulde's*, in Gebrauch, von denen die *Djuku's* wahrscheinlich diese Waffe entlehnt haben. 7. *Mitschi*-Messer, ganz aus Eisen, wird immer an der rechten Hand getragen. 8. Aus Stroh geflochtenes Salzmaas, ein Werthmesser in Korórofa. 9. Eiserne Hacke; in dieser Form ohne Stiel als Münze in Korórofa verwendet.

Sitzungsberichte. *)

46. Sitzung. 3. Januar 1878.

Vorsitzender: Herr Bürgermeister Dr. Kirchenpauer.

Das Protokoll der vorigen Sitzung wird verlesen und genehmigt.

Ein neues Mitglied wird aufgenommen.

Herr J. M. Hildebrandt aus Berlin ist als Gast anwesend und wird durch den Vorsitzenden sowie durch Herrn Prof. Sadebeck, unter Hinweis auf seine Verdienste um die afrikanische Forschung und auf seine werthvollen botanischen, zoologischen und ethnologischen Sammlungen aus Ost-Afrika, in ehrender Weise der Gesellschaft vorgestellt.

Herr Hildebrandt hält darauf einen Vortrag über seine seit 1872 in Nordost-Afrika ausgeführten Reisen.

Herr Senator Hertz, welcher bereits 1850 aus Handelsinteressen die nordöstliche Küste des Somali-Landes besucht, knüpft an die Worte des Vorredners an und behauptet, dass in Anbetracht des gänzlichen Mangels eines Zeitbegriffes bei den Somalen ein Uebermaass von Geduld dazu gehöre, in jenen Gegenden zu reisen, und dass schon aus diesem Grunde Hildebrandt's Verdienste besonders hervorgehoben werden müssten. Redner sagt ferner, dass das Aban-Wesen, wie es vom Vorredner geschildert worden, schon vor 27 Jahren ganz in derselben Weise und Ausdehnung existirt habe; auch er habe die grossartigen Märkte in Berbera besucht und glaube, dass zur Zeit der Märkte daselbst keine Gefahr für einen friedlichen Reisenden sei, wohl aber in anderen Monaten, z. B. im April, in welchem auch der Mordanfall auf Speke und Burton stattgefunden. — In Betreff der bei Bender Jedid liegenden Guano-Insel »Burnt«, welche die östliche »Mochir« genannte Nordküste des Somali-Landes von der westlichen »Dabbir« genannten scheide, erwähnt Redner, dass dieselbe schon lange bevor man in Europa den Guano gekannt, den Arabern des Hadramauts das Düngungsmaterial für ihre Kaffee- und Tabak-Plantagen geliefert habe.

Herr L. Friederichsen hält sodann einen Vortrag über Dr. J. Pfund's in den Jahren 1875/76 ausgeführten Reisen in Kordofan und Darfor, auf Basis zahlreicher werthvoller Reisebriefe des am 21. Aug. 1876 in El Fascher verstorbenen Reisenden (siehe Mittheilungen d. Geog. Ges. in Hamburg 1876/77 pg. 121 -305).

47. Sitzung. 7. Februar 1878.

Vorsitzender: Herr Bürgermeister Dr. Kirchenpauer.

Das Protokoll der vorigen Sitzung wird verlesen und genehmigt.

Drei neue Mitglieder werden aufgenommen.

Herr L. Lippert legt die Cassa-Bilanz ultimo 1877 vor, siehe Mittheilungen 1876/77 pg. 408.

Herr Dr. H. Erdmann hält den angekündigten Vortrag: Die Geographie und die Sprachwissenschaft.

*) Anschliessend an die in den »Mittheilungen 1876/77« gegebenen Berichte.

Herr Schulrath L. Harms giebt eine Uebersicht über die Stanley'schen Forschungen in Afrika.

Herr Henry M. Stanley wird auf Antrag des Vorstandes zum Ehrenmitgliede erwählt.

48. Sitzung. 7. März 1878.

Vorsitzender: Herr Bürgermeister Dr. Kirchenpauer.

Das Protokoll der vorigen Sitzung wird verlesen und genehmigt.

Sieben neue Mitglieder werden aufgenommen.

Herr Friederichsen macht Mittheilungen aus einem Briefe des in Zanzibar ansässigen Dr. med. G. A. Fischer, welche den plötzlichen, in Zanzibar erfolgten Tod der beiden belgischen Reisenden, Kapitain Crespel und Dr. Maes, betreffen.

Der Vorsitzende zeigt an, dass der Vorstand beschlossen habe, das fünfjährige Stiftungsfest der Gesellschaft am 4. April durch ein Festmahl zu feiern; dem Festmahl solle eine ordentliche Sitzung vorhergehen, in welcher Redner eine Uebersicht über die geographischen Forschungen der letzten fünf Jahre zu geben beabsichtige.

Herr Prof. K. Wiebel hält darauf den angekündigten Vortrag über die unterirdische Verbindung zwischen dem Schwarzen Meere und der Nordsee, welche durch Saugklüfte am rechten Ufer der Donau im Jurakalk mit der in den Bodensee fliessenden Aach hergestellt wird.

49. Sitzung. Feier des fünfjährigen Stiftungsfestes.

4. April 1878, Nachmittags 5 Uhr, in den Sagebiel'schen Lokalitäten.

An der Feier nehmen 90 Herren und 40 Damen Theil.

Herr Bürgermeister Dr. Kirchenpauer hält einen Vortrag über die geographischen Forschungen während des verflossenen Lustrum. — Nach dem Vortrage, 6½ Uhr, beginnt ein Festmahl in dem festlich dekorirten kleinen Sagebiel'schen Concert-Saale.

50. Sitzung. 2. Mai 1878.

Vorsitzender: Herr Bürgermeister Dr. Kirchenpauer.

Die Protokolle der beiden letzten Sitzungen werden verlesen und genehmigt.

Der Vorsitzende zeigt an, dass der Vorstand Herrn Friederichsen nach Berlin delegirt habe, behufs Vertretung der Hamburgischen Geogr. Gesellschaft bei der am 30. April stattgehabten 50jährigen Jubelfeier der Berliner Gesellschaft für Erdkunde.

Sechs neue Mitglieder werden aufgenommen.

Herr Kapitain Koldewey hält einen Vortrag über die Kartographie der Gegenden nördlich vom Smith-Sund, siehe Verhandlungen der Gesellschaft für Erdkunde zu Berlin 1878 pg. 186.

Herr Dr. F. Wibel spricht über seine Erlebnisse auf einer während der letzten Monate ausgeführten Reise durch Sicilien, und schildert in eingehender Weise den gegenwärtigen Kulturzustand Siciliens und seiner Bewohner.

51. Sitzung. 6. Juni 1878.

Vorsitzender: Herr Prof. Dr. Neumayer.

Das Protokoll der vorigen Sitzung wird verlesen und genehmigt.

Der Vorsitzende weist mit wenigen einleitenden Worten auf die Punkte 2 und 3 der Tagesordnung hin:

2. Berathung über die Theilnahme an den Verhandlungen zur Bildung einer Deutschen Geographischen Gesellschaft.
3. Berathung über den Eintritt in die Afrikanische Gesellschaft in Deutschland.

Nach Einholung der Ansicht des Beiraths sei der Vorstand zu dem Beschlusse gekommen, der Geographischen Gesellschaft die Zustimmung zu diesen beiden Anträgen zu empfehlen. Redner giebt darauf nähere Mittheilungen über die Geschichte des Gedankens einer allgemeinen »Deutschen Geographischen Gesellschaft« und über die Sachlage, wobei es bis jetzt sich nur um die Theilnahme an den Berathungen der Modalitäten einer solchen Gesellschaft handele, noch nicht um irgend welche definitive Beschlüsse, und sodann auch über die Entstehung der jetzt — gleichfalls in Anlass der Jubelfeier der Berliner geogr. Gesellschaft — neu geformten »Afrikanischen Gesellschaft in Deutschland.« Bei der Abwesenheit des Vorsitzenden, des Schriftführers und der Mehrzahl der Vorstandsmitglieder erscheine es jedoch kaum angemessen, jetzt schon zu einer Beschlussfassung zu schreiten, und schlage er daher vor, dieselbe bis zur nächsten Versammlung auszusetzen.

Dr. med. Krause beantragt sofortige Beschlussfassung.

Herr L. Lippert hält für den zweiten Punkt der Tagesordnung die sofortige Beistimmung für unbedenklich; anders liege es in Beziehung auf Punkt 3, Afrikanische Gesellschaft betreffend, wo finanzielle Verhältnisse in Betracht kämen. Die gewöhnlichen Mittel der Geographischen Gesellschaft würden nämlich nicht ausreichen, den Beitrag zur Afrikanischen Gesellschaft zu leisten, und es würden besondere Beschlüsse über diese Frage erforderlich sein; für diese aber dränge die Zeit nicht, da hier eine besondere Frist nicht einzuhalten sei.

Herr F. Stammann erklärt sich für die gesonderte Behandlung der beiden Anträge und wünscht, der Vorstand möge eine Zusammenstellung der aus dem Beitritt zur Afrikanischen Gesellschaft für die Hamburgische Geographische Gesellschaft resultirenden Verbindlichkeiten vorlegen.

Der Vorsitzende stellt darauf den Punkt 2 der Tagesordnung zur Diskussion, und wird derselbe nach einigen empfehlenden Worten des Herrn Direktor Hoche angenommen.

Der Vorstand wird beauftragt das Weitere vorzukehren und einen Delegirten zu der am 18. September in Kassel stattfindenden Versammlung zu ernennen, welcher dann der Gesellschaft zu berichten haben werde, und so deren weitere Beschlüsse zu veranlassen hat.

Der Vorsitzende schlägt sodann vor, die Beschlussfassung über No. 3 der Tagesordnung auszusetzen, um dann nach weiterer Vorbereitung im Vorstande in der Oktober-Sitzung, event. falls es sich als nöthig erweisen sollte, in einer besonders anzuberaumenden Sitzung der Gesellschaft darüber zu beschliessen; womit sich die Versammlung einverstanden erklärt.

Herr Dr. med. Krause hält sodann den angekündigten Vortrag: Ein Besuch auf der Stätte und in der Nekropolis von Tarquinii. Nach einer Schilderung der allgemeinen geographischen Verhältnisse der Gegend, des heutigen Corneto, beschreibt er die alten Mauerreste und namentlich eingehend die Gräberstadt und das Innere der vielen aufgedeckten Gräber mit ihren interessanten Malereien.

Der Vorsitzende bespricht sodann die eingesandten literarischen Geschenke und macht namentlich aufmerksam auf einen Artikel von Kapitain F. J. Evans im Maiheft der Proceedings der R. G. Society in London über die Lehre vom Magnetismus auf Schiffen und die Deviation des Kompasses.

Drei neue Mitglieder werden aufgenommen.

52. Sitzung. 3. Oktober 1878.

Vorsitzender: Herr Bürgermeister Dr. Kirchenpauer.

Das Protokoll der vorigen Sitzung wird verlesen und genehmigt.

Der Vorsitzende verliest ein Dankschreiben der Gesellschaft für Erdkunde in Berlin, betreffend die von hier aus ergangene Beglückwünschungs-Adresse zur 50jährigen Jubelfeier derselben, und bringt die Anzeige vom Tode des Direktors der Smithonian Institution in Washington, Mr. Joseph Henry, und von der Ernennung des Mr. Spencer Fullarton Baird zu dessen Nachfolger, zur Kenntniss der Versammlung.

Herr Friederichsen giebt sodann einen Nekrolog über den am 25. September d. J. plötzlich verstorbenen Prof. Dr. August Petermann. Die Verdienste des Verstorbenen um die geographische Forschung ehrt die Versammlung durch Erheben von den Sitzen.

Herr Schulrath Harms hält darauf einen Vortrag über Afghanistan.

53. Sitzung. 7. November 1878.

Vorsitzender: Herr Bürgermeister Dr. Kirchenpauer.

Das Protokoll der vorigen Sitzung wird verlesen und genehmigt.

Ein neues Mitglied wird aufgenommen.

Der Vorsitzende theilt die Zusammensetzung des Vortandes der Berliner Gesellschaft für Erdkunde pr. 1879 mit, und berichtet im Anschluss daran über die neuesten Unternehmungen der Afrikanischen Gesellschaft in Deutschland, über die vor Kurzem nach Afrika abgegangenen Expeditionen der Herren Rohlfs, Buchner und v. Mechow.

Herr Prof. Neumayer hält einen Vortrag über die Erweiterungen des Witterungsdienstes der Deutschen Seewarte.

Herr Kapitain Koldewey spricht sodann über die neuesten Fahrten nach dem nördlichen Eismeer und hebt die Umschiffung des Kap Tscheljuskin und die Erreichung der Mündung der Lena durch Prof. Nordenskjöld als epochemachend hervor. Es knüpft sich hieran eine Diskussion über die Möglichkeit einer Handelsverbindung von Europa oder von der Bering-Strasse aus nach der Mündung der Lena.

54. Sitzung. 5. Dezember 1878.

Vorsitzender: Herr Bürgermeister Dr. Kirchenpauer.

Das Protokoll der vorigen Sitzung wird verlesen und genehmigt.

Der Vorsitzende verliest ein Schreiben, welches die Bildung einer geographischen Gesellschaft in Hannover unter Vorsitz des Herrn Prof. Dr. von Quintus-Icilius zur Anzeige bringt. — Von der geographischen Gesellschaft in Lyon ist eine Aufforderung zur Betheiligung an einer Preisschrift: »Origine des Eaux de la Colonie Algérienne« eingegangen.

Herr Direktor Dr. Hoche hält einen Vortrag über die Nil-Forschungen des Alterthums.

Herr Dr. F. Wibel spricht sodann über Japanische Erdbeben, und zwar auf Basis der im 14. u. 15. Heft der Mittheilungen der Deutschen Gesellschaft für Natur- und Völkerkunde Ostasiens 1878 publicirten werthvollen Abhandlungen Dr. Edmund Naumann's.

55. Sitzung. 9. Januar 1879.

Vorsitzender: Herr Bürgermeister Dr. Kirchenpauer.

Das Protokoll der vorigen Sitzung wird verlesen und genehmigt.

Der Vorsitzende verliest ein Schreiben des Berliner Central-Vereins für Handelsgeographie und Förderung deutscher Interessen im Auslande, in welchem die Konstituirung des genannten Vereins zur Anzeige gebracht und zum Beitritt aufgefordert wird.

Der Vorsitzende bespricht sodann das erste Heft der nunmehr in veränderter Form an Stelle von Markham's Geographical Magazine monatlich erscheinenden Proceedings of the Royal geograph. Society in London und hebt die darin publicirten neuesten schwedischen und holländischen arktischen Expeditions-Berichte hervor. Gleichzeitig erwähnt der Vorsitzende der gütigst von der Redaktion der Petermann'schen Mittheilungen eingesandten, noch unedirten Originalkarte zur Illustration der Nordenskjöld'schen Fahrt um die Nordspitze Asiens, und giebt an der Hand derselben eine Uebersicht über die geographisch wichtigen Erfolge und die muthmassliche augenblickliche Lage des Expeditionsschiffes Vega. Hieran reiht sich eine Mittheilung über die vom russischen Vice-Admiral P. von Krusenstern 1876 unternommene Forschungsreise zum Zwecke der eventuellen Herstellung einer Wasserverbindung zwischen der Petchora und dem Ob.

Herr Dr. Hübbe-Schleiden hält sodann einen Vortrag über die Kulturfähigkeit der Neger (siehe Mittheilungen der Geograph. Gesellschaft in Hamburg 1878/79 Heft I pg. 72).

Herr Prof. Eyssenhardt bespricht schliesslich eingehend in anerkennender Weise das kürzlich vollendete Lehrbuch der alten Geographie von Prof. Dr. Heinr. Kiepert.

56. Sitzung. 6. Februar 1879.

Vorsitzender: Herr Bürgermeister Dr. Kirchenpauer.

Das Protokoll der vorigen Sitzung wird verlesen und genehmigt.

Zwei neue Mitglieder werden aufgenommen.

Der Vorsitzende theilt mit, dass Herr v. Lesseps als Vorsitzender der französischen Sektion für den Bau eines interoceanischen Kanals, eine Einladung zur Theilnahme an den Berathungen des am 15. Mai 1879 in Paris zusammentretenden Comités habe ergehen lassen, und dass auch unsere Gesellschaft zur Entsendung von Delegirten aufgefordert worden sei; der Vorstand glaube von einer Delegirung abrathen und dieselbe nur für den Fall in Betracht ziehen zu sollen, dass ein Mitglied unserer Gesellschaft der interoceanischen Kanalfrage mit besonderem Interesse und eigenen Studien gefolgt sei.

Ein Brief des Herrn Clemens Denhardt, datirt: Zanzibar 11. Dez. 1878, worin über die vom 23. Mai bis 3. Dezember 1878 ausgeführte Reise nach dem Wapokomo-Gebiet kurz berichtet und ein ausführlicher Bericht mit nächster Gelegenheit in Aussicht gestellt wird, gelangt zur Vorlage.

Herr L. Lippert legt sodann die von den Revisoren für richtig befundene Cassa-Bilanz vom 31. Dezember 1878 vor. Dieselbe gestaltet sich wie folgt:

Saldo am 1. Januar 1878:		*M.* 3044.07
Einzahlungen:		
2 Beiträge für 1876 à *M.* 12	*M.* 24.—	
5 » » 1877 » » »	» 60.—	
309 » » 1878 » » »	» 3706.—	
1 » » 1879 » » »	» 12.—	
Erlös aus dem Verkauf der Jahresberichte	» 159.75	
Saldo aus der Finsch'schen Sibirischen Ausstellung	» —.21	
		» 3961.96
		M. 7006.03

Auszahlungen:

März 6. 1878. Frau Dr. J. Pfund als Honorar für die Reisebriefe ihres verstorbenen Mannes	*M.* 700.—	
» 14. Sonstige Honorare für Mitarbeiter an den Mittheilungen 1876/77	» 412.50	
Zuschuss zur Deckung der Kosten der 5jährigen Stiftungsfeier	» 160.30	
Honorar und Gratifikationen an Schreiber und Boten	» 531.55	
Reisespesen und Diäten	» 167.50	
Porti und kleine Spesen	» 220.87	
Drucksachen	» 3353.96	
		M. 5576.68
	Saldo....	» 1429.35
		M. 7006.03

Herr Prof. Neumayer hebt darauf in einem Vortrage, betitelt: »Kritische Beleuchtung einiger Entdeckungsreisen in den antarktischen Gegenden«, die Verdienste des amerikanischen Kapitains B. Morrell um die antarktische Forschung hervor, und zwar auf Basis des ihm aus dem

Nachlass Petermann's gütigst zur Verfügung gestellten, sehr selten gewordenen Werkes: »A Narrative of four Voyages to the South Sea, North and South Pacific Ocean, Chinese Sea, Ethiopic and Southern Atlantic Ocean, Indian and Antartic Ocean. From the year 1822—31; comprising critical surveys of coasts and islands, with sailing directions. And an account of some new and valuable discoveries, including the Massacre Islands, where thirteen of the Author's Crew were massacred and eaten by Cannibals. To which is prefixed a brief sketch of the author's early life, by Capt. Benjamin Morrell jun. New-York, printed and published by J. & F. Harper. No. 82 Cliff-Street. 1832. Redner weist nach, dass Dumont d'Urville, ursprünglich (1825) durch Arago und Humboldt angeregt, die Wege Weddell's und Morrell's verfolgt (1838) und in ungerechtfertigter Weise die antarktische Reise Weddell's angezweifelt habe, dass dieser ausgezeichnete Seefahrer über jeden Zweifel erhaben und über den 74. Grad südlicher Breite hinaus, unter 40—50° westl. Länge von Greenwich, ein eisfreies, schiffbares Meer angetroffen, dass Morrell zur Lösung der Frage eines antarktischen Kontinentes ebenfalls nicht unwesentlich beigetragen, wenngleich, wie Dr. Petermann auch bereits in seinen Mittheilungen 1863 pg. 413 hervorgehoben, es unmöglich sei, aus den spärlichen Angaben in obigem Werke den Schiffskurs Morrell's zu verzeichnen und die oft unklaren Berichte mit den später festgestellten Thatbeständen in Einklang zu bringen.

Herr John Hertz berichtet darauf über die 1878 ausgeführte arktische Expedition des »Willem Barents« unter Kommando des Schiffslieutenants A. de Bruyne.

57. Sitzung. 6. März 1879.

Vorsitzender: Herr Prof. Dr. Neumayer.

Das Protokoll der vorigen Sitzung wird verlesen und genehmigt.

Zwei neue Mitglieder werden aufgenommen.

Der Vorsitzende giebt sodann in Veranlassung des mit der heutigen Sitzung abschliessenden 6. Vereinsjahres einen Rückblick auf die Thätigkeit der Gesellschaft während der letzten beiden Jahre und fordert im Anschluss daran zu der statutenmässig vorgeschriebenen Neuwahl des Vorstandes für die nächsten beiden Jahre auf. — Auf Vorschlag des Vorsitzenden wird Herr Bürgermeister Dr. Kirchenpauer per Akklamation zum Präsidenten wiedergewählt. In den Vorstand werden ferner berufen die Herren: L. Friederichsen, C. Godeffroy jr., Direktor Dr. R. Hoche, L. Lippert, Prof. Dr. J. Neumayer, Direktor G. Rümker. — Zu Revisoren werden gewählt die Herren: E. Güssefeld und J. Witt. — In den Beirath werden gewählt die Herren: E. Güssefeld, F. J. H. Hansing, John Hertz, C. Koldewey, Dr. O. Matsen, Senator Nopitsch, C. Woermann, Generalarzt Dr. Cammerer, Direktor Dr. Friedländer, Direktor Dr. F. Wibel.

Herr Prof. Dr. Sadebeck hält darauf einen Vortrag, betitelt: »Zur Pflanzengeographie und Entstehungsgeschichte der Sahara.«

Herr Geo. E. Delaval macht sodann einige Mittheilungen über die Petroleum-Verhältnisse Galiziens.

58. Sitzung. 3. April 1879.

Vorsitzender: Herr Prof. Dr. Neumayer.

Das Protokoll der vorigen Sitzung wird verlesen und genehmigt.

Ein Circulair der geographischen Gesellschaft in Lissabon wird verlesen, welches die Durchkreuzung des afrikanischen Kontinentes auf der Route »Benguela-Bihe-Pretoria-Natal« seitens des portugiesischen Major Serpa Pinto zur Kenntniss bringt.

Herr Friederichsen berichtet über jüngst aus Zanzibar eingelaufene Briefe der Herren Denhardt und Fischer, denen ein ausführlicher Reisebericht und eine Beschreibung des Wapokomo-Landes von Dr. med. K. Fischer beigefügt ist (siehe Mittheilungen 1878/79 Heft I, pg. 1—57).

Herr Dr. Hübbe-Schleiden hält sodann einen Vortrag über die Rentabilität der Kultur Afrikas (siehe Deutsche Revue, 1879. III. pg. 367—82).

Herr Direktor Hoche berichtet über die im Anfange des 17. Jahrhunderts ausgeführten Reisen Josua Ulsheimer's, und zwar auf Basis einer Abhandlung in der »Allemannia«, redigirt von Prof. Birlinger in Bonn.

59. Sitzung. 1. Mai 1879.

Vorsitzender: Herr Bürgermeister Dr. Kirchenpauer.

Das Protokoll der vorigen Sitzung wird verlesen und genehmigt.

Ein neues Mitglied wird aufgenommen.

Herr Dr. W. Koeppen hält einen Vortrag über die Verdienste Dove's um die Meteorologie. Am Schlusse desselben ehrt die Versammlung das Andenken ihres hochverdienten Ehrenmitgliedes durch Erheben von den Sitzen.

Herr A. Woermann hält sodann einen Vortrag über Kultur-Bestrebungen in West-Afrika (siehe Mittheilungen 1878/79 Heft I, pg. 58).

60. Sitzung. 5. Juni 1879.

Vorsitzender: Herr Professor Dr. Neumayer.

Das Protokoll der vorigen Sitzung wird verlesen und genehmigt.

Drei neue Mitglieder werden aufgenommen.

Der Vorsitzende beantragt die Bewilligung von 3 - 4000 Mark für die Herausgabe der Mittheilungen pr. 1878/79. Wird genehmigt.

Herr Friederichsen legt 7 diverse von ihm für die vom Auswärtigen Amte herausgegebene Samoa-Denkschrift bearbeitete Karten der hauptsächlichsten Inselgruppen der Südsee vor, und knüpft einige erläuternde Bemerkungen daran.

Der Vorsitzende berichtet sodann über den diesjährigen internationalen Meteorologen-Kongress in Rom, an welchem derselbe als Delegirter des Deutschen Reiches Theil genommen hat.

Herr Schulrath Harms hält einen Vortrag über Petrus Martyr, den ersten Geschichtsschreiber oceanischer Dinge, und zwar auf Basis eigener Studien und der vom Kaiserlich Deutschen Generalkonsul Dr. Herm. A. Schumacher in Newyork jüngst herausgegebenen Studie: Petrus Martyr, der Geschichtsschreiber des Weltmeeres. Newyork 1879.

61. Sitzung. 2. Oktober 1879. Zu Ehren der internationalen Polar-Konferenz, im Schweizer-Saal des Herrn Sagebiel.

Vorsitzender: Herr Bürgermeister Dr. Kirchenpauer.

Als Gäste sind anwesend die Herren: Professor Buys-Ballot, Direktor des meteorologischen Instituts in Utrecht (Holland); Schiffslieutenant Dr. Weyprecht (Oesterreich); Hoffmeyer, Kapitän und Direktor des dänischen meteorologischen Instituts zu Kopenhagen; Professor Mohn, Direktor des meteorologischen Instituts in Kristiania; Professor Mascart, Direktor des meteorologischen Instituts zu Paris; Professor Wykander aus Lund in Schweden; Professor Lenz aus Petersburg und Freiherr v. Schleinitz, Kapitän zur See und Vertreter der Kaiserl. Admiralität aus Berlin.

Herr Bürgermeister Dr. Kirchenpauer leitet die Verhandlungen mit folgender Ansprache ein: Er habe die Ehre, eine jener aussergewöhnlichen Sitzungen zu eröffnen, wie sie der tagenden Gesellschaft nach längeren oder kürzeren Zwischenräumen wiederzukehren pflegten. Aussergewöhnlich sei diese Sitzung, weil sie geehrt und ausgezeichnet werde durch die Gegenwart einer Reihe von Männern, die auf dem Gebiete der geographischen Wissenschaft eine hervorragende Stellung einnähmen. Redner habe also diese Gäste, zugleich aber auch die Mitglieder der Geographischen Gesellschaft zu begrüssen, weil die tagende Sitzung die erste nach der dreimonatlichen Sommerpause sei. Im Hinblick auf diesen letzteren Umstand wäre es wohl zweckdienlich gewesen, einen Rückblick auf die geographischen Errungenschaften der letzten drei Monate zu werfen und dies würde auch geschehen sein, wenn Redner es nicht als angezeigt erachtet hätte, in Rücksichtnahme auf die Anwesenheit hochgeehrter Gäste von dieser Absicht abzustehen, da die Ausführung derselben einen zu grossen Theil des Abends in Anspruch genommen haben würde. Er wolle sich daher darauf beschränken, kurz einen Theil dessen zu erwähnen, was im Norden auf geographischem Gebiete geschehen sei. Der Forschungsdrang kühner Männer habe dieselben stets jene Gegenden aufsuchen lassen, welche neben grossen Gefahren, die sie bergen, auch reiche Ausbeute an Wissenswerthem zu liefern im Stande seien, und so habe sich der Wissensdrang der Hauptsache nach den gluthvollen Distrikten des äquatorialen Afrika und den Feldern ewigen Eises der Polargegenden zugewandt. In Afrika, dem Welttheile wasserloser Wüsten und neu entdeckter grosser Ströme, scheine der Forschungseifer beachtenswerthe Resultate gehabt zu haben, und man werde bald Näheres über gemachte Entdeckungen gewärtigen dürfen, denn Stanley sei am Congo und Rohlfs wahrscheinlich nach Wadai vorgerückt; Schütt sei vom Quanza zurückgekehrt; Serpa de Pinto habe seine Reise von Benguela aus quer durch den Kontinent nach Osten beendet; Abbé Debaize befinde sich am Tanganika-See; Dr. Holub sei aus dem Innern Afrikas (Marutze Mambunda) zurückgekehrt, während Soleillet vom Senegal und Niger retournirt wäre; auch habe die belgische Expedition unter Führung Cambier's neuen Nachschub erhalten, welcher mit vier vom Könige der Belgier geschenkten indischen Elephanten vorzudringen suche. Die wichtigste Entdeckungsnachricht sei aber in der Jüngstzeit aus Asien gekommen, und die Feststellung der Thatsache, dass dieser Kontinent vom Norden her zu umschiffen wäre, sei das grosse Ereigniss des letzten Sommers gewesen. Sicherlich habe keine Nachricht jemals solche Sensation erregt, als die Mittheilung, Nordenskjöld sei am 3. September in Yokohama eingetroffen. Schon im Juli vorigen Jahres hatte Nordenskjöld das Nordkap erreicht und, nach Ueberwinterung im Eise, die Beringstrasse, vom Norden kommend, im laufenden Jahre durchschifft; so habe denn dieser Mann mit grossem Muthe und grosser Kühnheit die von ihm selbst gestellte Aufgabe seines Lebens gelöst, eine Aufgabe, mit deren Ausführung sich schon viele Nordpolfahrer getragen, deren nunmehriges Gelingen den Namen Nordenskjöld mit ehernem Griffel in die Tafeln der geographischen Entdeckungsgeschichte eintragen werde. — Von den beiden Schiffen, welche der grosse russische Mäcen Sibiriakoff für die Nordpolarfahrt ausgerüstet, sei leider das eine, geführt vom Kapitän Sengstacke, an der Ostküste von Japan gescheitert. Von weiteren Unternehmungen im Nordpolarmeer sei noch zu erwähnen die Expedition, welche der Besitzer des »Newyork Herald«, Herr Bennet, ausgerüstet; dieselbe wäre ursprünglich dazu bestimmt gewesen, von San Francisco ausgehend, mit der »Jeanette« Nordenskjöld zu suchen und dann von der Beringstrasse möglichst weit nach dem Nordpol vorzudringen. Das von Holland ausgelaufene Schiff »Willem Barents« sei zurückgekehrt, nachdem seine Besatzung das Franz Joseph-Land gesichtet, von welchem man seit der österreichischen Polarexpedition nichts mehr gehört, und ferner sei eine englische Expedition auf dem »Isbjörn«, unter Befehl des Kapitän Markham, nachdem sie im ostspitzbergischen Meere gekreuzt, nach Hammerfest zurückgekehrt. Praktische Erfolge hinsichtlich der Fahrt in der Karischen See habe man bereits im vorigen Jahre zu verzeichnen gehabt und zehn verschiedene Schiffe wären von England, Schweden, Bremen und Hamburg aus nach jenem Meer bestimmt gewesen. Nach dem Berichte des Kapitän Rasmussen, des Führers eines dieser Fahrzeuge, hätten aber sieben der ausgesandten Schiffe vor dem Eingang in's Karische Meer gelegen; dieselben seien sämmtlich mittlerweile bis auf eins zurückgekehrt. Den neuesten Mittheilungen, und zwar Konsulatsberichten zufolge sei beabsichtigt, an der Mündung des Ob und des Jenissei zur Unterstützung der dorthin kommenden Schiffe Stationen, und zwar Zollstationen anzulegen. Des Mangels an festen Wohnsitzen halber sei man allerdings gezwungen, diese Stationen auf Schiffe zu verlegen, trotzdem würden aber dann den dort etwa eintreffenden Fahrzeugen namhafte Erleichterungen durch diese Stationen gewährt werden können. — Welche Wirkungen die in der Polarfahrt zu verzeichnenden Misserfolge ausüben würden, lasse sich nicht abschätzen, so viel sei aber gewiss, die Wissenschaft werde sich von ihrem Weiterforschen nicht abschrecken lassen. Das gehe schon klar daraus hervor, dass diejenigen Herren in Hamburg und in der tagenden Versammlung anwesend seien, welche berufen wären, der Polarforschung eine neue Richtung zu geben. Die Aufgabe, die zukünftig auszusendende Schiffe zu erfüllen haben würden, werde von der bisher ihnen gestellten erheblich abweichen; man werde in Zukunft Schiffe nicht mehr aufs Gerathewohl absenden, um den Nordpol zu suchen, sondern sie würden beauftragt werden, die entdeckten Landstriche in physikalischer Hinsicht zu erforschen, und ebenso dürften in Zukunft Forschungsreisen nicht nur in die arktischen, sondern auch in die antarktischen Regionen unternommen werden. Redner fasse daher die Aufgabe der als Ehrengäste anwesenden Herren als dahingehend auf, für spätere Polarforschungen die Direktiven zu geben und nicht nur die Geographische Gesellschaft in Hamburg, sondern auch die Stadt selbst wisse die Bedeutung dieser Aufgabe zu ermessen und zu schätzen. Daher habe auch der Senat Redner beauftragt, den Delegirten zur Internationalen Polarkonferenz einen besonderen Dank für ihr Erscheinen auszusprechen und diesem Dank schliesse er den Dank des Vorstandes der tagenden Gesellschaft an. Sei doch in der Versammlung der Entdecker des Franz Joseph-Landes anwesend, begrüsse man doch in derselben den Befehlshaber der »Gazelle«, sowie die Direktoren der grossen meteorologischen Institute Dänemarks, Schwedens, Norwegens und Frankreichs, und habe doch auch die Kaiserlich Geographische Gesellschaft von Russland ihren Vertreter gesandt. Möge die Aufgabe, deren Lösung diese Herren in unserer Stadt zu erstreben begonnen hätten, von dem besten Erfolge gekrönt sein!

Herr Professor Dr. Neumayer erklärt nach den begrüssenden und einleitenden Worten des Herrn Vorredners die Aufgabe zu haben, ein gedrängtes Bild dessen zu geben, was mit der gegenwärtigen Internationalen Konferenz beabsichtigt werde. Es dürfte sich allerdings als sehr schwer erweisen, die Bedeutung der Konferenz vollständig darzulegen, denn dann würde es sich darum handeln, ein Bild der neuesten Forschungen und des Standes der Wissenschaft überhaupt zu geben. Erleichtert werde ihm die Aufgabe dadurch, dass diejenigen Freunde, welche nach ihm reden würden, das ergänzen dürften, was er zu sagen habe. Ueberdies seien auch die Mitglieder der Geographischen Gesellschaft bekannt mit den Resultaten der Forschungen in den arktischen und antarktischen Regionen und wüssten, dass die Fahrten der letzten 40 oder 30 Jahre sich meistentheils dem Nordpol zugewendet hätten, während zu den Nachrichten über die Gegenden des Südpols seit Rückkehr Sir James Ross' nur wenig Neues hinzugekommen wäre. Ueberhaupt sei dasjenige, was die Wissenschaft des Magnetismus, der Hydrographie und der Meteorologie in den letzten Jahren aus den Polarfahrten geerntet, nur gering gewesen und erst, als die Expedition des »Challenger«, unter dem Befehle Sir George Nares' neue Wege auf dem Gebiete der Hydrographie betreten, sei abermals die Nordpolfrage auf die Tagesordnung gesetzt worden. Oesterreich habe in der Person des Schiffslieutenant Weyprecht auf der vorhandenen Basis fortgearbeitet, mit dem Fortschritte wachse aber auch die Begierde und so sei Anfang unseres Jahrzehnts die Anforderung hervorgetreten: der Physik der Erde die erforderliche Beachtung zuzuwenden. Am klarsten trat diese Anforderung zu Tage, als Weyprecht im Jahre 1875 auf der Naturforscher-Versammlung in Graz verlangt habe, rund um den Pol herum Observatorien anzulegen, um Beobachtungen ohne Unterlass anstellen zu können. Um auf diesem Gebiete einen massgebenden Fortschritt verzeichnen zu können, sei die Befriedigung der Forderung fester Observatorien eine unerlässliche, denn nur mit ihrer Hülfe und mit Hülfe unausgesetzter Beobachtungen an einem und demselben Orte sei es möglich, auf dem Gebiete der Meteorologie etwas Erschöpfendes zu leisten. Dem annähernden Zusammentreffen der Weyprecht'schen Forderung mit dem Verlangen Leverrier's zu Anfang der 60er Jahre hinsichtlich der Wettertelegraphie sei es ebenso wie dem Meinungsaustausch, welcher im Jahre 1875 in Paris zur Zeit der von der dortigen geographischen Gesellschaft veranstalteten Ausstellung geographischer Objekte unter den betheiligten Personen stattfand, zu danken, dass die deutsche Regierung glaubte, eine Kommission nach Berlin einberufen zu können, um festzustellen, auf welche Weise die Kenntnisse in den arktischen Regionen erweitert werden könnten. Diese kompetente Versammlung trat vor nunmehr vier Jahren in Berlin zusammen und untersuchte, welche Resultate und Erfolge zu erwarten seien, wenn auf dem in's Auge gefassten Wege weiter geforscht werden würde, und kam zu der Ueberzeugung, dass sämmtlichen betreffenden Disciplinen der Wissenschaft Nutzen erwachsen werde. Die Weyprecht-schen Forderungen wurden nunmehr im Jahre 1873 dem ersten Meteorologen-Kongress in Wien mit der Bitte eingereicht, die Verhandlungen über dieselben auf die Tagesordnung des zweiten im April 1879 in Rom abzuhaltenden Kongresses zu setzen. Dort seien sie gebührend verhandelt und gelangte man einstimmig zu der Ansicht, dass man Fragen von solcher Bedeutung nicht in einer Konferenz gerecht werden könne, die sich mit so vielen verschiedenen Disciplinen befasse. Es ward daher eine Kommission ernannt zur Berathung der Weyprecht'schen Forderungen und als Versammlungsort derselben Hamburg erwählt. Diese Konferenz sei am 1. Oktober innerhalb der Mauern unserer Stadt zusammengetreten, und wenngleich sich aus den Verhandlungen derselben begreiflicher Weise noch nichts wiedergeben lasse, so könne doch schon jetzt konstatirt werden, dass fast in allen Richtungen unter den anwesenden Gelehrten Einmüthigkeit herrsche. Man sei daher berechtigt zu hoffen, dass ein Plan aufgestellt werde behufs Errichtung fester Observatorien in den nördlichen und südlichen Polarregionen, an denen ernste Forschungen gemacht werden könnten, die bestimmt seien, der Wissenschaft zu dienen. *)

Herr Professor Buys Ballot erklärt, dass noch der dritte Theil der Erde in magnetischer und meteorologischer Hinsicht zu erforschen sei, und erfolgreiche Erforschungen liessen sich nicht anstellen, wenn die Beobachtungsstationen 10, 15 oder gar selbst 20 Grad von einander entfernt lägen. Die Ungewissheit hinsichtlich des offenen Polarmeeres und der Temperaturunterschiede des Meerwassers liesse sich nur beseitigen, wenn und zwar zunächst in der nördlichen Hemisphäre eine Kette von Beobachtungsstationen errichtet werde, an denen über den Barometerstand, Thermometerstand etc. unausgesetzt Erhebungen vorgenommen werden könnten.

Schiffslieutnant Dr. Weyprecht: Nicht ihm gebühre das Verdienst, die festen Polar-Observatorien zuerst gefordert zu haben, schon Neumayer sei in dieser Hinsicht vorgegangen; das Einzige, was sein Freund Graf Wilczek und Redner vielleicht beanspruchen dürften, sei, dass sie die betreffenden Forderungen zuerst in präcise Formen gebracht hätten. Vorgeschlagen werde Polar-Observatorien etwa an folgenden Positionen zu errichten, nämlich an einem Punkte in Finmarken, auf Spitzbergen, auf Nowaja Semlja, an der Ost- und an der Westküste Grönlands, im nordamerikanischen Archipel, auf Point Barrow, in der Beringstrasse und an der Lenamündung. Dann sollten noch auf antarktischem Gebiete an zwei Positionen Observatorien

*) Siehe Bericht über die Verhandlungen und die Ergebnisse der internationalen Polar-Konferenz auf pg. 144.

errichtet werden. Es würde zu weit gehen diejenigen Ziele aus einander zu setzen, welche durch Forschungen an den verschiedenen Observatorien erstrebt werden müssten, Redner wolle aber kurz nur die folgenden der Beantwortung harrenden Fragen erwähnen: 1) Sind die Verschiedenheiten in den uns bekannten täglichen Perioden magnetischer Störungen Eigenthümlichkeiten des Ortes oder des Jahres zuzuschreiben? 2) Wie verhalteu sich die Störungsintensitäten in den verschiedenen Gegenden der Polargebiete zu einander? 3) Steht die Störungsintensität in einem bestimmten Verhältnisse zu einem der magnetischen Grundelemente? 4) In welchem Verhältnisse stehen in den verschiedenen Gegenden der Polargebiete die Störungen nach der einen Seite zu jenen nach der andern? 5) Wie verhält sich die totale Intensität bei den Störungen? 6) Welches ist die räumliche Ausdehnung der Störungen? 7) Existiren fixe Störungscentren oder bilden und bewegen sich solche ähnlich den barometrischen Depressionen? 8) In welchem Zusammenhange stehen die Störungen mit dem Gürtel grösster Intensität und Häufigkeit der Nordlichter? 9) In welchem Zusammenhange stehen die Störungen mit den einzelnen Nordlichtern? 10) In welchem Zusammenhange stehen die Störungen mit den verschiedenen Formen des Nordlichtes? 11) In welchem Zusammenhange stehen die magnetischen Erscheinungen im arktischen Gebiete zu jenen im antarktischen? 12) Welcher Zusammenhang besteht zwischen den magnetischen Störungen und galvanischen Erdströmen?

Herr Kapitän Koldewey freut sich, dass Weyprecht auch für Grönland die Anlage von Beobachtungsstationen beabsichtigt habe, für jenes Land, dessen Ostküste Redner bis zum 83. Breitengrade erforscht habe. Seiner Ansicht zufolge biete die Erforschung des Zusammenhanges der Nordstürme Grönlands mit den Weststürmen in unseren Gegenden einen Gegenstand lohnender Arbeit.

Herr Kapitain Hoffmeyer spricht sich aus über den Zusammenhang der gleichzeitig auftretenden milden Winter in Island und Grönland und der strengen Winter in Europa und erklärt dieses Vorkommniss aus der Richtung der Winde, welche diese Gegenden berühren und die regulirt werden durch das jeweilige über dem Atlantischen Ocean ruhende barometrische Minimum. Dann verbreitet Redner sich noch über die Erfahrungen der dänischen Expedition unter Lieutenant Jensen nach Grönland und betont die Schwierigkeiten, die sich der Anlage wirklich guter Stationen am arktischen Meere entgegenstellen.

Herr Professor Mohn erläutert an ausgehängten Karten die Resultate der durch die schwedisch-norwegische Regierung angeordneten, zwischen den Faröer, Island, Spitzbergen und Jan Mayen vorgenommenen Tiefseemessungen und verbreitet sich über die in dem erwähnten Distrikte gemessenen Temperaturunterschiede des Meerwassers.

Der Vorsitzende theilt sodann noch mit, dass eine Einladung der Berliner Gesellschaft für Erdkunde zur Feier des 100jährigen Geburtstages Carl Ritter's am 11. Oktober eingelaufen sei. — Auf Vorschlag des Vorstandes werden die Herren Professor Neumayer und Friederichsen nach Berlin deputirt. — Dann habe der Verein für Erdkunde zu Leipzig ersucht, sich für eine Marmorbüste Ritter's zu interessiren, welche der Berliner Gesellschaft bei der erwähnten Feier am 11. Oktober als Geschenk der Deutschen Geographischen Gesellschaften überreicht werden solle; da aber die

Büste selbst nicht mehr fertig gestellt werden könne, so wolle man wenigstens das für Herstellung derselben nöthige Geld am 11. Oktober in Berlin überreichen können. Der Vorstand werde den Mitgliedern der hiesigen Gesellschaft Gelegenheit geben, sich an der Zeichnung von Beiträgen für die quäst. Büste betheiligen zu können. Endlich sei noch in den Ferien eine Einladung seitens der Brüsseler Geographischen Gesellschaft zur Beschickung des am 1. Oktober in Brüssel stattfindenden handelsgeographischen Kongresses eingegangen. Nach diesen geschäftlichen Mittheilungen schliesst der Vorsitzende die Verhandlungen.

Die Versammelten begaben sich nunmehr in den zu ebener Erde liegenden Koncertsaal, um dort ein Souper einzunehmen. Auf der Bühne dieses Saales war in heller Beleuchtung eine von Herrn Valentin Ruths gemalte Polarlandschaft mit Nordlicht ausgestellt, welche die eingehendste Würdigung seitens aller Kenner fand.

62. Sitzung. 6. November 1879.

Vorsitzender: Herr Bürgermeister Dr. Kirchenpauer.

Die Protokolle der beiden vorhergehenden Sitzungen werden verlesen und genehmigt.

Zwei neue Mitglieder werden aufgenommen.

Der Vorsitzende verliest ein Schreiben des Herrn Clemens Denhardt, datirt Hamburg 10. Oktober 1879, worin derselbe anzeigt, dass er am 7. Oktober von seiner Forschungsreise im äquatorialen Ost-Afrika zurückgekehrt, und worin derselbe seinem Bedauern Ausdruck giebt, dass der Hamburgischen Geographischen Gesellschaft keine seiner geodätischen Messungen, Kartenskizzen und Reisenotizen zugegangen seien.

Herr Friederichsen berichtet sodann über die am 11. Oktober in Berlin stattgehabte 100jährige Geburtstagsfeier Karl Ritter's und über die im Anschluss an jene Feier veranstaltete Zusammenkunft Delegirter sämmtlicher deutschen geographischen Gesellschaften und Hochschulen behufs Bildung eines die deutschen geogr. Gesellschaften vereinigenden Bandes.

Herr W. Robertson hält darauf einen Vortrag über seine im Sommer 1879 ausgeführte Reise nach Island (siehe pg. 157).

63. Sitzung. 4. Dezember 1879.

Vorsitzender: Herr Prof. Dr. Neumayer.

Das Protokoll der vorigen Sitzung wird verlesen und genehmigt.

Sechs neue Mitglieder werden aufgenommen.

Herr Ernst von Hesse-Wartegg wird zum korrespondirenden Mitgliede erwählt.

Der Vorsitzende theilt mit, dass der Vorstand Herrn Prof. Nordenskjöld, Herrn Kapitain Palander und sämmtliche wissenschaftliche Begleiter an Bord der Vega eingeladen habe, auf der Heimreise auch Hamburg zu berühren und Gäste der Geographischen Gesellschaft zu sein.

Herr Friederichsen hält sodann einen Vortrag über den geographischen Standpunkt Afrika's Ende 1879 (siehe pg. 178).

Cassa-Bilanz ultimo 1879.

	Saldo am 1. Januar 1879:		ℳ. 1429.35
	Einzahlungen:		
44	Beiträge pro 1878 à ℳ. 12	ℳ. 528.—	
345	» » 1879 » » »	» 4139.—	
3	» » 1880 » » »	» 36.—	
			» 4703.—
			ℳ. 6132.35
	Auszahlungen:		
	Druckkosten für die Mittheilungen 1878/79 Heft I	ℳ. 566.—	
	Honorar an Dr. Fischer in Zanzibar	» 213.75	
	Unkosten der Festsitzung zu Ehren der internationalen Polar-Konferenz	» 504.20	
	Laufende Druckkosten	» 444.70	
	Honorare und Gratifikation an Schreiber und Boten	» 567.90	
	Reisespesen und Diäten	» 97.30	
	Porti, Inserate und kleine Spesen	» 242.98	
			ℳ. 2636.86
		Saldo	» 3495.52
			ℳ. 6132.35

Verzeichniss

der

vom 1. Januar 1878 bis ultimo Dezember 1879 geschenkt erhaltenen oder angekauften Bücher und Karten. *)

I. Bücher.

Benecke & Cohen: Geognostische Beschreibung der Umgegend von Heidelberg. Heft I. Strassburg i/E. 1879. (Prof. Dr. Cohen.)

Boguslawski, v., Dr., Die Tiefsee und ihre Boden- und Temperatur-Verhältnisse. Seperatabdruck. Berlin 1879. (Verf.)

Burmeister, H., Dr., Description Physique de la République Argentine. 1. u. 2. Bd. Paris 1876. 5. Bd. 1. Heft. 1878. (Verf.)

Catalogue of the Chilian Exhibition at the Centenary of Philadelphia. Valparaiso 1876. (Royal Society of New-South-Wales in Sidney.)

Centennial Exhibition, Philadelphia 1876. — Dominion of Canada, Province of Ontario. Catalogue of Exhibits in Education Department. Toronto 1876. (Royal Society of New-South-Wales in Sidney.)

Chiushingura or the loyal League; a Japanese Romance. New-York 1876. (F. G. Müller-Beeck.)

Clarke, W. B., Remarks on the Sedimentary Formations of New-South-Wales. Sidney 1878.

Colonies Portugaises. Court Exposé de leur Situation actuelle. Lisbonne 1878. (Geogr. Ges. in Lissabon.)

Contributions to North American Ethnology. Vol. III. Washington 1877. (Department of the Interior, Washington.)

Cordeiro, Luciano, L'Hydrographie Africaine au XVI. Siècle d'après les prémieres Explorations Portugaises. Lisbonne 1878.

Croizier, Marquis de, Les Explorations du Cambodge par —— Paris 1878.

Dambeck, Carl, Die Verbreitung der Süss- und Brackwasser-Fische in Afrika. 1879. (Verf.)

Danckelmann, A. v., Die meteorologischen Beobachtungen der Güssfeldt'schen Loango-Expedition. Leipzig 1878.

Eisenach, H., Dr., Uebersicht der bisher in der Umgegend von Cassel beobachteten Pilze. Cassel 1878. (Verein für Naturkunde, Cassel.)

Exploration géographique et commerciale de la Guinée Portugaise. Projet présenté au Gouvernement Portugais par la Société de Géographie de Lisbonne. 1878. (Geogr. Ges. in Lissabon.)

Fontane, M. Marius, Le Canal Interocéanique et le Canal de Suez. Paris 1879.

---

*) Die Namen der Schenker sind, soweit bekannt, in Klammer beigefügt.

Graça, J. J. da, Projet d'une Compagnie agricole et commerciale africaine. Lisbonne 1878. (Geogr. Ges. in Lissabon.)
Guedes, O., L'Industrie Minière au Portugal. Lisbonne 1878. (Geogr. Ges. in Lissabon.)
Hesse-Wartegg, E. v., Prairie-Fahrten. Reiseskizzen aus den nordamerikanischen Prairien. Leipzig 1878. (Verf.)
— — Die Atlantischen Seebäder. Wien 1879. (Verf.)
— — Die Pariser Weltausstellung 1878. Wien 1878. (Verf.)
— — Der Unterseeische Tunnel zwischen England und Frankreich. Leipzig 1875. (Verf.)
Howgate, Henry W., Polar Colonization. Memorial to Congress and Action of Scientific and Commercial Associations. Washington 1878. (Verf.)
Hübbe-Schleiden, Dr., Ethiopien. Studien über West-Afrika. Hamburg 1879. (Verf.)
L'Instruction Primaire. Obligatoire et Gratuite. Au Département de Lisbonne. 1878.
Kaltbrunner, Dr., Manuel du Voyageur. Zürich 1879. (Verf.)
Kiepert, Heinr., Dr., Lehrbuch der alten Geographie. 2. Heft. Berlin 1878. (Verf.)
Kolonisations-Verein von 1849 in Hamburg. 28. Bericht. Hamburg 1879.
Koner, W., Zur Erinnerung an das 50jährige Bestehen der Gesellschaft für Erdkunde zu Berlin. Berlin 1878. Separatabdruck. (Verf.)
Legrand, Dr., La Nouvelle Société Indo-Chinoise fondée par le Marquis de Croizier et son Ouvrage l'Art Khmer. Paris 1878.
Lenz, Oskar, Dr., Reise von Okandeland bis zur Mündung des Schebeflusses. Wien 1878. (Verf.)
Loeffler, E., Quelques Réflexions sur les Études géographiques, leur but et leur situation actuelle. Kopenhagen 1879.
Maunoir & Duveyrier, L'Année géographique. Revue annuelle des Voyages de terre et de mer etc. XV. Jahrgang 1876; XVI. 1877. Paris.
Maury and Fontaine, Resources of West-Virginia. Wheeling 1876. (Royal Society of New-South-Wales in Sidney.)
Meyer, H. A., Dr., Biologische Beobachtungen bei künstlicher Aufzucht des Herings der westl. Ostsee. Berlin 1878. (Ministerial-Kommission, Kiel.)
Milne-Edwards, E., Prof., Investigações geographicas dos Portuguezes. Lisboa 1879.
Nachtigal, G., Dr., Sahara und Sudan. I. Berlin 1879. (Verf.)
Negri, Christoforo, La Geografia Scientifica. Roma 1878. (Verf.)
Paz-Soldan, Mariano Felipe, Diccionario Geográfico Estadistico del Peru. Lima 1877. (Verf.)
Pangborn, J. G., The New Rocky Mountain Tourist, Arkansas Valley and San Juan Guide. Chicago 1878. (Verf.)
Pequito, R. A., Le Marquis de Sá Dá Bandeira. Lisbonne 1878. (Geogr. Ges. in Lissabon.)
Percement de l'Isthme Américain. Exposé succint des divers projets et variantes susceptibles d'exécution à soumettre au choix définitif du Jury scientifique international pour un canal interoceanique. Paris 1879.

Phillips, Henry, Proceedings of the Numismatic and Antiquarian Society of Philadelphia. March 1879. Philadelphia 1879. (Verf.)

Ravenstein, E. G., Census of the British Isles 1871. The Birthplaces of the People and the Laws of Migration. London 1876. (Verf.)

— — Cyprus, its Resources and Capabilities, with Maps and Plans. London 1878. (Verf.)

Ridley, William, Kámilarói and other Australian Languages, and Songs, Traditions, Laws and Customs of the Australian Race. New-South-Wales 1875. (Royal Society of New-South-Wales. Sidney.)

Rohlfs, Gerhard, Die Halfa und ihre wachsende Bedeutung für den europäischen Handel. 1878.

Schumacher, Herm. A., Petrus Martyr, der Geschichtschreiber des Weltmeeres. New-York 1879. (Verf.)

Schweiger-Lerchenfeld, A. M. v., Bosnien, das Land und seine Bewohner. Wien 1879. (Verf.)

Shillinglaw, John J., Historical Records of Port Phillip. Melbourne 1879.

Statistik des Hamburgischen Staats. VIII. Abthlg. 2 1877 u. IX 1878. Hamburg. (F. Nessmann.)

Tableaux Statistiques. La Population du Département de Lisbonne d'après les Recensements opérés à 1864 et à 1878. Secrétariat de la Société de Géographie de Lisbonne. 1878.

Tableaux-Statistiques. Commerce du Portugal 1866—1875. Secrétariat de la Société de Géographie de Lisbonne. 1878.

Vautibault, Gazeau de, Le Trans-Saharien. Paris 1879. (Verf.)

White & Nicholson, Bibliography of North American Invertebrate Paleontology. Washington 1878. (F. V. Hayden, Washington.)

Wild, G., Von Kairo nach Massaua. Eine Erinnerung an Werner Munzinger. Olten 1879. (Verf.)

Wyse, Lucien N. B., Canal Interocéanique 1877—78. Rapport Sommaire de la Commission Internationale d'Exploration. Paris 1878. (Verf.)

— — Rapport sur les Études de la Commission internationale d'Exploration de l'Isthme Américain. Paris 1879.

---

2. Zeitschriften und periodisch erscheinende Berichte.

Annalen der Hydrographie und maritimen Meteorologie, herausgegeben von der Kaiserlichen Admiralität, Berlin 1878 u. 1879. (Hydrogr. Amt. Berlin).

Anales de la Sociedad Científica Argentina VIII. 1. 2. Buenos Ayres. 1879. (S. C. A. Buenos Ayres.)

Bericht, Sechster, der naturwissenschaftlichen Gesellschaft zu Chemnitz. 1878. (Naturw. Ges. in Chemnitz.)

Bericht, Zwölfter bis Achtzehnter, der Oberhessischen Gesellschaft für Natur- und Heilkunde. Giessen.

Church Missionary Intelligencer and Record Vol. III. 1878. IV. 1879.

Cosmos, communicazioni sui progressi più recenti e notevoli della geografia e delle scienze affini, di Guido Cora. V. 1—10. Torino 1878/79. (Verf.)

Deutsche Rundschau für Geographie und Statistik, herausgegeben von Prof. Dr. C. Arendts. I. II. 1879/80. Wien.

Ergebnisse der Beobachtungsstationen an den deutschen Küsten über die physikalischen Eigenschaften der Ostsee und Nordsee und die Fischerei. 1877, 1878, 1879 (1—9). Berlin. 1878/79. (Ministerial-Kommission. Kiel.)

Jahresbericht der Kommission zur wissenschaftlichen Untersuchung der deutschen Meere in Kiel für 1874—76. Berlin 1878. (Ministerial-Kommission. Kiel.)

Jahrbuch des Ungarischen Karpathenvereins, V. u. VI. Kesmark 1878—79. (Karpathenverein.)

Jahresbericht, Vierter und Fünfter, der Gewerbeschule zu Biestritz in Siebenbürgen. Biestritz 1878/79. (Gewerbeschule zu Biestritz.)

Journal of the Anthropological Institute of Great Britain and Ireland. VII. VIII. 1878—79.

Königsberg in Pr. Schriften der physikalisch-ökonomischen Gesellschaft zu Königsberg. XVII. 1. 2. 1876/77. XVIII. 1. 1878. (Ph. Ö. G. i. K.)

Leopoldina. Amtliches Organ der Kaiserl. Leopoldinisch-Carolinisch-Deutschen Akademie der Naturforscher. 1878—79. (Leopoldina. Halle a/S.)

Mittheilungen auf dem Gebiete des Seewesens, herausgegeben vom k. k. Hydrographischen Amt in Pola. VI u. VII. 1878-79. Pola. (Hydrographisches Amt. Pola.)

Palästina-Verein, Zeitschrift des. I. 1—4. 1878. II. 1—3. 1879. Leipzig. (Palästina-Verein.)

Schriften des naturwissenschaftlichen Vereins für Schleswig-Holstein. Bd. III. Heft 1, 1878. Kiel. (Naturw. Verein für Schleswig-Holstein.)

Sidney. Journal and Proceedings of the Royal-Society of New-South-Wales. 1876 Vol. X, 1877 Vol. XI. Sidney 1877/78.

— — The Progress and Resources of New-South-Wales by Charles Robinson. Sidney 1877.

— — Annual Report of the Department of Mines, New-South-Wales, for the Year 1876. Sidney 1877.

— — Climate of New-South-Wales: Descriptive, Historical and Tabular, by C. Russel. Sidney 1877.

— — Railways of New-South-Wales. Report on their Construction and Working from 1872—1875 by John Rae. Sidney 1876.

— — Report of the Council of Education upon the Condition of the Public Schools and of the Certified Denominational Schools for 1876. Sidney 1877.

(Royal Society of New-South-Wales in Sidney.)

Singapore: Journal of the Straits Branch of the Royal Asiatic Society No. 1—3. Singapore 1878/79. (R. Asiatic Society.)

Uebersicht, monatliche, der Witterung, herausgegeben von der Deutschen Seewarte. 1877, Heft 9—12. 1878, Heft 1—7. (Seewarte.)

Verhandlungen des Vereins für naturwissenschaftliche Unterhaltung in Hamburg. III. 1876. Hamburg 1878. (V. f. n. Unterhaltung.)

— — des naturwissenschaftlichen Vereins von Hamburg-Altona in den Jahren 1875—76. Neue Folge I. II. III. Hamburg 1876—78.

Washington. First Annual Report of the United States entomological Commission for 1877. Washington 1878.
Wien. 3. Jahresbericht des Vereins der Geographen an der k. k. Universität Wien 1877.

Publikationen der geographischen Gesellschaften zu:

Amsterdam: Tijdschrift van het Aardrijkskundig Genootschap. 1878. III. 2—5. 1879, IV. 1. 2. Bijblad 4—7. (Geogr. Ges. in Amsterdam.)
Antwerpen: Bulletin de la Société de Géographie d'Anvers, I. 4. II. 1—4. III. 1—5. IV. 1—5. Anvers 1878/79. (Geogr. Ges. Antwerpen.)
Berlin: Zeitschrift der Gesellschaft für Erdkunde in Berlin und Verhandhandlungen d. G. f. E. 1878 u. 1879. Berlin. (Ges. f. Erdkunde. Berlin.)
— — Geogr. Nachrichten für Welthandel und Volkswirthschaft. I. 1—3. 1879. Berlin. (Central-Verein für Handelsgeographie und Förderung deutscher Interessen im Auslande. Berlin.)
Bern: Erster Jahresbericht der geogr. Gesellschaft 1878/79. Bern 1879. (Geogr. Ges. in Bern.)
Bordeaux: Bulletin de la Société de Géographie Commerciale de Bordeaux. 1878 u. 79. (Geogr. Ges. Bordeaux.)
Bremen: Deutsche geographische Blätter, herausgegeben von d. geogr. Ges. in Bremen. II. 1—4. Bremen 1878. (Geogr. Ges. Bremen.)
Brüssel: Société Belge de Géographie. Bulletin publié par les soins de Mr. J. du Fief. II. 3—6. 1878. III. 1—6. 1879. (Geogr. Ges. Brüssel.)
Buenos-Ayres: Boletin del Instituto Geografico Argentino. I. 1. 1879. (I. G. A. Buenos Aires.)
Bukarest: Buletinul Societatii Geografice Romane. II. 1. 1878. (Geogr. Ges. Bukarest.)
Darmstadt: Notizblatt des Vereins für Erdkunde und verwandte Wissenschaften zu Darmstadt und des mittelrheinischen geologischen Vereins. III. Heft 16 u. 17. (Verein für Erdkunde. Darmstadt.)
Dresden: 15. u. 16. Jahresbericht des Vereins für Erdkunde. Wissenschaftlicher Theil. (V. f. Erdkunde. Dresden.)
Frankfurt a. M.: Jahresbericht des Frankfurter Vereins für Geographie und Statistik. XL—XLII, 1875—1878. (V. f. Geographie und Statistik. Frankfurt a. M.)
Genf: Le Globe. Journal géographique. Organ de la Société de Géographie de Genève. Tome XVIII. 1879. (S. d. G. de Genève.)
Halle a. S.: Mittheilungen des Vereins für Erdkunde zu Halle a. S. 1878 u. 79. (V. f. E. Halle a. S.)
Hannover: Erster Jahresbericht der geogr. Gesellschaft zu Hannover 1879. (G. G. i. H.)
Leipzig: Mittheilungen des Vereins für Erdkunde in Leipzig. 1877. Leipzig. (V. f. E. Leipzig.)
Lissabon: Boletim da Sociedade de Geographia de Lisboa. No. 2. 1877. No. 3 u. 4. 1878. (Geogr. Ges. Lissabon.)

London: Journal of the Royal Geographical Society. XLVIII. 1878. London. (Geogr. Ges. London.)

— — Proceedings of the R. G. Society in London. XXII. 1—5. — 1879. 1—12. (Geogr. Ges. London.)

Lyon: Bulletin de la Société de Géographie de Lyon. II. 9—14. (Geogr. Ges. Lyon.)

Madrid: Boletin de la Sociedad geografica de Madrid. IV. V. VI. VII. 1—5. (Geogr. Ges. Madrid.)

Metz: Erster Jahresbericht des Vereins für Erdkunde pr. 1878. Metz 1879. (V. f. E. z. Metz.)

Montpellier: Bulletin de la Société languedocienne de Géographie. No. 1. 1878. (S. l. d. G. à Montpellier.)

Nancy: Bulletin de la Société de Géographie de l'Est. 1879. 1—4. (S. d. G. de l'Est à Nancy.)

New-York: Journal of the American Geographical Society. 1878. 1—5. 1879. 1—2. (Geogr. Ges. New-York.)

Oran: Bulletin de la Société de Géographie de la Province d'Oran. I. 1878. IV & V. 1879. Oran. (Geogr. Ges. in Oran.)

Paris: Bulletin de la Société de Géographie. 1878 No. 3. 4. 7—12. 1879 No. 1—6. 8. 10—12. (S. d. G. de Paris.)

Rom: Bolletino della Società Geografica Italiana. 1878—79. Roma. (Geogr. Ges. Rom.)

— — Memorie della Società geografica Italiana. I 1—3. II 1. Roma.

Rouen: Bulletin de la Société Normande de Géographie. 1879. (S. N. d. G. à Rouen.)

St. Gallen: Jahresberichte der Ostschweizerischen geographisch-commerciellen Gesellschaft, pr. 1878. St. Gallen 1879. (O. g. c. G. in St. Gallen.)

St. Petersburg: Jahresberichte und Abhandlungen der Russischen geogr. Gesellschaft, 1878—79. Arbeiten der ethnogr. statist. Expedition in West-Russland, der Sibirischen Expedition etc. 1878/79. (Geogr. Ges. St. Petersburg.)

Wien: Mittheilungen der geogr. Gesellschaft in Wien. XX 1877. XXI 1878. (Geogr. Ges. Wien.)

Yokohama: Mittheilungen der deutschen Gesellschaft für Natur- und Völkerkunde Ost-Asiens. 12—19. Heft. 1877/79. Yokohama.

---

3. Karten.

Benecke & Cohen. Geognostische Karte der Umgegend von Heidelberg. Bl. 1 u. 2. Strassburg i. E. 1879. (Prof. Dr. Cohen.)

Friederichsen, L., Karte des Handelsgebiets von West-Aequatorial-Afrika. 1:780.000. Hamburg 1878. (Verf.)

— — Karte der Inseln des westlichen Grossen Oceans. 1:15.000.000. Hamburg 1879. (Verf.)

— — Karte der Tonga-Inseln. Hamburg 1879. (Verf.)

— — Karte der Samoa-Inseln. 1:800.000, nebst Plan der Ansiedelungen am Hafen von Apia. Hamburg 1879. (Verf.)

— — Karte der Ellice-Inseln. 1 : 1.500.000. Hamburg 1879. (Verf.)
— — » » Gilbert oder Kingsmill-Inseln. 1 : 1.500.000. Hamburg 1879. (Verf.)
— — Karte der Marshall-Inseln, nebst Plan des Hafens von Jaluit. Hamburg 1879. (Verf.)
— — Karte der Nordküste von Neu-Brittanien und der Duke of York-Inseln. 1 : 260.000. Hamburg 1879. (Verf.)
Hochstetter, Fr. v., & A. Petermann. Geological- and Topographical-Atlas of New-Zealand. (Royal-Society of New-South-Wales in Sidney).
Kiepert, Heinr., Dr., New Original Map of the Island of Cyprus. 1 : 400.000. Berlin 1878. (Verf.)
— — Karte von Iran. Oestliche Hälfte: Afghanistan, Balutschistan und die Oezbegischen Khanate am Oxus. 1 : 3.000.000. Berlin 1878. (Verf.)
— — Specialkarte des Deutschen Reichslandes Elsass-Lothringen. 4 Bl. 1 : 250.000. Berlin 1878. (Verf.)
Lange, Henry, Dr., Wandkarte der Herzogthümer Bremen und Verden und des Landes Hadeln. 4 Bl. 1 : 100.000. Stade 1879. (Verf.)
Paz Soldan. Atlas geografico del Peru. Paris 1865. (Dr. Lührssen, Lima.)
Wichmann, E. H., Wandkarte von Hamburg-Altona und Umgegend. 1 : 5000. 9 Bl. Hamburg 1878. (Verf.)

Mitglieder-Verzeichniss Ende 1879.

Vorstand.

Präsident: Bürgermeister Dr. **G. Kirchenpauer.**
Vice-Präsident: Wirklicher Admiralitätsrath und Direktor der Deutschen Seewarte Professor Dr. **G. Neumayer.**
1. Sekretair: **L. Friederichsen,** Kartograph.
2. Sekretair: Direktor der Sternwarte **G. Rümker.**
Kassirer: **L. Lippert.**
Direktor Dr. **R. Hoche.**
A. Woermann.
Revisoren: **E. Güssefeld** und **J. Witt.**

Beirath.

R. Cammerer, Generalarzt Dr.
K. Friedländer, Direktor Dr.
E. Güssefeld.
F. J. Hansing.
John Hertz.
C. Koldewey, Abtheilungsvorstand in der Deutschen Seewarte.
O. Matsen, Dr., Bibliothekar der Kommerzbibliothek.
W. Nopitsch, Senator. Altona.
F. Wibel, Direktor Dr.
C. Woermann, sen.

I. Ehrenmitglieder.

1.	**Bastian, A.,** Prof. Dr. Berlin	Seit	7. Mai	1874.
2.	**Becker, M. A.,** Ritter von, Hofrath. Wien	«	4. März	1875.
3.	**Berghaus, Herm.,** Dr. Gotha	«	4. «	1875.
4.	**Correnti, Cesare,** Präsident der Geogr. Gesellschaft in Rom	«	4. «	1875.
5.	**Hochstetter, Ferd. von,** Prof. Dr., Präsident der K. K. Geogr. Gesellschaft in Wien	«	4. «	1875.
6.	**Kiepert, Heinr.,** Prof. Dr. Berlin	«	4. «	1875.
7.	**Nachtigal, G,** Dr. Berlin	«	3. Juni	1875.
8.	**Negri, Christoforo,** Prof. Dr., Ehrenpräsident der Italienischen Geogr. Gesellschaft. Turin	«	7. Mai	1874.
9.	**Neumayer, G.,** Prof. Dr., Direktor der Deutschen Seewarte. Hamburg	«	3. Juni	1875.
10.	**Payer, Julius,** Oberlieutenant a. D. Frankfurt a. M.	«	4. März	1875.
11.	**Richthofen, Ferdinand,** Freiherr von, Prof. Bonn	«	7. Mai	1874.
12.	**Rohlfs, G.,** Dr., Hofrath. Weimar	»	4. März	1875.
13.	**Schweinfurth, G.,** Dr. Cairo	«	4. «	1875.

14. **Henry M. Stanley.** London .... Seit 7. Febr. 1878.
15. **Weyprecht, Carl,** Dr., K. K. Linienschiffslieutenant in Triest « 4. März 1875.
16. **Wilczek, Hans,** Graf von. Excellenz. K. K. wirklicher Geheimrath. Wien .... « 4. März 1875.

II. Korrespondirende Mitglieder.

1. **Cohen, Emil,** Prof. Dr. Strassburg i/E. .... Seit 9. Sept. 1875.
2. **Burmeister, H.,** Prof. Dr. Buenos Ayres .... « 7. Okt. 1875.
3. **Kubary, Joh.,** aus Warschau .... « 9. Sept. 1875.
4. **Richard, Léonce.** Bordeaux .... « 9. « 1875.
5. **Hesse-Wartegg, Ernst. von.** .... « 4. Dez. 1879.

III. Ordentliche Mitglieder.

1. Abegg, C. H.
2. Abendroth, E., Lootsen-Commandeur a. D.
3. Ahlers, Jacob.
4. Albers-Schönberg, A. H.
5. Albrecht, S., Dr., Präses des Landgerichts.
6. Amsinck, H.
7. Amsinck, J., Dr. med.
8. Amsinck, L. E.
9. Amsinck, M. G.
10. Amsinck, Wilh.
11. Anklamm, Alb.
12. Arning, J. F., Dr med.
13. Barber, Alfred.
14. Bargen, Chr, van.
15. Bartning, O.
16. Bastian, A.
17. Bauch, Heinr., sen.
18. Beek, Adelbert.
19. Behn, Aug.
20. Bergner, Philipp.
21. Berkefeld, W.
22. Bieber, Franz Voguell.
23. Bieber, G. R.
24. Binder, Herm.
25. Bippen, Arnold von.
26. Bleckwedel, C. H.
27. Blume, H. J.
28. Böcker, G.
29. Böhl, Ludwig.
30. Boettger, Ernst.
31. Bollmann, Caesar.
32. Bolten, Aug.
33. Booth, Arthur.
34. Booth, Stanley.
35. Bopp, Ernst.
36. Borstelmann, I.
37. Brach, Rud.
38. Brass, W. G.
39. Brauer, Lorenz.
40. Brauss, Herm.
41. Brückmann, Alb.
42. Bubendey, Gerh., Dr.
43. Bülau, G., Dr. med.
44. Büsch, Oskar.
45. Büsing, Rudolph.
46. Buhrow, P. G.
47. Burchard, O. J.
48. Burmeister, H.
49. Butz, Max.
50. Calais, P. Dr.
51. Cammerer, Rud., Dr. med., Generalarzt. Altona.
52. Carstens, C. F.
53. Chaplin, E.
54. Classen, Aug., Dr. med.
55. Classen, J., Direktor Dr.
56. Cohen, B., Dr.
57. Cords, Julius.
58. Cramm, G.
59. Daus, Ed.
60. Dehn, Max, Dr. med.
61. Dellschaft, Herm.
62. Denhardt, Clemens, Ingenieur. Berlin.
63. Diechmann, J. A. C.
64. Dieckmann jr., H. W.
65. Diestel, G. L. F.
66. Donat, G. J.
67. Dubbers, J. H.

68. Duncker, Arthur., Direktor.
69. Eckardt, Moritz.
70. Eyssenhardt, F. R., Prof. Dr.
71. Elkan, W., Konsul.
72. Embden, G. H., Dr.
73. Enet, G. R.
74. Engel, Felix, Ingenieur.
75. Erdmann, H., Dr.
76. Eylert, H.
77. Firgau, Victor.
78. Fixsen, Joh. Hnr.
79. Flöckher von, Excellenz General-Lieut.
80. Föhring, H., Dr., Landgerichts-Direkt.
81. Fölsch, Aug.
82. Förster, F.
83. Forst W. H.
84. Freitas, A. de.
85. Freitas C. de.
86. Friederichsen, L. Kartograph.
87. Friedländer, K. Direktor Dr.
88. Fritz, Rudolph.
89. Gaiser, G. L.
90. Gericke, G.
91. Gilbert, H., Dr.
92. Gildmeister, F.
93. Godeffroy, A.
94. Godeffroy jr. C.
95. Godeffroy sen., J. C.
96. Goldenberg jr., Wm.
97. Goldschmidt, Martin.
98. Goldschmidt, Paul L.
99. Gorrissen, G. C., Generalkonsul.
100. Gossler, H., Dr.
101. Gossler, John Behrenberg.
102. Gossler, Oskar, Dr.
103. Gottsche, C. M., Dr. Altona.
104. Greibe, C.
105. Groenewold, E. B.
106. Gross, G. Dr.
107. Grote, Herm.
108. Grünewald, A.
109. Gültzow, F.
110. Günter, G. H.
111. Güssefeld, E.
112. Gütschow, Anton.
113. Haas, Heinrich.
114. Hahn, L.
115. Halberstadt, J, Dr. med.
116. Hallier, J. G.
117. Hane. A,
118. Hane, Alfred von.
119. Hansing, F. J. H.
120. Hargreaves. J. W. H.
121. Haring, G. H., Dr.
122. Harms, L., Schulrath.
123. Hartmeyer, E., Dr.
124. Hayn, M. Th., Senator.
125. Hayn, Ph., Dr.
126. Hegemann, F.
127. Heinichen, A., Dr.
128. Heise, Carl Georg.
129. Heitmann, Thomas.
130. Helms, Herm.
131. Herbst, L, F., Prof. Dr.
132. Herrmann, M. A., Konsul.
133. Hertz, A. F., Senator.
134. Hertz, G., Oberlandesgerichtsrath Dr.
135. Hertz, John.
136. Heyne, Ed.
137. Hinrichsen, M. W.
138. Hinrichsen, Siegm.
139. Hinsch, J. D.
140. Hirsch. C. H. A., Dr.
141. Hirsch, Ph., Dr.
142. Hirsche, K.G., Senior u. Hauptpast. Dr.
143. Hirsekorn, Ernst J., Dr.
144. Hoche, R., Direktor Dr.
145. Hoeltzke, C. von, Excellenz, wirkl. Staatsrath und K. Russischer Minister-resident.
146. Holtzapfel, Ed. Ernst.
147. Homann, D. A.
148. Hooge, Carl.
149. Horschitz, Sally.
150. Horwitz, M. S.
151. Hübbe, Hugo.
152. Hübbe, Otto,
153. Hübbe-Schleiden, Dr.
154. Imray, James. London.
155. Isler, M., Direktor Dr.
156. Israel, John, Dr.
157. Jantzen, C. F. W.
158. Jencquel, G. A.
159. Joachim, C., Dr.
160. Karuht, Carl.
161. Kauffmann, Alfred.
162. Kellinghusen, A. H., Dr.
163. Kirchenpauer, G., Bürgermeister Dr.

164. Kirstein, M. R. Quai-Inspektor.
165. Klauhold, A., Dr.
166. Kluge, E., Direktor Dr. Altona.
167. Knauer, G.
168. Knauer, W., Senator, Altona.
169. Koeppen, W., Dr.
170. Koldewey, C., Kapitain.
171. Krause, R., Dr. med.
172. Krauss, C. Th., Medicinalrath Dr.
173. Krieg, E., Dr. med.
174. Krogmann, F. G. A., Dr. med.
175. Krogmann, H.
176. Krogmann jr., J. F.
177. Krütli, G. R. A. F.
178. Küstermann, Franz.
179. Kugelmann, Ferdinand.
180. Kunhardt, F., Senator Dr.
181. Laeisz, Carl.
182. Lantzius, Otto.
183. Lasker, Max.
184. Lavy jr., Chs.
185. Lazarus, J., Dr.
186. Leffmann, A. M.
187. Leithäuser, G., Dr.
188. Leo, Carl, Dr.
189. Levinsohn, Martin.
190. Lion, Eugen.
191. Lippert, Ed.
192. Lippert, L.
193. Lippert, W. A.
194. Lipschütz, G.
195. Lipschütz, L.
196. Loesener. F.
197. Lomnitz, F., Dr. med.
198. Lüders, H. A, J., Pastor.
199. Lund, J. G., Konsul.
200. Lyon, Alfred.
201. Marcus, Eduard.
202. Marquardt, L., Dr.
203. Matsen, O., Dr.
204. Matthiesen, F. E., Direktor.
205. Mauke, E., Dr. med.
206. Meinardus, Otto W.
207. Meinnolff, August.
208. Melchior, M.
209. Merck, C. H., Dr., Syndikus.
210. Meyer, Ernst.
211. Meyer, Ferd.
212. Meyer, Gustav J.
213. Meyer, H. A., Dr.
214. Meyer, H. C.
215. Meyer, J. Arthur F.
216. Meyer, T. F. J.
217. Meyersberg, M.
218. Michaelsen, W.
219. Michahelles, A.
220. Michow, H., Dr,
221. Micolci, A., Dr.
222. Mohrmann, J., Dr.
223. Moll, Ed. L.
224. Möller, A. E., Marine-Inspektor.
225. Mönckeberg, R., Dr.
226. Morath, Herm., Dr. med.
227. Möring, C. P. F., Senator.
228. Müller, Ernest, Bankdirektor.
229. Müller, E. Th., Senator.
230. Müller-Beeck, F. G.
231. Münchmeyer jr., A.
232. Münchmeyer, H., Konsul.
233. Mumssen, W. E., Prof. Dr.
234. Mutzenbecher, Joh., Baron von.
235. Nessmann, F., Direktor des statist. Bureaus,
236. Neumayer, G., Prof. Dr.
237. Niebour, Th.. Direktor.
238. Niemeyer, E.
239. Nölting, Emile, Generalkonsul.
240. Noodt, V., Direktor Dr.
241. Nopitsch, W. H. Senator. Altona.
242. Nordheim, Louis.
243. Oehrens, W., Dr. med.
244. Ohlendorff, Albertus von.
245. Oppenheim, Alb.
246. Osenbrüg, A.
247. O'Swald, A. P.
248. O'Swald, Fritz.
249. O'Swald, Wm., Senator.
250. Otto, M., Dr.
251. Paraguassú, Baron von, Generalkonsul.
252. Paul, Johs.
253. Paulsen, Th.
254. Petersen, C, Bürgermeister Dr.
255. Petersen, G., Dr.
256. Petersen Henry.
257. Philip, Jakob.
258. Philipp, F., Dr. med.
259. Philippi, Herm., Architekt.
260. Pickenpack, Paul.

261. Pickenpack, Vincent.
262. Pieper, Oskar, Dr.
263. Plagemann, J. C.
264. Plath, Carl.
265. Poelchau. Herm., Dr.
266. Pontoppidan, E.
267. Pontoppidan, H., Generalkonsul.
268. Probst, W., Bankdirektor.
269. Raecke, Julius.
270. Rapp, Th., Senator.
271. Ratjen, E., Dr. med.
272. Raynal, A.
273. Rech, J.
274. Redlich, C., Schuldirektor, Dr.
275. Rée, Julius.
276. Rée, Ph.
277. Rée, Wilh.
278. Refardt, J. F. C.
279. Reichwagen, L.
280. Rennebaum, A.
281. Repsold, G.
282. Repsold, J. A.
283. Repsold, Oskar.
284. Richers, W.
285. Riensch, A.
286. Robertson, R. J.
287. Robertson, Wm.
288. Robinow, Carl.
289. Robinow, Herm.
290. Robinow, J. A.
291. Roeltgen, H. A.
292. Roosen, B. C., Pastor.
293. Rosen, Henry J.
294. Rosenfeld, Louis.
295. Ross, D.
296. Rümker, G., Direktor der Sternwarte.
297. Ruperti, J.
298. Ruscheweyh, Hugo.
299. Ruths, Valentin.
300. Sadebeck, R., Prof. Dr.
301. Salomon, M. G., Dr.
302. Samuel, S.
303. Schaernack, Edm., Oberstabsarzt, Dr.
304. Scharlach, J., Dr.
305. Schiller, Gustav.
306. Schlaeger, G.
307. Schlüter, David, Dr.
308. Schmeltz, jr., J. D. E.
309. Schmid, Carl L., Subdirektor.
310. Schmilinsky, J. F.
311. Scholz, Oscar, Lehrer in Ottensen.
312. Schön, C. A. W., Generalkonsul.
313. Schrader, Joh. Hartwig.
314. Schrader, Ludw., Ingenieur.
315. Schramm, Adolph.
316. Schramm, Ernst.
317. Schramm, W. E., Dr.
318. Schröder, jr., Joh.
319. Schück, A., Kapitain.
320. Schultz, Theod.
321. Schumacher, H. D.
322. Seebohm, J., Dr.
323. Seifer, Th., Oberlehrer.
324. Seligman, Emil.
325. Sellin, C. W., Oberlehrer.
326. Siemssen, G. T.
327. Sieveking, J. H., Dr.
328. Sieveking, W., Dr. med.
329. Sievers, G., Pastor., Catharinenhagen.
330. Sieverts, R. C.
331. Sloman, Rob. M.
332. Söhle, Martin, Dr.
333. Sohége, C. J., Dr. med.
334. Sonder, W., Dr.
335. Spengel, H. W., Dr. med.
336. Speyer, Justin.
337. Spihlmann, A.
338. Stahmer, J. F. T., Senator.
339. Stammann, Fr.
340. Steinert, D.
341. Steinhaus, C. F., Marine-Ingenieur.
342. Sudeck, J. L.
343. Tetens, A. F., Wasserschout.
344. Thormählen, J.
345. Tietgens, Gustav W.
346. Tietgens, H. A.
347. Timm, A., Marine-Ingenieur.
348. Todtenhaupt, A. G.
349. Toeppen, H., Dr., Oberlehrer.
350. Traun, C. J. F.
351. Traun, H., Dr.
352. Udewald, W.
353. Ulex, G. F.
354. Ulex, G. L., Dr.
355. Ullrich, W., Dr.
356. Versmann, E.
357. Versmann, J., Dr. Senator.
358. Vidal, Oskar.

359. Vogler, C. J. L.
360. Vorwerk, Ad.
361. Wagner, Herm., Dr.
362. Wappäus, A. H.
363. Warburg, Ferd.
364. Warburg, Joh. R.
365. Warburg, Pius, Altona.
366. Warburg, S. R.
367. Weber, Th., Konsul, Apia.
368. Weickhmann, H., Kapitain z. S.
369. Wellig, Th., Dr.
370. Wendt, G., Dr.
371. Wentzel, A. E.
372. Wesch, W., Oberstabsarzt Dr.
373. Westendarp, W.
374. Westphal, C. W. L.
375. Westphal, Otto E.
376. Wibel, F., Direktor Dr.
377. Wichmann, E. H.
378. Wichmann, N. D.
379. Wiebel, K., Prof. Dr.
380. Wille, Th.
381. Witt, J.
382. Woermann, jr., Ad.
383. Woermann sen., C.
384. Wölber, Francis, Konsul.
385. Wolf, R., Dr. med.
386. Wolff, Otto G.
387. Wolffson sen., J., Dr.
388. Zacharias, A. N.
389. Zeller, Francisco von, Generalkonsul.
390. Zimmermann, Th. G., Dr.

Innerhalb des Zeitraums vom 1. Januar 1878 bis Ende Dezember 1879 sind gestorben:

1. Dove, H. W., Geh. Regierungsrath Prof. Dr., Ehrenmitglied.
2. Petermann, A., Prof. Dr., Ehrenmitglied.
3. Fischer, Fr. W. Herm.
4. Gosewisch, G.
5. Hirsekorn, C. Rud.
6. Kellinghusen, H., Bürgermeister Dr.
7. Niebuhr, Ernst.
8. Pustau, W. von.
9. Wagner, Abtheilungs-Vorstand der Deutschen Seewarte.

Druck von Ackermann & Wulff in Hamburg.

OROY

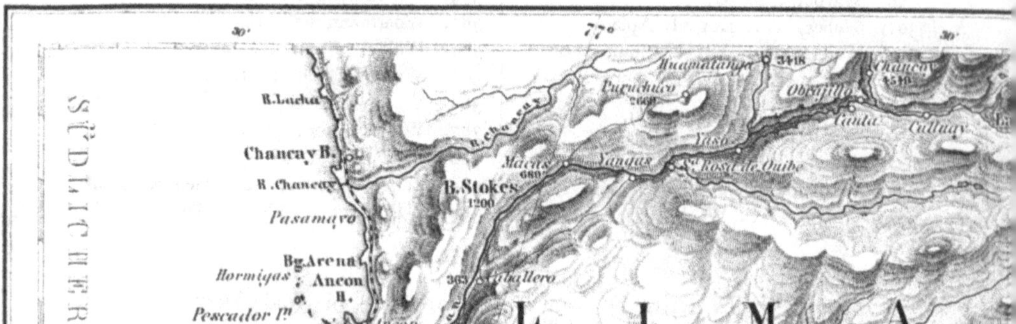
SÜDLICHER GROSSER OCEAN
L I M A
LIMA
Callao
Chancay B.
B. Stokes
Ancon
Chorillos B.
S. Lorenzo I.
Pachacamac
Miraflores
Chorillos
Cieneguillas
Lurin
Asuncion
Carampoma
Obrajillo
Canta
Huamantanga
Pasamayo
Marques
Bellavista
Magdalena
Fronton I.
Horadada I.
Morro Solar
Solar Pt.
Pachacamac I.
Corvovado
Tupicocha
Tuna
Cochahuaico
Espiritu Santo
Matucana
Surco
San Bartolome
Santa Clara
Huaycan
Rincanada
Chaclacayo
Sisicaya
Caballero
Yangas
Yaso
Culluay
Purúchuco
Macas
R. Chillon
R. Rimac
R. Lurin
R. Chancay
B. Lacha
Pescador Pt.
Pancha Pt.
Hormigas
77°
30'

KARTE zur VERANSCHAULICHUNG
der
SENBAHN UND DER FLÜSSE PERENÉ UND
nach G. S. Backus, A. Wertheman & A.
von
L. Friederichsen.

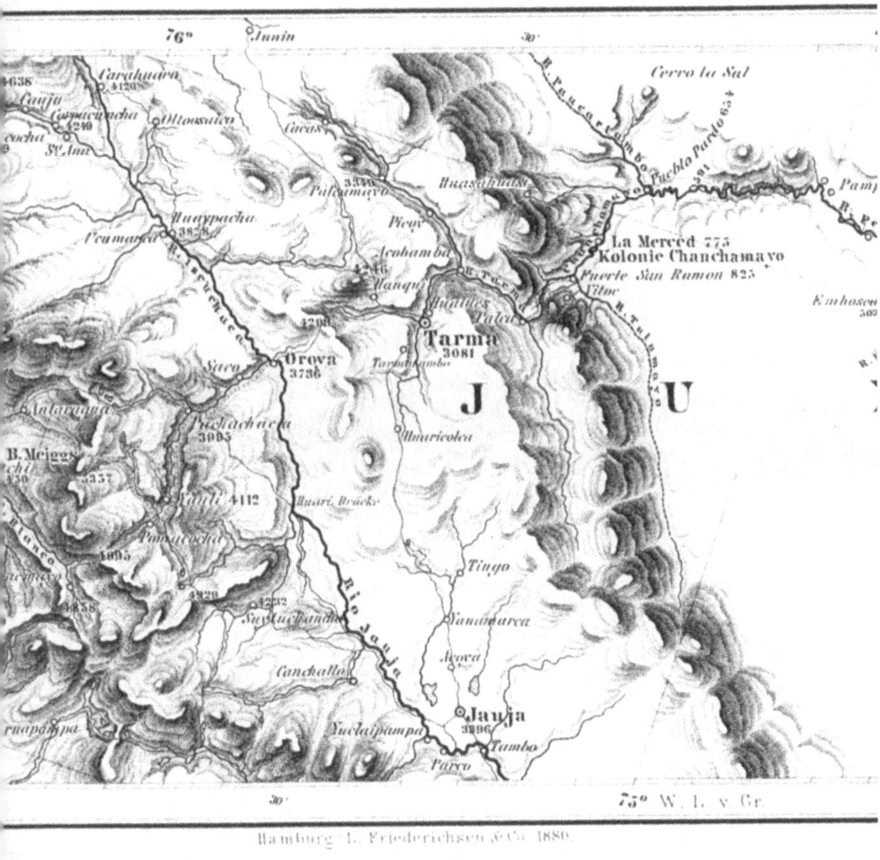

Hamburg: L. Friederichsen & Co. 1880.

TAMBO

Mittheilungen der Geographischen Gesellschaft in Hamburg 1878.79 Taf. 1.

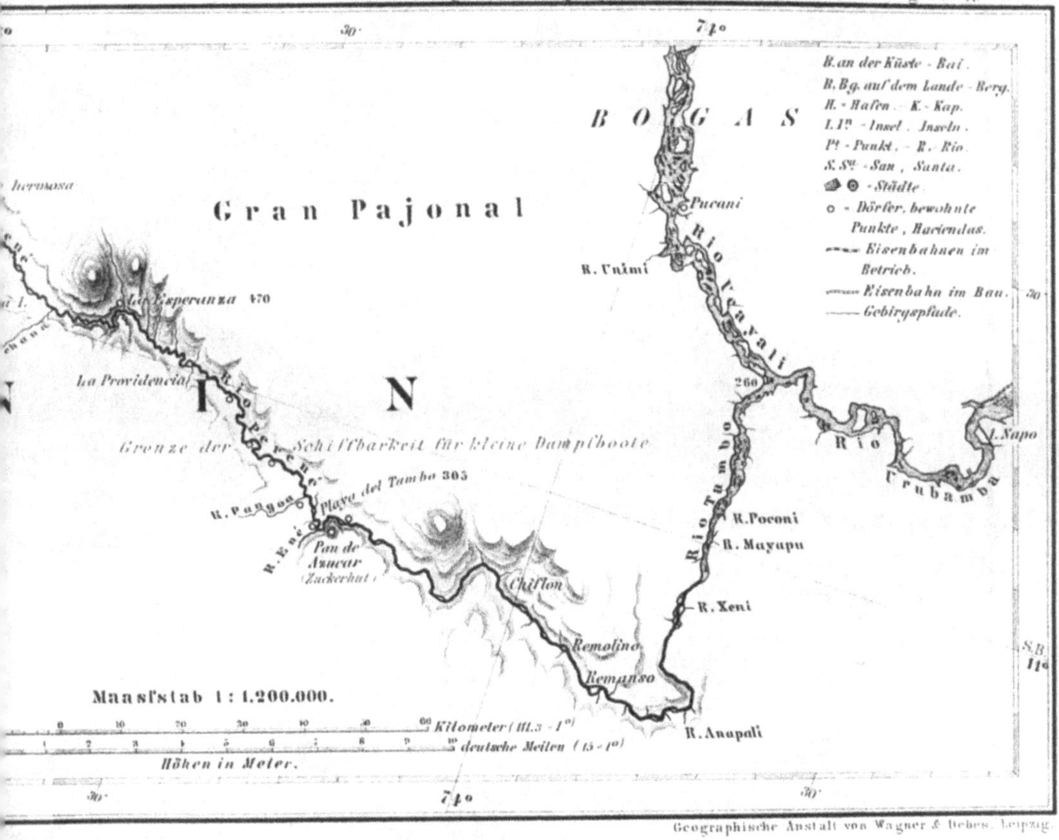

Geographische Anstalt von Wagner & Debes, Leipzig.

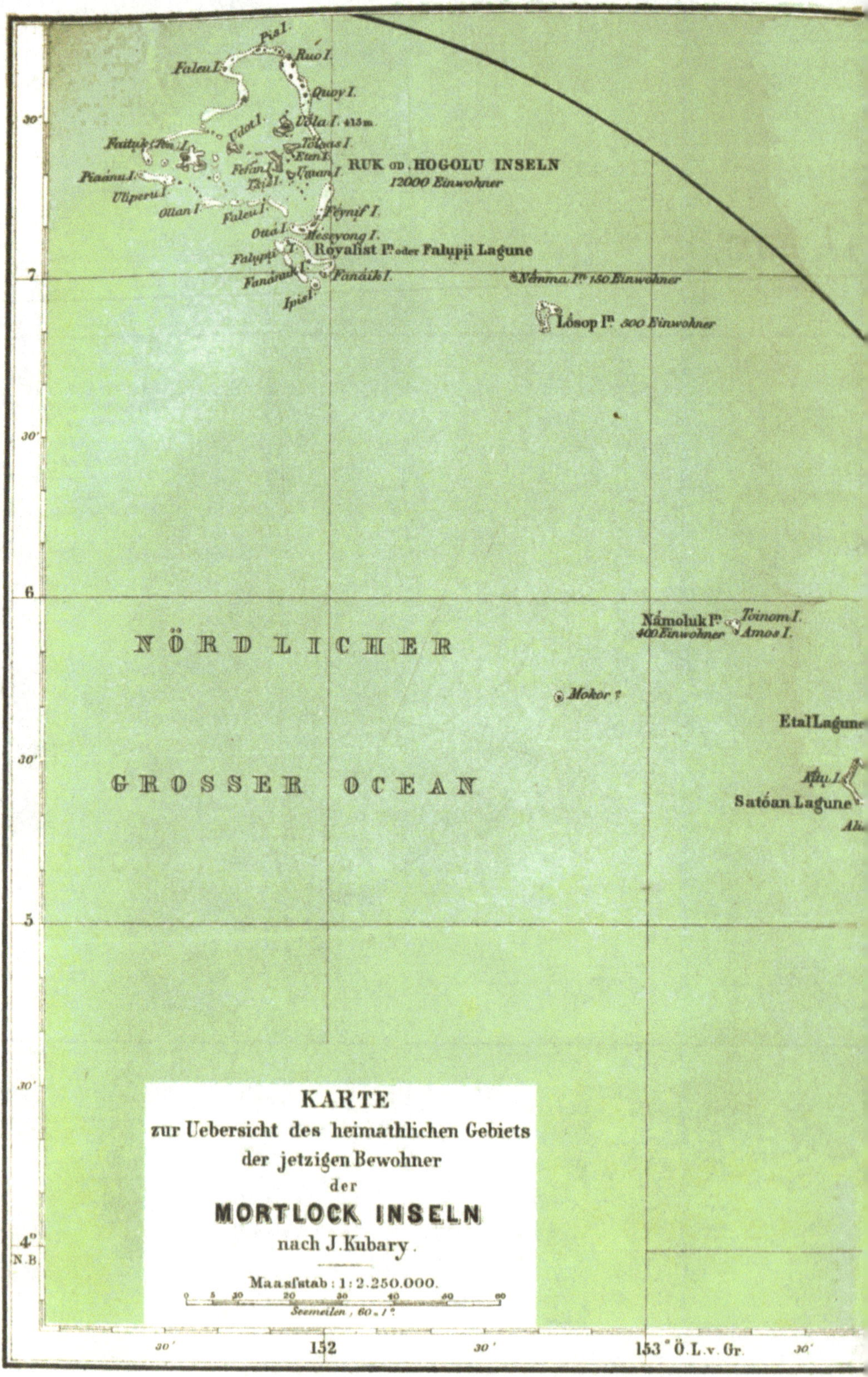

Pis I.
Ruo I.
Faleu I.
Quoy I.
Udot I.
Uola I. 415 m.
Faituk (Pm.) I.
Eten I.
Fefan I.
Uman I.
Piaanu I.
Uliperu I.
Ollan I.
Faleu I.
Feynif I.
RUK OD. HOGOLU INSELN
12000 Einwohner
Otta I.
Messyong I.
Royalist I[n] oder Falupji Lagune
Falupji I.
Fanáik I.
Ipis I.
Nemma I[n] 150 Einwohner
Lósop I[n] 300 Einwohner
Námoluk I[n]
400 Einwohner
Toinom I.
Amos I.
Mokor ?
Etal Lagune
Satóan Lagune
NÖRDLICHER
GROSSER OCEAN
30'
7
30'
6
30'
5
30'
4°
N.B.
30'
152
30'
153° Ö.L.v.Gr.
30'
KARTE
zur Uebersicht des heimathlichen Gebiets
der jetzigen Bewohner
der
MORTLOCK INSELN
nach J. Kubary.
Maasstab: 1: 2.250.000.
0 5 10 20 30 40 50 60
Seemeilen, 60 = 1°.

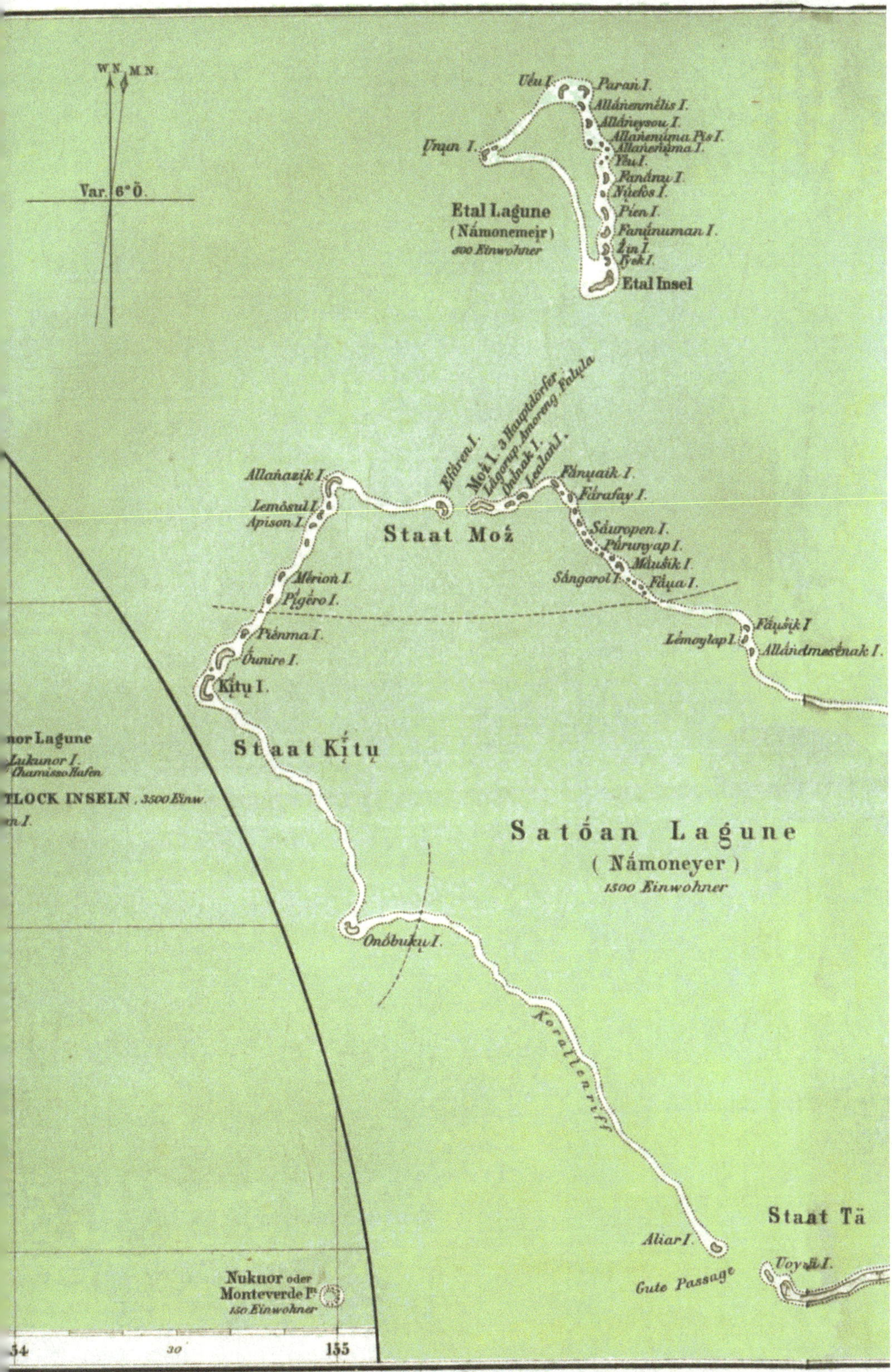

Hamburg: L. Friederichsen u. C°.

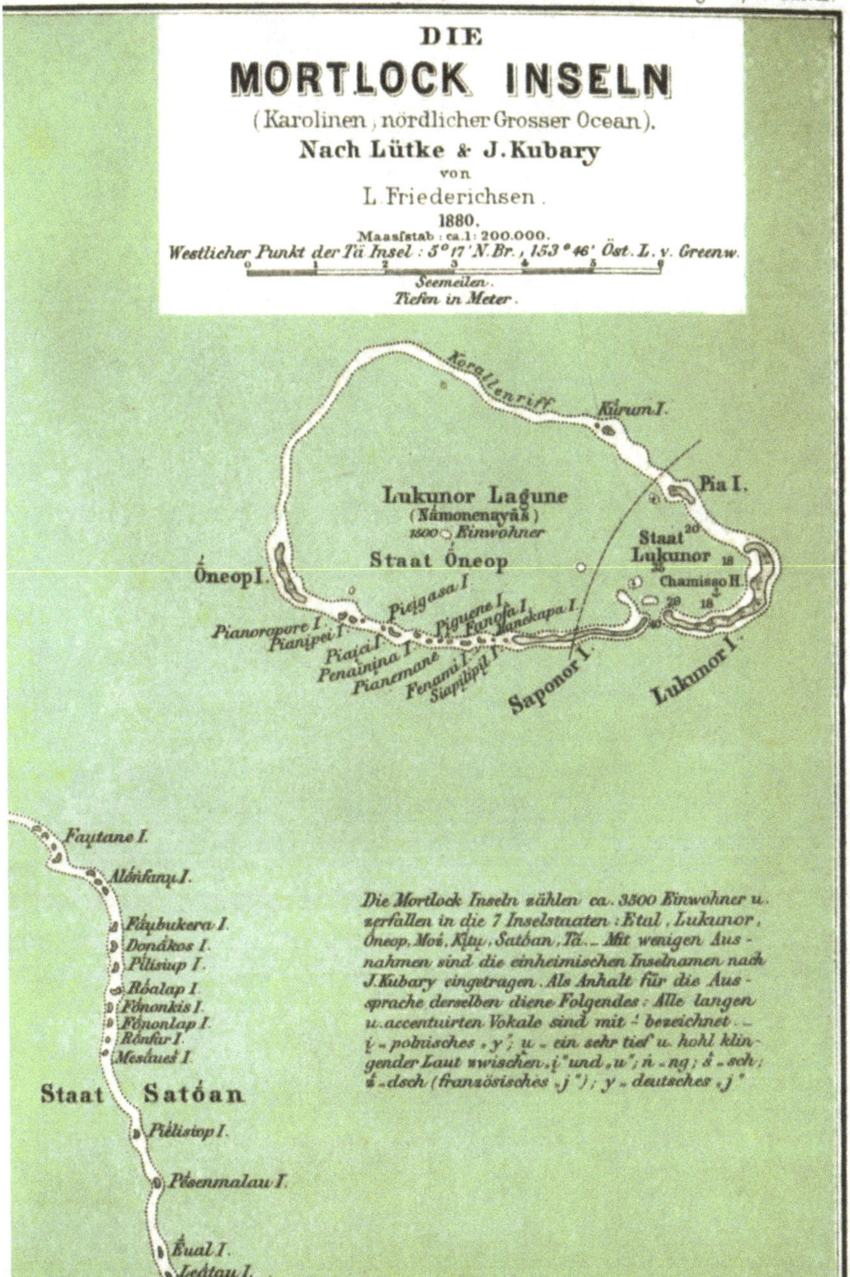

Lith. Anst. v. Leopold Kraatz in Berlin.

Der Reisende J. Kubary und die drei Häuptlinge der Jnsel Tä.
(Mortlock. Jnseln. Karolinen. Archipel)

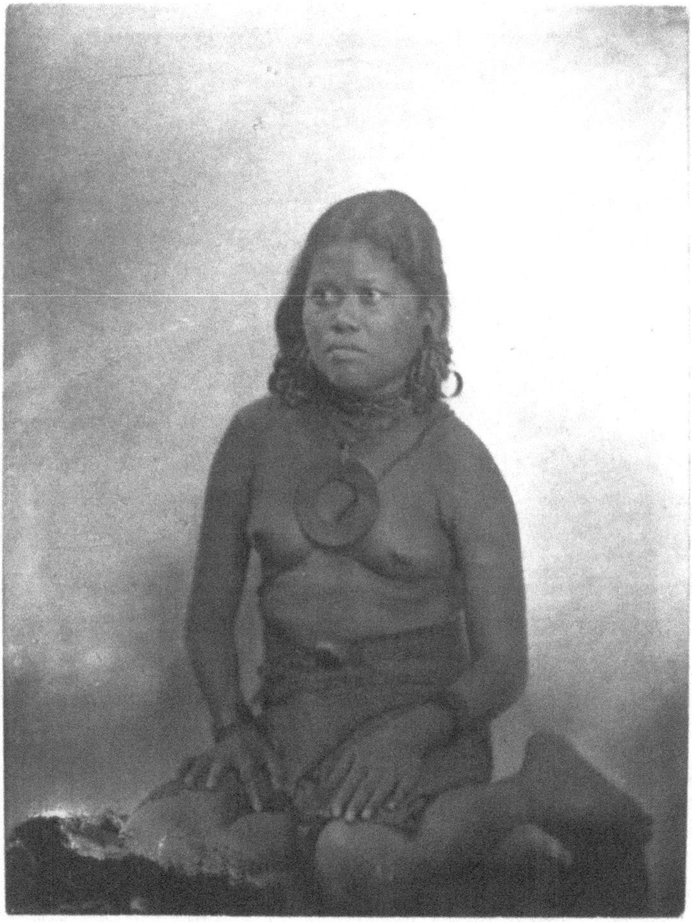

Tochter des Oberhäuptlings Naobong der Jnsel Tä.
(Mortlock-Jnseln, Karolinen-Archipel).

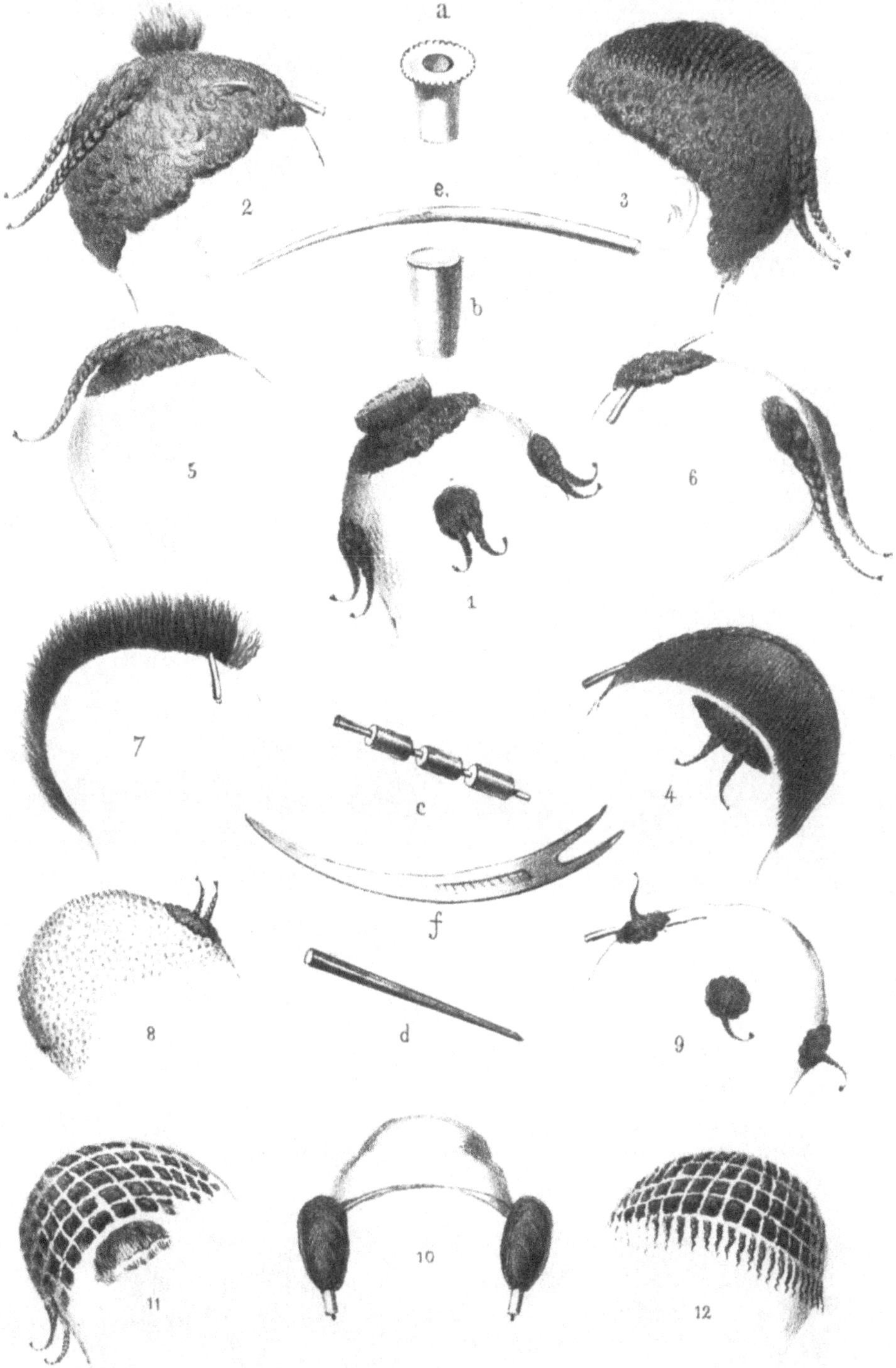

Ed. Robert Flegel. del.

Haartrachten aus Kororofa.

1 ... 4. für Männer. 5 — 9. für Knaben. 11 & 12. für Mädchen. 10. Nachahmung der Fulde Haartracht für Frauen. a b. c d. Ohrschmuck. e & f. Haar-Nadeln.

Ed. Robert Flegel del.

1 – 5 Mitschi-Haartrachten. 6. Sklavenfeſsel von Wukari. 7 u. 8 Daumenringe der Djukus. 9 u. 10 Thongefäſse der Mitschis. 11. Pfeife vom mittleren Benuë mit Rohrstiel. 12. Vorder-Ansicht des Kopfes derselben. 13. Holzstiel einer Pfeife.

Ed. Robert Flegel del.

1 – 1. f. Paddle der Djukus. 2. a – c. Vorder-u. Hintertheil eines Canoes d. Djukus.
3. a 3. b. dasselbe bei Amak. 4. a 4. b. Speerträger im Vordertheil der Canoes.
5. a – f. Stühle der Djukus.

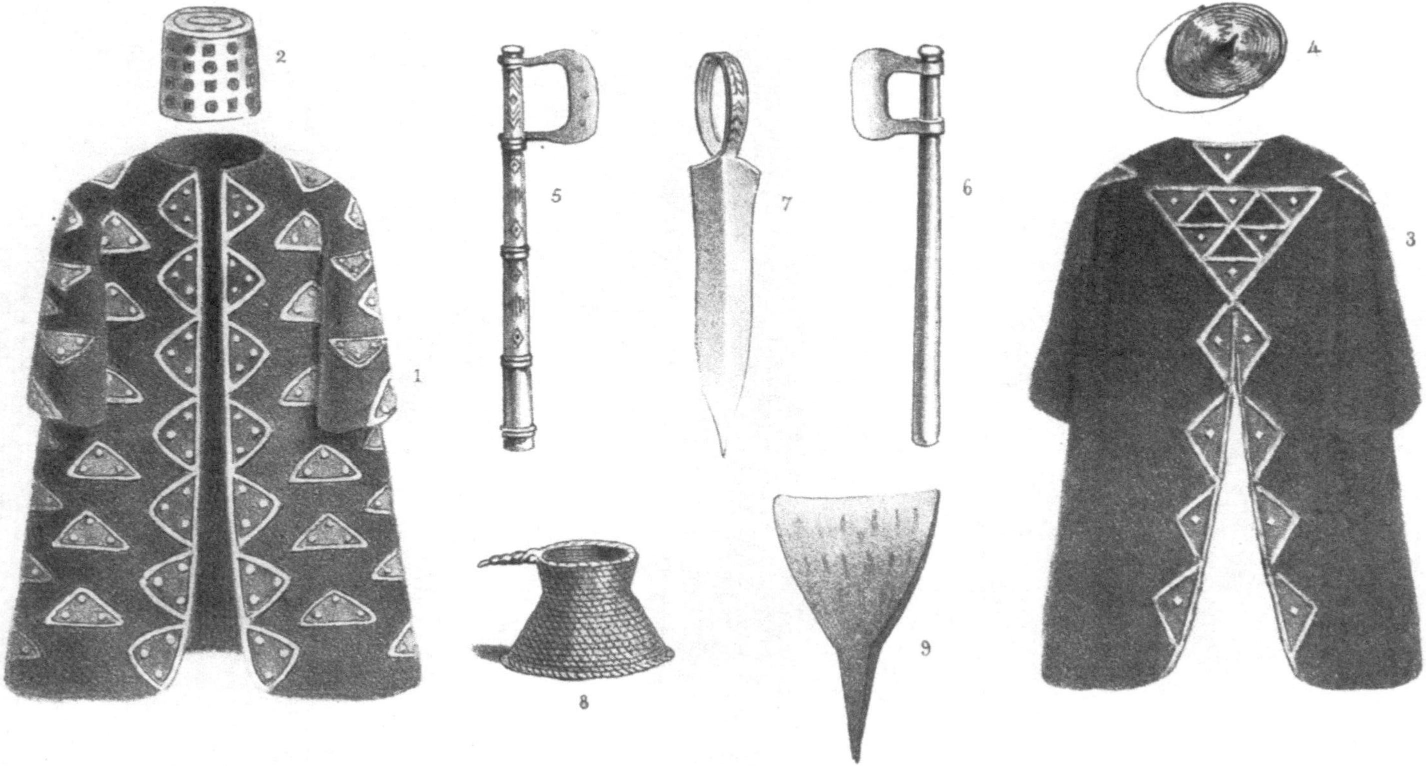

1. u. 3. Mäntel der Häuptlinge der Djukus. 2. Hut des Königs von Wukari. 4. Aus Stroh geflochtener Kopfputz für Kinder. 5 u. 6. Streitaxt der Djukus. 7. Mitschi-Meſser. 8. Salz-Maaſs; Werthmeſser in Kororofa. 9. Eiserne Hacke, (Geld.)

Ed. Robert Flegel del.

Holzschnitte.

In der Sitzung vom 2. November 1876 ist der Vorstand ermächtigt worden, Abhandlungen auswärtiger Gelehrter und Reisender unter Gewährung eines üblichen Honorars (M. 60 per Druckbogen) in den Mittheilungen der Geographischen Gesellschaft zu publiciren.

Kolibri 360 GmbH
Ferdinand-Jühlke-Straße 7
99095 Erfurt, Deutschland
produktsicherheit@kolibri360.de